新しい高校生物の教科書

現代人のための高校理科

栃内　新　編著
左巻健男

ブルーバックス

- カバー装幀／芦澤泰偉・児崎雅淑
- カバーイラスト／山田博之
- 本文、目次デザイン／WORKS　若菜 啓
- 章扉デザイン／中山康子
- 編集協力／下村坦
- 図版／さくら工芸社

はじめに

──もっと面白い、やりがいのある理科を！

　生物、化学、物理、地学の4教科がそろったブルーバックス高校理科教科書シリーズは、すべての高校生に読んでもらいたい、学んでもらいたい理科の内容をまとめたものだ。理系だろうと、文系だろうと、だれもが学習してほしい内容を精選してある。

　そして、本シリーズ4冊を読破することで、科学リテラシー（＝現代社会で生きるために必須の科学的素養）が身につくことを目指している。本シリーズの特長を紹介しよう。

（1）内容の精選と丁寧な説明
　高校理科の内容を羅列するのではなく、検定にとらわれずに「これだけは」という内容にしぼった。それらを丁寧に説明し、「読んでわかる」ことにこだわり抜いた。

（2）読んで面白い
　「へぇ～、そうなんだ！」「なるほど、そういうことだったのか！」と随所で納得できる展開を心がけた。だから、読んでいて面白い。

（3）飽きさせない工夫
　クイズ・コラムなどを随所に配置し、最後まで楽しく読み通せる工夫をした。

（4）ハンディでいつでもどこでも読める
　持ち運びに便利なコンパクトサイズ。電車やバスの中でも気軽に読める。

本書『生物』編は、以下に述べるような編集方針に基づいて制作された。

　人間はヒトという名の動物である。人間を理解するためには、まずヒトという動物を理解しなければならない。ヒトを含め地球上にいるすべての生物は、およそ40億年前に地球上で誕生したたったひとつの生命体の子孫であると考えられている。現在の地球上では、それらすべての生物が生態系というひとつのシステムの中で緊密な関係を保ちながら生きている。

　本書では、生命の成り立ちを「進化」という縦糸と、生物の「生き方」という横糸を織り上げるように編集したつもりだ。地球上のすべての生物は「進化」という縦糸でつながっており、その設計図は核酸（ＤＮＡ、ＲＮＡの塩基配列）という共通の遺伝暗号で記述され、ほぼ共通のエネルギー代謝機構を持つなどの普遍的な性質を持っている。一方で、それぞれの生物のかたちや生き方は千差万別であり、まったく異なる存在のようにも思える。本書を読むことによって、分子や細胞のレベルではほとんど同じように見える生き物が、地球生態系の中では驚くほどに多様な生き方をしている様子を理解することができるようになっている。

　本書のハイライトは、動物と植物の共通性と多様性が、分子のレベル、細胞のレベルから個体の生き方のレベルへと展開しながら生き生きと書かれているところであり、ここは多くの著者の緊密な連係プレーのたまものである。じっくりと味わってもらいたい。

　また、近年問題になっている地球生態系の破壊や遺伝子組換え作物、ヒトの病気と先端医療など「人間という社会的存在」と「ヒトという動物」の間に起こっているさまざまな問題を考えるための基礎となる知識およびヒントが提供されていること

はじめに

も、本書の特長となっている。

　本シリーズは、高校生の他に、こんな人たちにも読んでほしい。

・少しでも科学的な素養を身につけたいと願う社会人
・生物、化学、物理、地学をもう一度きちんと学習したいと考える社会人
・化学を勉強せずに工学部に入った、生物を勉強せずに医学部に入った等の大学生
・試験の問題は解けるのだが、ものごとの本質がよくわかっていないと感じる大学生

　なお、このブルーバックス高校理科教科書シリーズは、ベストセラーとなった中学版『新しい科学の教科書Ⅰ～Ⅲ』（文一総合出版）と同様、有志が集い、教科書検定の枠にとらわれずに具体的な教科書づくりをした成果である。

　　2006年1月20日　　　　　編者　栃内 新、左巻健男

新しい高校生物の教科書◎目次

はじめに……………5

第1章　生命の誕生と進化
1-1　分子からできた最初の生命……………14
1-2　単細胞で生きる生物……………28
1-3　植物という生き方（植物と菌の進化）…………41
1-4　動物という生き方（動物の進化）……………54

第2章　細胞の構造とエネルギー代謝
2-1　生命の最小単位＝細胞……………70
2-2　生命分子から細胞へ……………82
2-3　呼吸のしくみ……………96
2-4　光合成のしくみ……………112

第3章　遺伝・生殖・発生
3-1　遺伝子と生命現象……………130
3-2　細胞分裂と生殖……………151
3-3　発生のしくみ……………168

第4章　行動のしくみと進化
4-1　情報を受けて伝えるしくみ（感覚器と神経）……184
4-2　脳はなにをしているのか……………208
4-3　筋肉のメカニズム……………226
4-4　動物のさまざまな行動……………239
4-5　動物の生存戦略……………255

第5章　ヒトのからだと病気・医療
5-1　からだの中の恒常性……………266

5-2 ヒトはどうして病気になるのか……………284
5-3 先端医療とヒトの生き方……………296

第6章 植物のからだと生殖

6-1 植物のからだのつくり……………308
6-2 植物の生殖……………322
6-3 植物も動く……………342
6-4 植物も季節や時間がわかる？……………356

第7章 生態系のしくみ

7-1 いろいろな生態系……………370
7-2 生物の相互作用……………383

第8章 生物学と地球の未来

8-1 遺伝子操作とヒトの未来……………398
8-2 環境保全と地球の未来……………410

コラム

生命は深海で生まれたか……………26
エンドサイトーシス……………40
光をめぐる植物どうしの生存競争……………43
コケ植物は進化の道を逆行したか……………48
恐竜全盛の時代から生きていたイチョウ……………50
アメリカシロヒトリの異常発生……………63
ＤＮＡの4種類の塩基は暗号ではない？……………75
昔から利用されていた酵素の力……………80

新しい高校生物の教科書◎目次

針金よりも丈夫なタンパク質の繊維……………91
ビタミンと無機質(ミネラル)……………95
ヒトも行う嫌気呼吸……………110
脳死と植物状態……………215
発電する生物、発光する生物……………237
利己的遺伝子とは？……………247
昆虫がひきつけられる光と化学物質……………252
パブロフのイヌ……………254
免疫は両刃の剣……………283
ダーウィン医学……………288
エイズ……………289
再生医療の可能性……………300
「奇想天外」と呼ばれる植物とは？……………315
奇妙な花　ラフレシア……………319
植物の病気……………321
ジベレリンの「発芽パワー」……………331
世界初の「種子なしビワ」……………340
植物のカレンダーを操作する……………361
アサガオを使いサツマイモの花を咲かせる……366
氷河で生きる生物たち……………376
里山のチョウとその棲息環境を守る……………379
エコロジーとエコノミー……………390
絶滅した日本のオオカミ……………395
健康機能イネと組換え食品表示義務……………400
宮沢賢治も知っていた温室効果……………416
未来への警告……………422

CONTENTS

解 説

有機物とはなにか……………84

カルビン回路……………119

C_4植物……………126

難しい遺伝子の定義……………145

生物の進化のしくみ……………149

有性生殖と無性生殖の定義……………166

カルシウムの信号作用とトロポニン……………234

血液の中にある細胞……………270

ウェントの実験……………350

植物ホルモン……………354

実験／観察

原始細胞のモデル「コアセルベート」をつくってみよう
……………24

ゾウリムシの消化……………57

爪や魚の骨から炭を検出……………85

やってみよう！　盲斑を検出しよう……………207

ホタテガイの貝柱の観察……………228

第1章

生命の誕生と進化

1-1 分子からできた最初の生命 — 14

1-2 単細胞で生きる生物 ——— 28

1-3 植物という生き方（植物と菌の進化）- 41

1-4 動物という生き方（動物の進化）- 54

1-1 分子からできた最初の生命

[問1] 次の生物のうち、食物や水の中から自然にわいて出るものはいるだろうか。
①ネズミ　②ゴキブリ　③ウジ　④ボウフラ
⑤ミジンコ

[問2] 細菌は何から生まれてくるのだろうか。
①空気から　②腐ったものから
③細菌から

[問3] 地球46億年の歴史の中で、地球形成後に最初の生命が誕生したのは、いつごろのことだろう。
①10億年以内　②10億～20億年後
③20億～30億年後

1. 生命の自然発生研究の歴史

(1) 自然発生説とは

すべての生物はみな親から生まれる。自然に「わいて出る」生き物はいない。現在これは当たり前のこととみなされているが、かつては当たり前とは考えられていなかった。「ウジがわく」「ボウフラがわく」という言い回しは、これらの生き物が土や水や腐ったものから自然に出現すると考えられていたことを示している。このような考えを生物の**自然発生説**と呼ぶ。

17世紀にファン・ヘルモントは、生物の自然発生を実験で証明したと主張した(図1-1-1)。コムギの種子を入れたつぼの口を丸めた古いシャツでふさいでおいたのに、数週間後にはつぼの中にネズミが1匹いたのだ。無論、このネズミはつぼの外

1-1 分子からできた最初の生命

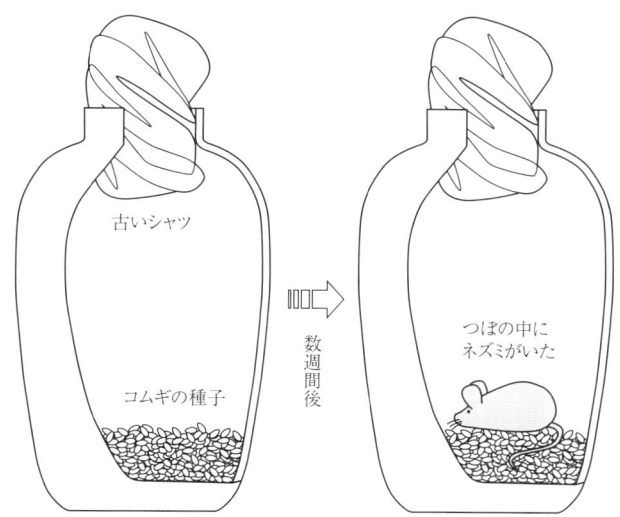

つぼの中のネズミは、シャツにしみこんだ汗の蒸気が、
コムギの種子と混ざり合って生まれた……?

図 1-1-1　ヘルモントの実験

部から進入したのであったが、ヘルモントは「シャツにしみこんだ汗の蒸気が、コムギの種子と混ざり合ってネズミとなった」と考えた。現在では考えられないような勘違いだが、生物が自然発生すると考えられていたために生じた誤解である。

イタリアのトスカーナ大公の侍医兼博物学者であったレディは、1668年に肉を入れた瓶の口を布でしっかりとふさぐとウジがわかないことを確かめ、ウジの自然発生を否定した（図1-1-2）。

レディは比較のため、肉にハエの卵をつけてから布で覆えばウジが発生することを示し、ハエの卵からウジが生まれることをも明らかにした。このようにして、ハエのような肉眼で見え

図 1-1-2 レディの実験

る生き物は自然発生しないことが、次第に明らかにされていった。

(2) パスツールの実験と自然発生説の否定

　16世紀後半の顕微鏡の発明により、肉眼では見えない微生物の存在が明らかにされると、このような単純な生き物なら自然発生するかもしれないとの考えが自然発生説を復活させた。食べ物や生き物の死体など、腐敗したものの中にはおびただしい細菌（バクテリア）が発生している。これは親となる細菌から生じたものなのか、それとも自然発生したものなのかについて、

18世紀以降、盛んに議論が行われた。

特に18世紀、イギリスのニーダムとイタリアのスパランツァーニの2人の神父が、同一の実験結果をめぐって真っ向から対立したことは人々の注目を集めた。

ニーダムは、肉汁を入れたフラスコをコルク栓でふさいで加熱殺菌した。どんなに長く加熱しても、時間が経つと必ず細菌が繁殖することを示し、これこそ自然発生の証拠と考えた（図1-1-3）。一方スパランツァーニは、フラスコの口のガラス

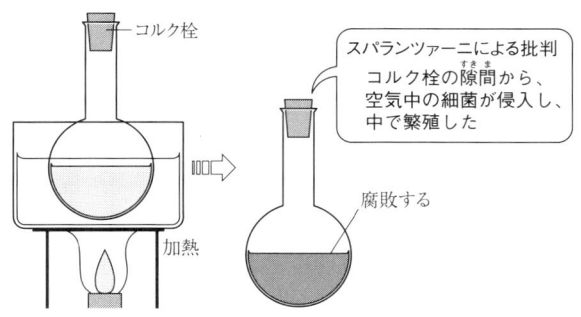

図1-1-3　ニーダムの実験

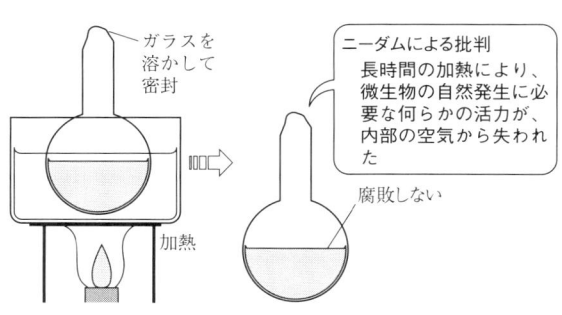

図1-1-4　スパランツァーニの実験

を溶かして完全に密封してから長時間加熱すれば、細菌は決して出現しないことを示し、自然発生は起こらないと主張した（図1-1-4）。

スパランツァーニは、ニーダムの実験ではコルク栓の隙間から空気と一緒に細菌が侵入したのだと批判した。一方ニーダムは、スパランツァーニの実験では加熱によって新鮮な空気が変質してしまい、自然発生に必要な何らかの活力が失われてしまったのだと批判した。

新鮮な空気は自由に入れるが、細菌が決して侵入しないような工夫を誰も思いつかなかったので、2人の論争は水かけ論のまま決着がつかず、時が過ぎていった。

1861年になってフランスの化学者パスツールは、この論争に

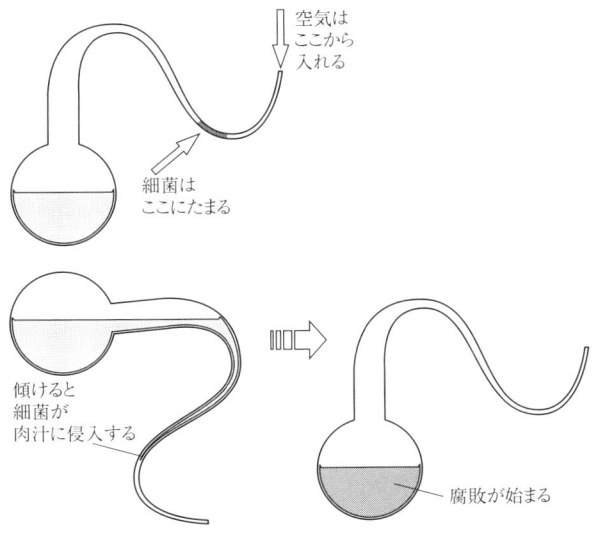

図1-1-5　パスツールの実験

決着をつける実験方法を考案した（図1-1-5）。彼はフラスコの首をＳ字形に細長く引き伸ばした後、中の肉汁を十分に煮沸して殺菌してみた。

驚いたことに、中の肉汁は長期間腐らなかった。煮沸した肉汁が冷えるにつれ、フラスコの細く引き伸ばした口からは新鮮な空気がゆっくり入ってくるが、空気中を漂うほこりに付着した細菌はＳ字形の狭い隙間に引っかかって、中の肉汁に侵入できなかったのだ。その証拠に、フラスコを傾けて肉汁をＳ字形の部分に触れさせてからもとに戻すと、たちまち大量の細菌が現れた。フラスコの口の途中にとどまっていた細菌が、肉汁に侵入したからである。こうした実験によって、目に見えない微生物といえども、もととなる微生物がいなければ生じないことが明らかとなり、自然発生説は完全に葬られた。

こうして、ネズミのような生き物から細菌のような微生物にいたるまで、あらゆる生物は必ずその親となる生物から生まれてくることが明らかとなり、「生物は決して自然発生しない」という考え方が定着した。

2. 最初の生命

(1) 自然発生した最初の生命

生命は、自ら化学反応を行って、子孫を自己複製できる存在である。すべての生き物には親がいて、その親にもまた親がいる。これをどこまでもさかのぼってゆくと、必然的に「最初の生命」にたどりつく。最初の生命は、親となる生物のいない状態で生まれたはずである。パスツールの実験によって自然発生説は否定されたが、最初の生命だけは「自然発生した」はずなのだ。そのようなことがなぜ可能だったのだろうか。

生命の誕生には水が必要である。水はさまざまな物質を溶か

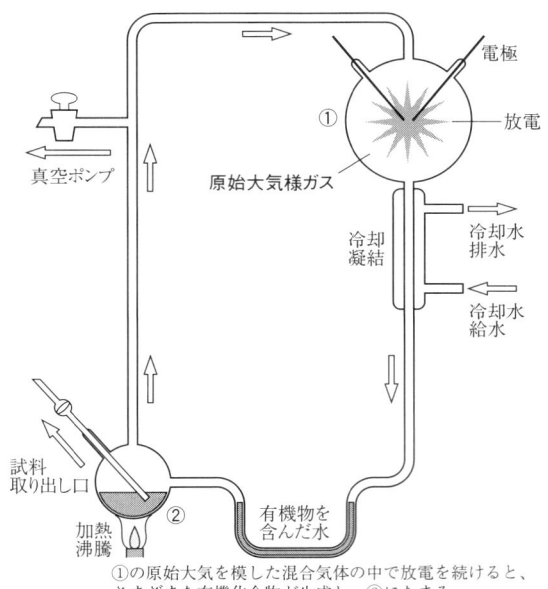

①の原始大気を模した混合気体の中で放電を続けると、さまざまな有機化合物が生成し、②にたまる。

図1-1-6　ミラーの実験

すことができる優れた溶媒であり、化学反応の場となる。最初の生命が誕生した当時の地球には、大量の水が海となって存在しており、生物のからだの素材となる有機物も大量に溶けていた。海は生命のゆりかごであった。生命を生み出した有機物は、どのようにして出現したのだろう。

1953年、シカゴ大学の大学院生だったミラーは、指導教員のユーリーとともに、彼らが地球の原始大気と想定した混合気体（水素、メタン、アンモニア）と水をガラス容器に密閉し、加熱と冷却を繰り返しながら約6万Vの電圧による放電を1週間続けて、火山活動と稲妻が頻発したとされる太古の地球を再現

してみた（図1-1-6）。するとガラス容器内に、アミノ酸などの有機物が生成していたのだ。

アミノ酸は、タンパク質を始めとして、生命現象にとって重要な化合物の原料となる有機物である。数種類の単純な物質に熱や電気のエネルギーを加えると、生命現象と深い関係のある有機物が簡単に生成されるという事実は、最初の生命が自然発生し得たという可能性を強く示唆するものだ。

(2) 分子から生命へ

ミラーらの実験に見られるように、無機物は何らかのエネルギーがあればたがいに反応し、有機物を生成する。現在でも、宇宙空間には豊富な有機物が存在することがわかっている。それらの有機物は、宇宙線のエネルギーにより星間ガスの無機物からつくり出されたものだ。地球が誕生して間もないころには、いまよりずっと多くの小惑星や彗星が地球上に落下していたので、これらの天体が地球にもたらした有機物もあったかもしれない。

地球上でも有機物の合成は起こった。地球誕生当時の大気には、現在のようなオゾン層がなく、太陽の強烈な紫外線が直接地表に降り注いでいた。太陽光線のエネルギーは、激しく大気を攪拌し、稲妻を生み出す原因ともなる。紫外線や雷の電気エネルギーは、大気中の無機物から有機物を生成した。これらの有機物はやがて雨とともに降り注ぎ、次第に海水中に蓄積していった。

海底で生成される有機物もあった。太古の昔から、海底にはいたるところに火山があったと思われる。そこでは、物質合成に必要な熱エネルギーが常に供給されているうえに、鉄、マンガン、亜鉛などの金属イオンも豊富である。そうした場所に堆

積する硫化鉄などの金属化合物は、さまざまな有機物を吸着し、化合を促す触媒の役割を果たした。このような環境で、より複雑な有機物の合成が起こったのではないかと考えられている。

自然エネルギーにより生成された有機物は、膨大な時間の中で次第に蓄積していった。原始の海は、こうした有機物が豊富に溶けたスープのような状態だったと考えられている。小さな有機物は、絶え間ないエネルギーの供給を受けてさらに結合し、タンパク質、核酸、炭水化物、脂質などのより複雑な物質を生成していった。最初の生命は、これらの物質の中から誕生したと考えられる。

(3) 最初の生命が誕生した時期

地球の年齢は約46億歳である。最近の学説によると、地球誕生後1000万～1億年が経過したころ、火星大の天体が地球に衝突した。この衝突によって地球の表面が再び溶け、ちぎれるようにしてできたのが、月だという(ジャイアント・インパクト説)。

海は40億年前には誕生していたと思われる。グリーンランド南西部には、39億～38億年前の堆積物が変成岩になった地層として残っており、この地層を調べると、石灰質成分を含む堆積岩などの岩石が見つかっている。石灰質の岩石は、海水から化学的に沈殿したと考えられることから、当時すでに海洋が存在し、陸地も存在していたことが推測される。

約35億年前の岩石からは、原始的な細菌の化石と思われる最古の「微化石」(微生物の化石)が発見されている。これらの化石になった生物は、すでにかなり進化が進んだ時代の微生物と考えられている。おそらく、最初の生命が出現してから何億年も経過した時代のものだろう。海ができてから数億年のうち

には、原始海洋中に最初の微生物たちが出現していたらしい。

(4) 原始細胞のモデル

　最初に地球上に現れた生物は単細胞生物だと考えられるが、それはどのようなものだったのだろう。ソビエト連邦（現在のロシア）の生化学者オパーリンは、1936年に出版した『生命の起源』という本の中で、原始細胞の候補として「コアセルベート」というものをあげている（図1-1-7）。1000分の1～10分の1μm（μは「100万分の1」という意味の接頭語、1μm＝100万分の1m）程度の微粒子が分散した溶液をコロイド溶液と呼ぶが、2種類のコロイド溶液を混合すると、分散していた微粒子が集合してかたまりとなる。これがコアセルベートである。コアセルベートは、ある種の物質を取り込み、その内部で化学反応を起こしたり、たがいに合体したり、分裂して増えたりする。しかも見かけも単細胞生物によく似ている。

　現在、コアセルベートが原始生命体に進化したという考えを

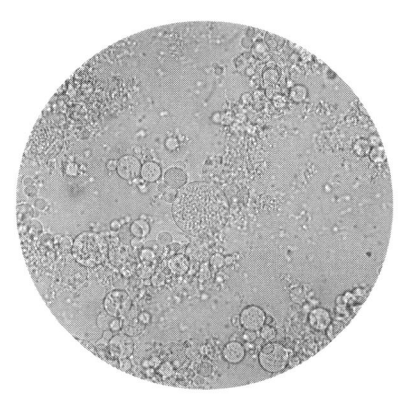

図1-1-7　コアセルベート

支持する学者はほとんどいないが、彼の実験により、生命の起源というものを絵空事としてではなく、「科学」として真面目に論じることが可能になった。その意味で、オパーリンの功績は大きいといえよう。

実験 原始細胞のモデル「コアセルベート」をつくってみよう

〈準備するもの〉 2％アラビアゴム水溶液（炭水化物）、2.5％ゼラチン水溶液（タンパク質）（アラビアゴムとゼラチンの水溶液の調製は熱湯を用いて行う）、50％グリセリン水溶液、0.2％塩酸（HCl）水溶液、メチレンブルー、試験管、駒込ピペット、スライドガラス、カバーガラス

〈方法〉 1．試験管に2％アラビアゴム水溶液と2.5％ゼラチン水溶液を、駒込ピペットを使って2mLずつ注ぐ。ゼラチンを温めておいたほうが個々のコアセルベートがよく見える。ゼラチンが冷めないよう実験直前に調製するとよい。

2．0.2％HCl水溶液を1滴ずつ滴下してゆく。滴下した一瞬だけ白濁するが、軽く振るとまた透明になる。これを振っても白濁したままになるまで繰り返す（pH〈水素イオン指数〉4.9〜4.6程度で白濁する）。HCl水溶液を注ぎすぎると、白濁しなくなり、コアセルベートはできない。

3．水分の蒸発を防ぐため、50％グリセリン水溶液を2mL注ぐ。

4．スライドガラスにとり、顕微鏡で観察する。

メチレンブルーを滴下すると、コアセルベートがメチレンブルーを吸着した様子を観察できる。

(5) 化学進化とはなにか

　コアセルベートには、全体を包む膜がない。一方、ある種のウイルスを除くすべての生物の細胞は、その表面がリン脂質という脂の一種でできた膜で覆われている。太古の海に出現した最初の細胞はリン脂質に包まれた小球であったと推測される。小球の内部に閉じ込められた有機物は、周囲の海水中から取り込まれた有機物と、内部で反応しあうことになった。小球内部の狭い空間では、分子どうしの出合う確率が高まるので、周囲の海水中ではめったに起こらないまれな反応も、比較的簡単に起こる。

　スープの表面に浮かぶ油滴は、スープをかき混ぜればちぎれて小さくなる。同様に原始海水中の小球も、内部に物質がたまって大きくなると、ちぎれてより小さな球になったはずだ。

　原始的な細胞分裂も、このようなものだったと考えられている。断片化した小球は、ちぎれてできただけなので、内部の物質の比率がもとの小球とは異なっている場合も多い。小球ごとに成分比率が異なれば、内部で起こる反応も、小球ごとに異なっていただろう。偶然の作用で、もとの小球よりも物質の吸収率がよく、反応速度も大きく、分裂が速くなるような小球ができれば、ほかの小球を尻目にどんどん増えることだろう。しかし、ちぎれるたびに中の成分が変化してしまうならば、増え続けることはできない。安定して増え続けるためには成分を変化させないことが必要なのだ。

　成分を変化させない最も優れた方法は、小球中の成分が自分自身をコピーして増やすことだ。そうして現れたのが自分をコピーできる物質、**遺伝子**の最初の姿である。有機物の中から遺伝子として働く物質が出現し、遺伝子を備えた小球は、安定して原始の海に子孫を増やしていった。こうして、周囲から膜で

仕切られた内部環境を持ち、次第に複雑な化学反応を行い、最初の細胞が誕生したのに違いない。

このようにして、物質が次第に複雑になり、ついには無生物から生命が出現する過程を**化学進化**と呼ぶ。化学進化の結果、単純な物質から最初の生命（細胞）が誕生した。現在の地球上には、私たちヒトを含め数千万種から数億種以上ともいわれる生物が存在し、地表を埋め尽くして、環境中の物質を利用して繁栄している。しかしそれらはみな、40億年ほど前に出現した原始細胞の子孫たちなのである。

もし仮に、現在の地球に細胞へと進化できるような物質が生成したとしても、現存の生物がそれらの栄養分に群がり、またたく間に消費してしまうに違いない。また、原始地球にくらべて現在の地球には酸素が多いため、新たな物質が誕生してもたちまち酸化してしまうだろう。そのような環境では化学進化は起こりようがないので、もはや二度と生命の自然発生は起こらないと考えられている。

コラム　生命は深海で生まれたか

海底で生命が生まれた可能性は、近年盛んに唱えられている。特に熱水噴出孔付近の深海底には、噴出する熱水に含まれる硫化水素などの無機物を利用して栄養分を合成する化学合成細菌と、それらがつくり出す養分を吸収して生活するシロウリガイやハオリムシ（図1-1-8）、ある種のカニなどの生物たちが生態系を形成している。彼らが、原始地球に最初に出現した生物というわけではないが、空中の酸素や光の届かない深海底で生態系が成立するという事実は、そのような場所でも生命が発生し、発展し得た

可能性を裏付けるのではないだろうか。有機物が生成し、蓄積していくうえで、海底の火山活動が重要な役割を担っていたという考えは、多くの学者の支持を得ている。

 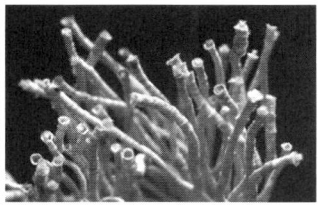

図1-1-8　シロウリガイ（左）とハオリムシ（右）

問いの答え　問1：正解なし（自然にわいて出る生物はいない）
　　　　　　　問2：③
　　　　　　　問3：①

1-2 単細胞で生きる生物

[問1] 次の生物のうち多細胞生物はどれか。
　①アメーバ　　②ゾウリムシ　　③大腸菌
　④ミジンコ　　⑤ボルボックス

[問2] 次の生物を、栄養を摂る方法によって分類してみよう。
　①アメーバ　　②ゾウリムシ　　③大腸菌
　④ミドリムシ　⑤シアノバクテリア

[問3] 誕生したての地球の大気には、初め酸素がほとんど含まれていなかった。現在の大気にある酸素はどこからきたのだろう。
　①地殻中の岩石　　②火山の噴煙　　③宇宙
　④生物がつくった

1. 単細胞生物とは

　池や田んぼの水をペットボトルですくって、日光に透かして見ると、さまざまな生物が見られる。跳ねるように泳ぐミジンコや、緑色の丸い粒のようなボルボックスが見える。水面近くを漂うように泳ぐ白い点は、ゾウリムシかもしれない。いずれも肉眼でようやく見えるくらいの大きさだが、ミジンコは多数の細胞からなる生物であり、ゾウリムシは1つの細胞からなる生物である（図1-2-1）。

　アメーバやゾウリムシのように、単一の細胞で生活している生物を**単細胞生物**と呼ぶ。それに対して、運動・消化・生殖などを専門に行う、さまざまに特殊化した多数の細胞からできて

いる生物を**多細胞生物**と呼ぶ。ミジンコは小さいので単純なつくりをしているように考えられることが多いが、顕微鏡で詳しく調べると、複雑なつくりをした多細胞生物であることがわかる。そのからだをつくる細胞は、運動や情報伝達や栄養摂取など、特定の機能を行うために分業している。このように、多細胞生物の細胞がいろいろな役割に専門化することを、細胞の**分化**と呼ぶ（細胞については「2-1 生命の最小単位=細胞」でも詳しく説明する）。

　緑藻類のボルボックス、パンドリナやクンショウモなどの藻類は、複数の細胞が集まってできているが、個々の細胞はどれも同じ特徴を持っており、多細胞生物のような分化は見られない。このような生物を**細胞群体**と呼び、単細胞生物と多細胞生物の中間に位置する生物とみなされている。

2. 原核生物と真核生物

　[問2]にあげた生物は、いずれも単細胞生物である。これらのうち、アメーバやゾウリムシを電子

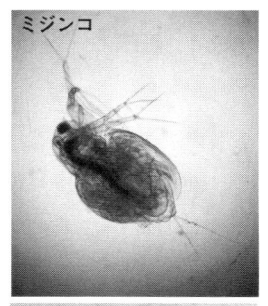
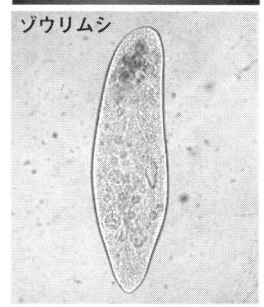
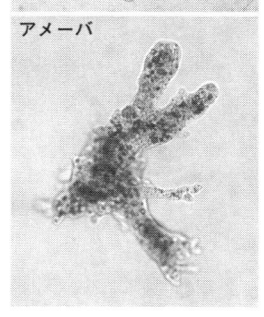

図1-2-1　ミジンコ、ゾウリムシ、アメーバ

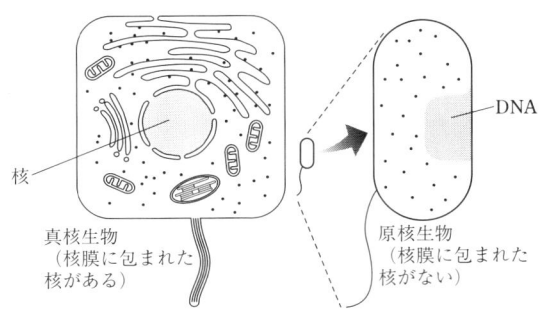

図1-2-2　真核生物と原核生物の細胞

顕微鏡で観察してみると、細胞内には、膜で囲まれたさまざまな構造物があることがわかる（図1-2-2）。これらの構造物のうち、核はサイズも大きく、染色すれば低倍率の顕微鏡でも容易に観察できる。一方、大腸菌や乳酸菌には、そのような膜に囲まれた構造物は見られない。核膜に包まれた核を確認することもできない。核の中身として重要な遺伝物質デオキシリボ核酸（DNA）は、もちろん細胞の中に存在するのだが、それをほかの要素から分けるための核膜がないのだ。

また、両者は大きさにも特徴がある。アメーバやゾウリムシは比較的大きい（数十〜数百μm）のに対して、大腸菌や乳酸菌はその10分の1にも満たない1〜2μm程度である。ほかにも、リボソームというタンパク質を合成する装置の大きさや、遺伝子の働きの調節のしかた、細胞分裂の様子など、両者の間には大きく異なる特徴がたくさんある。

このような特徴から、アメーバやゾウリムシのような生物と、大腸菌や乳酸菌のような生物とは、分類上、別のグループに区別される。細胞に核膜を持つ生物を**真核生物**と呼び、大腸菌や乳酸菌のように細胞に核膜を持たない生物を**原核生物**と呼ぶ。

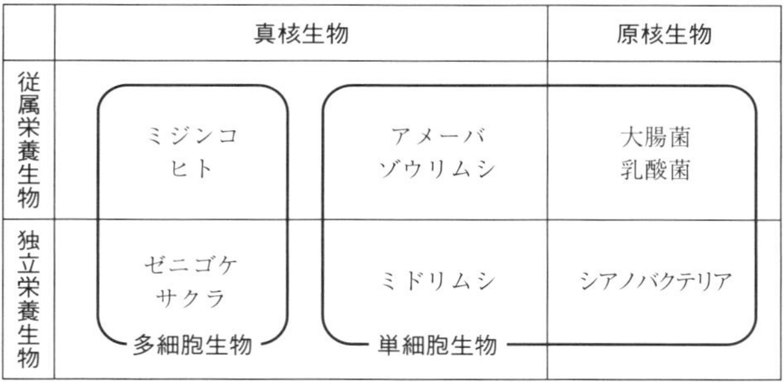

1-2 単細胞で生きる生物

	真核生物		原核生物
従属栄養生物	ミジンコ ヒト	アメーバ ゾウリムシ	大腸菌 乳酸菌
独立栄養生物	ゼニゴケ サクラ	ミドリムシ	シアノバクテリア
	多細胞生物	単細胞生物	

図1-2-3　原核生物と真核生物の分類

　原核生物には、大腸菌や乳酸菌などの細菌が含まれる。光合成（光エネルギーを使って炭水化物をつくり出すこと）をするシアノバクテリア（ランソウ類）もこの仲間に含まれるが、すべてが単細胞生物である。これらを除くすべての生物は、単細胞でも多細胞でも真核生物である。

　［問2］の生物を、栄養の摂り方で分類してみると、ミドリムシとシアノバクテリアは自力で養分をつくり出すタイプ（**独立栄養生物**）で、残りはほかの生物がつくった養分を摂取するタイプ（**従属栄養生物**）である。原核生物と真核生物のどちらにも、それぞれのタイプが含まれている（図1-2-3）。

3. 真核生物の誕生

　約35億〜21億年前の地層から見つかる微化石は、その形態や大きさから細菌に似た生物と思われている。

　初期の生物は原核生物だったのだ。一方、約21億年前の地層からは、真核生物の化石としては最も古いと思われる、グリパニアと呼ばれる化石が発見されている。したがって、そのころには、原核生物から真核生物への進化が起こっていたと考えら

れる。そして、その進化は、光合成生物の出現と密接にかかわっている。

(1) 光合成生物の出現

　生命誕生当時の地球の大気には、ほとんど酸素がなかったと考えられている。そこに酸素を付け加えていったのは、生物による光合成の働きである。

　最初の生物は、原始海水に豊富に含まれていた有機物を栄養分とする従属栄養生物だった。お菓子の家に迷い込んだヘンゼルとグレーテルのようなもので、化学進化によってつくられた有機物という食物がいくらでもあったのだ。だが、このような"楽園"は長くは続かなかった。生物の数が増えるにつれ、海水中の有機物は食べ尽くされる時がくる。原始細菌たちは飢餓状態に陥った。ところが、エサ不足に陥った原始細菌の中から、無機物を原料に糖質（炭水化物）などの有機物をつくり出せる独立栄養生物が進化してきた。

　無機物から有機物を合成するには、エネルギーが必要である。生命史上、初期に現れた独立栄養生物は2種類に分けられる。無機物の酸化で発生するエネルギーを用いる化学合成細菌と、太陽の光エネルギーを利用する光合成細菌である。これらのうち、大気中に酸素を放出したのは、光合成細菌であった。

　初期に出現した光合成細菌が、炭水化物を生産するのに用いた材料は、海水中に溶け込んだ二酸化炭素と、温泉などに含まれる硫化水素などから得た水素であった。それにやや遅れて、硫化水素の代わりに水の分解で水素を得るタイプの光合成細菌が出現した。水は硫化水素にくらべるとはるかに容易に入手できる。エネルギー源は太陽光線で、海水中の二酸化炭素と水が有機物をつくる材料である。無限のエネルギーと無尽蔵の材料

1-2 単細胞で生きる生物

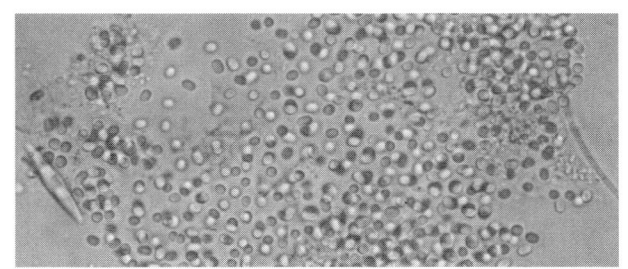

図1-2-4　シアノバクテリアの一種

を利用できるこのような生物は、たちまち原始の海に満ちていった。

　水を分解して光合成する能力を持つこれらの細菌（バクテリア）は、現在のシアノバクテリアの直系の祖先であると考えられる（図1-2-4）。

　岩の表面に付着したシアノバクテリアは、粘液を出す。そこに砂粒が付着すると、両者はたがいに層状に重なり合って、ストロマトライトと呼ばれる枕のような形をした堆積物ができる（図1-2-5）。

　ストロマトライトの化石らしいものが見つかっても、残念ながら極端に古いものは、単なる堆積岩と区別がつきにくい。明らかに光合成細菌がつくったものとして最古のストロマトライトは、約27億年前のものである。つまり、遅くともそのころには、シアノバクテリアによる光合成が営まれていたことがわかる。

　シアノバクテリアは、温かく浅い海で太陽の光を浴びながら、何億年もの間、微細な酸素の泡を放出し続けた。しかし最初のうちに放出された酸素は大気の構成成分にはならず、当時の海水中に豊富に溶けていた鉄イオンとすぐに結合し、酸化鉄（赤

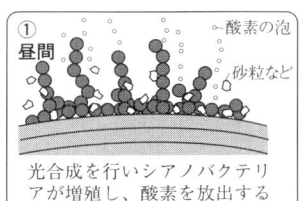

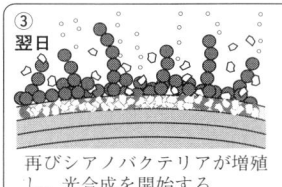

図1-2-5　ストロマトライトの成長

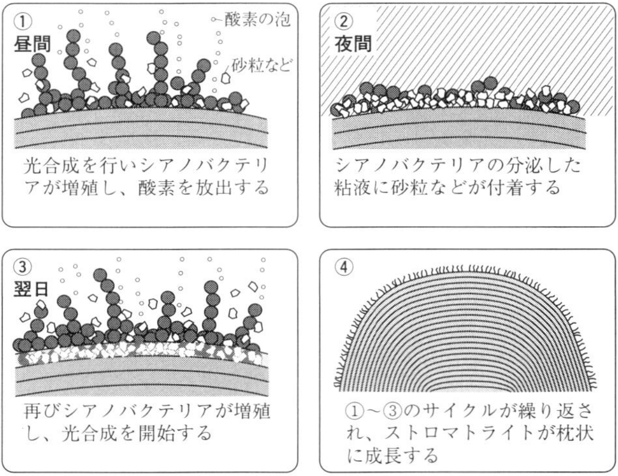

錆)となり、海底に沈殿し続けた。

　約25億〜19億年前の海底だった場所から、縞状鉄鉱層と呼ばれる地層が見つかる。これは酸化鉄が、何mもの厚さに堆積したもので、遅くとも25億年ほど前から酸素がつくられていたことの証拠である。約19億年前以降の地層には、縞状鉄鉱層は見つからない。代わりに、赤色砂岩が世界中から発見されるようになる。これは陸上の岩石の鉄分が酸素と結合してできた堆積岩で、そのころから後の大気に酸素が蓄積し始めていた証拠と考えられている。

　酸素は酸化力が強く、当時の生命にとっては致命的な毒ガスだった。酸素は放っておくと、細胞内のタンパク質や核酸といった重要な化合物を急激に酸化し、分解してしまう。環境に蓄積してきた酸素によって、当時の多くの生物が絶滅してしまっ

たといわれる。

しかし、やがて酸素の持つ高い酸化力を有効に利用することで、酸素を無毒化するとともに、大量のエネルギーを生産する生物が出現した。

最初にこのしくみを発達させた生物も、シアノバクテリアであったと思われる。なぜなら、酸素を無毒化する能力は、自らが生み出す酸素に対する自衛策として不可欠だったからだ。光エネルギーで水を水素と酸素に分解する一連の化学反応は、ほんの少し改良を加えることで、酸素を水素と結合させてエネルギーを生産するのに利用できた。**好気呼吸**（酸素呼吸）の始まりである。後にシアノバクテリアの中から、光合成能力を失い、好気呼吸の能力だけを持つ生物が生まれた。

さらに、より効率のよい好気呼吸の能力を発達させたものが**好気性細菌**である。好気性細菌は、次第に増え続けていた大気中の酸素を利用して、エネルギーを生産しつつ、繁栄していった。

一方、酸素の存在する環境では生きてはいけない**嫌気性細菌**にも、絶滅をまぬがれ、しぶとく生き延びる道を見つけたものがいた。

(2) 好気性細菌と共生

嫌気性細菌と好気性細菌とがまだ同じ環境に共存していた太古の時代、嫌気性細菌にのみこまれた好気性細菌の中に、消化されずに細胞内で生活できるようになったものがいたと考えられている。あるいは食べられたのではなく、嫌気性細菌に対する好気性細菌の感染（寄生）だったのかもしれない。いずれにせよ、嫌気性細菌の細胞内に棲み着いた好気性細菌は、周囲の細胞質から生存に必要な養分を吸収することができるようにな

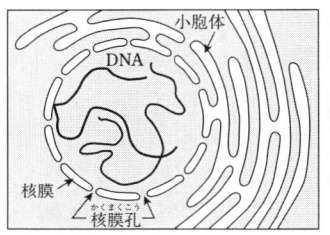

核膜は厳密には二重膜ではない。ところどころに「核膜孔」と呼ばれる孔が開いており、一部は小胞体と連結している。

図1-2-6　核膜と小胞体の一重膜構造

った。一方、嫌気性細菌の側も、体内にいる好気性細菌が有害な酸素をどんどん吸収してくれるので好都合であった。そのうえ、好気性細菌から余ったエネルギーを調達できる。

　こうして両者の共同生活が始まった。このような複数の生物による共存関係を**共生**と呼ぶ。時間が経つにつれ、細胞内の好気性細菌は、次第に宿主細胞に依存する度合いを強めてゆき、宿主細胞の外で自活する能力を失ってしまった。宿主細胞も同様であった。内部の共生細菌が生み出すエネルギーがなければ、生命活動を維持できなくなってしまったのである。この、内部に共生した好気性細菌が、細胞内で酸素呼吸にかかわる**ミトコンドリア**となったと考えられている。このような生物の共生が、複合型の新しい生物を生み出すこととなったのだ。

　共生の始まりと相前後して核が出現したらしい。核がいつどのようにして出現したものか、はっきりしたことはわかっていない。ある仮説によると、細胞膜が細胞内部に陥没して迷路のように折れ曲がり、小胞体などをつくったとき、もともと細胞膜の内面に付着していたDNAが、この小胞体によって包み込まれて核ができたのだという（図1-2-6）。

　こうして、動物や菌類（カビやキノコの仲間）の祖先となっ

た原始的な真核生物が誕生した。化石が見つかり始める地層の年代測定から、いまから約21億年以上前のことであると推定される。

(3) 葉緑体の出現

植物は、核膜を持ち、ミトコンドリアを含む真核生物である。さらに、植物の細胞には光合成を営むための**葉緑体**がある。陸上植物、緑藻、褐藻、紅藻の葉緑体にはクロロフィルaと呼ばれる光合成のための色素が「共通して」含まれる。したがって、それらの葉緑体は、おそらく共通の起源を持つと推測できる。葉緑体の共通の祖先と考えられているのが、同様にクロロフィルaを使って光合成を行うシアノバクテリアだ。

葉緑体も、ミトコンドリアと同様、共生によって生まれたとされる細胞小器官である。原始的な真核生物にのみこまれたシアノバクテリアが、消化されずにそのまま細胞内に棲み着いてしまったのだと思われる。このような原始真核生物は、光を浴びていさえすれば、体内でシアノバクテリアが炭水化物を光合成してくれるので、エサを求めて始終うろつきまわる必要もない。一方、シアノバクテリアにとっても、各種の栄養分が豊富に手に入る原始真核生物内で生活するのは好都合であった。

こうして両者の共生が成立し、シアノバクテリアが自活能力を次第に失っていった。これが葉緑体と植物の起源だと考えられている。

(4) 共生説の根拠

ミトコンドリアも葉緑体も、もとは独立した細菌（バクテリア）であったと考えられる根拠は、ひとつには、これらが細胞の内部で分裂によって増殖することである。その分裂は、宿主

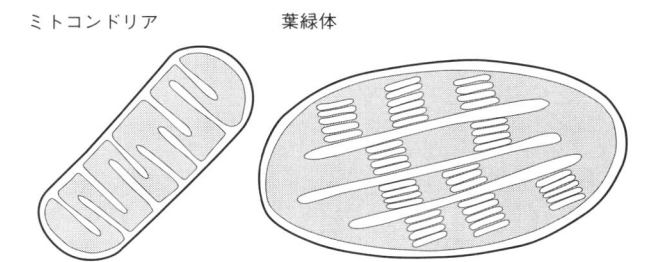

ミトコンドリア　　　　　葉緑体

ミトコンドリアと葉緑体は、どちらも二重の膜で構成されている。外膜（太線）は宿主細胞の細胞膜で、内膜（細線）はミトコンドリアや葉緑体自身の細胞膜とみなせる。

図1-2-7　ミトコンドリアと葉緑体の二重膜構造

となった細胞の分裂とは無関係であり、細胞内にあるほかのミトコンドリアや葉緑体とも同調していない。また、ミトコンドリアと葉緑体は、大腸菌などの原核生物のように、ちぎれるような分裂を行う。

　ミトコンドリアや葉緑体の内部には遺伝子を含んだDNAが存在することも重要である。細胞小器官で、核以外にDNAを持つのはミトコンドリアと葉緑体だけである。DNAを持つということは、これらのものが、もとは独立した生物であったことの何よりの証拠と考えられる。

　もっとも、現在のミトコンドリアや葉緑体は、宿主から独立して生きることはできない。これは長い共生生活の結果、自前で持っている必要のない遺伝子を失ったり、宿主細胞の核へと遺伝子が移動したりということが起こったからだと考えられている。こうして自活するための遺伝子を失ってしまった結果、ミトコンドリアや葉緑体の祖先は、生きるために必要な物質の生産などを、宿主細胞に依存するようになった。独立した生命体だったものが、宿主の部品である細胞小器官となってしまっ

たのである。

　ともに内外二重の膜で覆われているのもミトコンドリアと葉緑体に共通した大きな特徴だ（図1-2-7）。大型の細胞に取り込まれた小型の細胞がミトコンドリアと葉緑体の起源であるとすれば、二重膜を持つことも簡単に説明できる。内外二重の膜のうち、外膜は宿主細胞の細胞膜で、内膜はもともと、好気性細菌やシアノバクテリア自身の細胞膜だったと考えられる。ちなみに、核は一見、二重膜構造であるが、ところどころに**核膜孔**と呼ばれる孔が開いており、内膜と外膜とが連結している（36ページ、図1-2-6）。また核膜は、小胞体とも連続していることからもわかるとおり、ミトコンドリアや葉緑体とは異なり、完全に分離した二重膜ではない。

　共生説を支持する証拠はまだある。細胞内には、リボソームと呼ばれる微細な粒子が無数に存在しており、生命活動を支えるタンパク質を合成している。リボソームは、宿主細胞と同様にミトコンドリアや葉緑体にも存在するが、こちらのほうは、宿主細胞のものと異なり、少し小さいのである。小さいリボソームは、真核生物よりも原核生物のリボソームに似ている。これは、ミトコンドリアや葉緑体が、原核生物と近縁であることを示している。

　ほかにも、ミトコンドリアと葉緑体のＤＮＡが、真核生物のようにヒストンというタンパク質と結合しておらず、細胞内に単独で存在していること、原核生物と同じ抗生物質によってタンパク質合成が阻害されることなど、共生説を裏付ける証拠は数多い。

　以上のように、真核生物は複数の原核生物（宿主となった嫌気性細菌、ミトコンドリアとなった好気性細菌、葉緑体となったシアノバクテリアなど）の合体によって誕生した複合生物だ

と考えられている。複数の生命が寄り集まって共同体をつくり、たがいに協力しあうことで、単独ではなし得ない高度な生命活動を営めるようになったのだろう。

> **コラム**
>
> ### エンドサイトーシス
>
> 真核細胞は、周囲にある物質を、細胞膜で包み込むようにしてのみこむ。細胞膜が図1-2-8のように変形し、袋のようになって細胞内部に取り込むのである。このように膜を利用して物質を取り込む現象をエンドサイトーシスと呼ぶ。アメーバや白血球などは、のみこんだエサを食胞(しょくほう)と呼ばれる袋に包んで体内に取り込んで消化する。ミトコンドリアのもとになった好気性細菌や、葉緑体のもとになったシアノバクテリアも、おそらく、そのような形でのみこまれたのであろう。

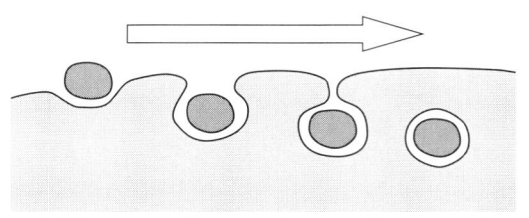

細胞膜を変形させ、外部にあるものを細胞内に取り込む様子

図1-2-8　エンドサイトーシス

問いの答え　問1：④（⑤のボルボックスは細胞群体とみなせる）
　　　　　　　問2：①、②、③……従属栄養　④、⑤……独立栄養
　　　　　　　問3：④

1-3 植物という生き方（植物と菌の進化）

[問1] 目で見てわかるほど激しく動く植物はどれか。
　①ヒマワリ　　②サクラ　　③ムシトリスミレ
　④オジギソウ

[問2] 最初に陸へ進出したといわれる生物は、次のうちどれか。
　①シダ植物　　②裸子植物　　③両生類　　④昆虫類

[問3] 菌類（カビやキノコなど）は植物か。
　①細胞の外側に細胞壁があるので、植物である
　②動かないので植物である
　③細胞壁をつくる成分が植物と異なるので、植物ではない
　④光合成をするので植物である

1. 動かない生き方

　オジギソウに触れると、みるみるうちに小さな葉が閉じていく（図1-3-1）。また、アサガオやヘチマのつるは、支柱に触れるとくるくると巻きつく。モウセンゴケやハエトリソウ（図1-3-2）は、虫が触れると葉が閉じてしまう。このように私たちが見ている陸上植物の中にはからだの一部を動かすことができるものがある。しかし植物には動物のように獲物やエサを求めて移動するものはいない。

　シアノバクテリアを取り込んだ原始真核生物は、葉緑体という細胞小器官をつくり、光合成する能力を獲得し、栄養分を自らつくり出せる植物へと進化したといわれている。光合成の能

力を獲得したことによって、植物は、エサとなる生物を追い求めて移動しなくても生きることができるようになった。従属栄養生物から独立栄養生物への進化である。

　動物にはない植物の独特の構造も、「動く」ことへの制約になったかもしれない。植物細胞には、細胞壁という細胞を防御する頑丈な殻がある。強固な壁に細胞が囲まれていると、からだ全体を大きくすることも可能になり、樹木の中にはセコイアメスギのように30階建てのビルディング（高さ約112m）に相当するほど高くなるものもある。しかし、細胞壁は強固な構造をとりやすい反面、柔軟にその形を変更することは難しい。

開　　　　　閉

図1-3-1　オジギソウ

図1-3-2　ハエトリソウ

また、多くの植物は、根を地中に張り、そこから栄養分や水分を吸い上げている。地中深く根を張れば、移動するのは難しくなる。動かずに生きていける植物には、動くことを妨げるようなしくみもたくさん進化してきたことがわかる。

光をめぐる植物どうしの生存競争　コラム

植物の世界は、食うか食われるかといわれる動物の世界にくらべると、平和で穏やかなようにも見える。しかし、植物は、動物のようにほかの場所に移動することはできない。芽を出せば、たとえ過酷な環境であっても、一生その場所にとどまらなければならないのだ。平和なように見える植物の世界でも、生きることは厳しい。

たとえば、ガジュマルやアコウなどは、より多くの光を得ようとして、ほかの植物に巻きついて上に伸びる結果、巻きつかれた植物が枯れてしまうこともある。アンコールワットの遺跡が長い間発見されなかったのも、こうした"絞め殺し植物"によって、遺跡が覆われていたためだといわれる。

光を独り占めするために、いち早く高くなろうとする植物もいれば、セイタカアワダチソウのように、根からcis-DME（シスデヒドロマトリカリアエステル）という化学物質を分泌して、ほかの植物の成長や発芽を抑制することで、自分が使う栄養や水を確保するものもいる。アカマツやヒメジョオンなども同様な化学物質による戦略をとっている。このように、植物が持っている天然の化学物質が、ほかの植物の成長を阻害したり、微生物に何らかの作用を及ぼしたりする現象をアレロパシー（他感作用）という。

図1-3-3　アレロパシー

2. 植物の進化

「1-2　単細胞で生きる生物」で説明したとおり、地球上に最初に誕生した光合成を行う生物は、シアノバクテリア（ランソウ類）の祖先である。原始真核生物は、このシアノバクテリアを取り込み、これが葉緑体という細胞小器官になった。このようにして生まれた光合成生物が大量に増えた結果、地球上には次第に酸素が増加し、5億年前には大気中の酸素濃度は現在の約1.5％に達したと推定される。

大気中に大量に蓄積した酸素の一部は、当時も地上に降り注いでいた紫外線によってオゾン（O_3）に変わった。そして、地上10～50kmの高度にオゾン層を形成し、有害な紫外線を吸収した結果、陸上にも多くの生物が生存できる環境が整った。

原始的な生物にとって、大気中にある酸素は、酸化力が強く有害な化学物質であったが、ミトコンドリアという細胞小器官が発達した原始真核生物は、この有害な酸素を使って莫大なエネルギーを生み出すしくみをつくり出し、すでにこの問題を克服していた。それまでは海中にしか棲めなかった生物が、酸素

1-3 植物という生き方（植物と菌の進化）

に満ちた陸上に上がる準備はできていたのである。

(1) 陸上進出のパイオニアとしての植物

　生物が陸上へ進出するためには、乾燥から身を守るしくみや、重力に逆らってからだを支えるしくみなど、多くの課題を解決する必要がある。しかし、光合成を行う植物にとって、より強い光が手に入る陸上は魅力的な環境だったに違いない。4億3500万〜4億1000万年前の古生代オルドビス紀末期〜シルル紀末期には、浅い海や河川で生活していた緑藻の一部が陸に上がり、生物の陸上進出のパイオニアとなったと考えられている（注）。

　本格的に陸上に進出したのはリニア、プシロフィトンなどの古生マツバラン類（シダ植物）だといわれる（図1-3-4）。これらの植物は根も葉もなく、枝の先端に胞子のう（繁殖のための生殖細胞である胞子を入れた袋）をつけただけの植物だった。陸上は、水中にくらべて光を遮るものが少ないため、光合成には有利であるが、水分が不足しやすく、温度変化も激しい。陸上に進出した植物たちはこれらの環境にも適応しなければならなかった。

注. 最初に陸上に進出したのは、コケ植物という説もある。

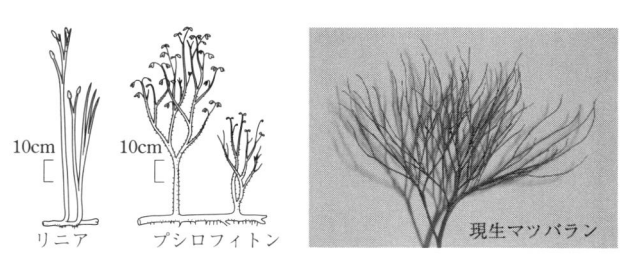

図1-3-4　リニア、プシロフィトン、現生マツバラン

(2) 植物の陸生化～乾燥への適応

　シダ植物は、水中の植物のように、からだの全体から水分や無機塩類を吸収することができない。しかし、シダ植物は、水分や無機塩類を吸収し、それを全身に供給する**維管束**（いかんそく）という構造を発達させた。維管束とは、根・茎・葉などの各器官を貫いて分化したパイプの束である。さらに、シダ植物では、からだの表面に、気孔（きこう）という小さな孔がある。この気孔を開閉することで、水の蒸発（蒸散）をコントロールし、根から水や養分を吸い上げたり、炎天下でも葉の温度上昇を抑えたりすることができる。こうしたしくみが発達したからこそ、シダ植物は乾燥した陸上にも適応できたのだ。

　古生代石炭紀（3億6000万～2億9500万年前）には光の豊富な陸上で大型化したシダ植物が巨木の森をつくり、30～40mの高さのリンボク（鱗木）やロボク（蘆木）など、現生のトクサに近い植物が群生していた（図1-3-5）といわれる。

　維管束の発達により、乾燥に強くなったシダ植物だが、それでも水辺から離れて繁殖することは容易ではなく、古生代石炭紀には、水辺から離れた内陸部に森はなかったようだ。

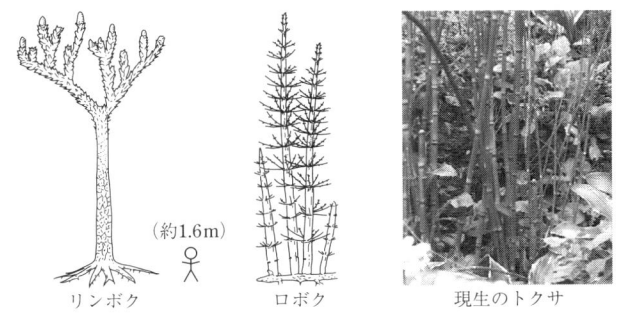

図1-3-5　古生代石炭紀の大型シダ植物

1-3 植物という生き方(植物と菌の進化)

　シダ植物から進化したとされるのが、乾燥に耐えることのできる種子を発達させた**種子植物**だ。シダ植物では、雨が降って地面が濡れたときにだけ精子がつくられ、この精子が泳いで卵細胞に到達する。これに対して、種子植物は花粉管という管を伸ばして精細胞を胚のうへと運ぶ(植物の生殖については322ページ「6-2　植物の生殖」で詳しく説明する)。つまり、生殖に外部の水を必要としないので、シダ植物よりも種子植物のほうが、乾燥地での生殖に適していた。さらに、種子植物では、クチクラ層というロウのような成分を含む表皮組織が発達しており、からだ表面からの水分の蒸発を防ぐことができる。

　種子植物には**裸子植物**と**被子植物**がある。裸子植物の花には花びらやがくがなく、胚珠(受精後に発達して種子になる部分)がむきだしであるのに対し、被子植物の花には花びらやがくがあり、胚珠は子房に包まれている(図1-3-6)。

　シダ類から進化した種子植物は古生代デボン紀後期に現れ、続く石炭紀に多様化を始め、石炭紀末期から二畳紀にかけて優勢になっていく。これは、この時期に気温が下がり、乾燥化が起こったため、寒さや乾燥に強い種子をつくる種子植物のほうが、胞子で増えるシダ植物よりも有利だったためではないかと

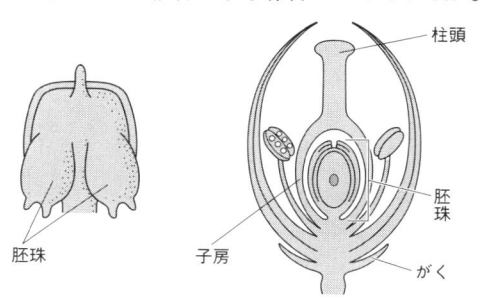

図1-3-6　裸子植物(左)と被子植物(右)の胚珠

考えられている。その後、裸子植物は中生代白亜紀にかけて栄え、ジュラ紀には現在見られるすべての裸子植物の仲間が現れた。

白亜紀の初めには被子植物が現れ、白亜紀後期から新生代第三紀にかけて多様化した。胚珠が子房で包まれることで、より乾燥に強い植物が誕生したわけだが、胚珠への花粉の進入が難しくなった。そこで、被子植物は、めしべの先端に花粉をつけるための柱頭を発達させ、柱頭で花粉から花粉管を発芽させ、精細胞を胚のう（卵細胞などを含む部分）まで運ぶようになった。裸子植物の多くは花粉を風によって運んでいたが、受精の方法を変えた被子植物は、花粉を運んでくれる昆虫などの動物との関係を深めていき、美しい花を咲かせたり、美味しい果実をつけるようになったとされている。

コラム　コケ植物は進化の道を逆行したか

陸上植物は、形態の単純なものから複雑なもの（コケ植物→シダ植物→裸子植物→被子植物）へと進化したと考えられている。しかし、コケ植物は、リニア植物群のような原始的シダ植物が退化したものという考えもある。たとえば、気孔の形成過程をジャゴケで見ると、最初は気孔があるが、やがて気孔をつくる孔辺細胞が消失する。あとは孔が開いているだけになる。また、スギゴケには維管束系の痕跡が見られる。つまり、もともとは維管束があったのだが、退化してしまったというのだ。

しかし、最近の遺伝子による解析では、コケもシダも従来考えられていたよりもたくさんの系統があり、たがいが先祖と子孫というような単純な関係とはいえないことがわかってきた。コケの起源はまだはっきりしない。

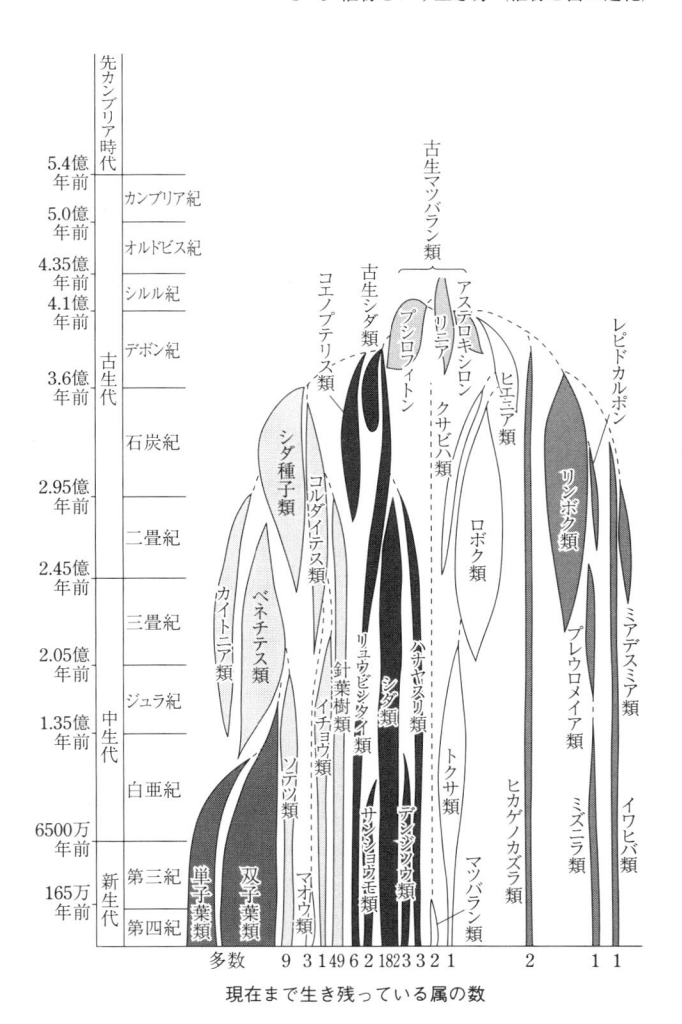

1-3 植物という生き方（植物と菌の進化）

5.4億年前	先カンブリア時代
5.0億年前	カンブリア紀
4.35億年前	オルドビス紀
4.1億年前	シルル紀
3.6億年前	デボン紀（古生代）
2.95億年前	石炭紀
2.45億年前	二畳紀
2.05億年前	三畳紀
1.35億年前	ジュラ紀（中生代）
6500万年前	白亜紀
165万年前	第三紀・第四紀（新生代）

現在まで生き残っている属の数: 多数 9 3 1 4 9 6 2 1 8 2 3 3 2 1 2 1 1

図 1-3-7　植物の系統図

水中のシアノバクテリアが光合成を始めたのは、約30億年前だが、植物が陸上に進出したのは、約4億1000万年前のシルル紀末期になってからである。つまり、その後の4億年で、現在見られるような多様な高等植物が生まれたことになる（図1-3-7）。生物が水中から陸上に進出するまでに約26億年の時間がかかったのにくらべると、陸に上がってからの植物の進化は急激なように思われる。水中という穏やかな環境ではなく、陸上という厳しい環境が、植物の進化のスピードを速めたのかもしれない。

コラム　恐竜全盛の時代から生きていたイチョウ

　イチョウは、現在の地球上に1属1種しかない。このイチョウ類は、恐竜全盛の時代である1億5000万年前の中生代ジュラ紀に栄えた植物である。イチョウは日本では「公孫樹」とか「銀杏」と書き表すが、中国では「鴨脚樹」という。葉の形はまさに水かきのついたカモの脚である。『広辞苑』にはイチョウの名は「鴨脚」の近世中国音ヤーチャオがなまったものと記されている。

　イチョウは種子植物であるが、シダ植物のように精子を持つことが、1896年に東京帝国大学の平瀬作五郎によって発見された。彼は顕微鏡で見た精子を「寄生虫ではないか」と思ったそうだ。種子植物が、コケ植物やシダ植物のように精子を持つことは誰も考えなかったのである。このイチョウはいまも東大の小石川植物園にあり、高さ25ｍの大木に成長している。

1-3 植物という生き方（植物と菌の進化）

3. したたかに生きる菌類

（1）菌類は植物か動物か

菌類は、約4億年前に地球上に棲息していたことは確認されているが、いつごろ出現したのかは定かでない。菌類は、カビ・キノコ・酵母類の総称で、いずれも葉緑体をもたず、寄生や腐生生活を行う。ひとくちに菌類といっても、さまざまな種類がある。マツタケやシイタケなどの食用キノコ、酒を造る酵母菌、ペニシリンのような抗生物質をつくるアオカビ、漢方薬にも使われる冬虫夏草をつくるセミタケなど、人間の生活にとって有用なものがある一方で、毒性のあるテングタケ、腐敗した食物に生えるクモノスカビのように、人間にとって有害なものもある。

菌類は、光合成をせず、周囲にある有機物を分解した養分を吸収して生活している。生態系では、菌類は生物の死骸や排出

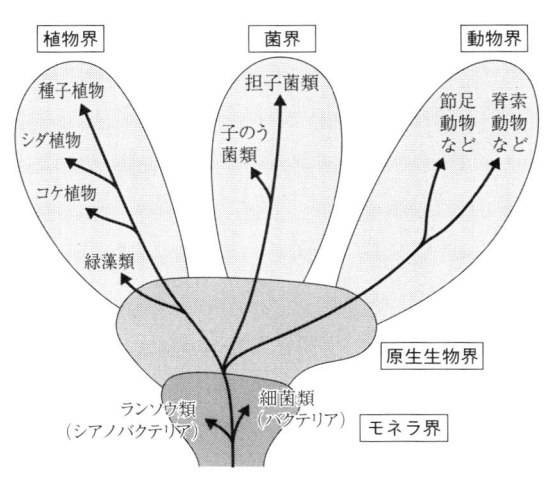

図1-3-8　5界説（ホイタッカーの説に準拠したもの）

物に含まれる有機物を無機物に分解する**分解者**の役割を担っている。もし、地球上に菌類がいなければ、生態系はゴミに埋まり、たちまちにして崩壊してしまうだろう。

　菌類はかつて植物に分類されていた。これは細胞壁があるためだが、植物の細胞壁はセルロース（ブドウ糖がたくさん結合した多糖類）でできているのに対して、菌類の細胞壁はエビ・カニの外殻の構成成分と同じキチンでできている。現在、菌類は図1-3-8に示したように植物、動物と異なる菌界として分類されている（**5界説**）。

(2) いろいろな菌類

　もし、地球上の生物がすべて滅びるという状態になったとしても最後までしぶとく生き残る可能性を持つのが菌類だといわれている。からだは単純な構造しか持たないが、生殖能力は抜群であり、菌類の胞子は80〜90℃の熱にも耐えることができる。

　また、菌類は共生・寄生の名人だ。ある種の植物の根には菌類が感染して菌根という構造をつくる。それにより、直接利用できるような無機塩類が少ない場所でも、菌類が分解してつくった無機塩類やビタミンをもらい、別の植物が生育できる。一方、菌類は宿主の植物から有機物をもらって共生する。ウメノキゴケなどの地衣類では、菌類と藻類が完全に融合して共生し、1つの生物体を形成している。

　また、水虫菌（白癬菌）のように、ヒトを始め多くの生物に寄生する菌類もある。さらに、一部の菌類は、プラスチック、ガラスなどの人工物の上でも発育する。驚くべきことに猛毒のダイオキシンや有害物質を分解する菌類もいるようだ。

　全世界で菌類はおよそ8万種発見されているが、これは現存する菌類の5％程度にすぎず、まだまだ発見されていない菌類

がたくさんあるといわれている。味噌、醬油、酒、鰹節など昔から、人がうまく利用しているケースもあるが、未発見の菌類の中にも人類にとって利用価値があるものがたくさんあるはずだ。目立たない菌類が地球生態系の救世主として、環境問題を解決する糸口を与えてくれるかもしれない。

問いの答え　問1：④　　問2：①　　問3：③

1-4 動物という生き方（動物の進化）

> [問1] 次の生物の中に、動物が2種類いる。どれとどれか。
> ①イソギンチャク　②テングサ　③カモノハシ
> ④リニア　⑤ガジュマル
> [問2] アメリカシロヒトリが一度に産む卵の数は何個くらいだろう。
> ① 10個　② 100〜200個　③ 300〜800個
> [問3] 卵を産む哺乳類はどれか。
> ①ライオン　②トガリネズミ　③カモノハシ
> ④コアラ　⑤チンパンジー

1. 動物とはなにか

　私たちは、ごく当たり前のように「動物」という言葉を用いるが、なにをもって動物と定義づけるかは、案外難しい。

　生物を動物と植物とに分ける分類は、古くから存在しており、私たちにも直感的になじみやすい。事実、分類学の祖といわれるスウェーデンの博物学者リンネも、生物を、感覚を持たない「植物界」と、感覚および移動能力を備え従属栄養的である「動物界」に2分類した。このように、生物を動物と植物の2つに分ける考えを「生物2界説」という。

　長らく、この「2界説」が主流であったが、ダーウィンが進化論を唱えてから、生物学的な進化に基づいた分類に改めようとする動きが強まり、3界説、4界説などの新しい分類が誕生した。

　現在の生物学界で広く用いられている分類は、ホイッタカー

によって提唱された5界説である（51ページ、図1-3-8）。この説では、核を持たない原核生物をモネラ界と呼び、真核生物を動物、植物、菌類、原生生物（単細胞真核生物）の4つに分類する。動物には、海綿動物、扁形動物、軟体動物、節足動物、キョクヒ動物、原索動物、脊椎動物などが含まれる。

植物は、外界から水や二酸化炭素のような無機物を取り込み、光エネルギーを利用して、グルコース（ブドウ糖）やデンプンや油脂のような有機物をつくり出すことができる。これに対し、動物は無機物から有機物をつくり出すことができないので、生きるために外界から有機物を取り込まなければならない。

固着生活をしているイソギンチャクやウミサボテンは、一見植物のような姿をしている。しかしイソギンチャクもウミサボテンも、海中の微小な生物を捕らえて食べている動物である。両者とも、海水の流れに乗って運ばれてくるプランクトンをその触手で捕獲摂食し、生命を維持している。

2. 海から陸上へ

（1）単細胞の原生生物

「1-2　単細胞で生きる生物」で説明したとおり、地球上で最初に誕生したのは単細胞生物である。こうした原始生物のなかから多細胞生物が誕生し、現在、地球上に存在する多種多様な生物に進化していった。一方、単細胞生物のほうも独自の進化を遂げてきた。

単細胞生物のゾウリムシ（29ページ、図1-2-1）は、原生生物の仲間で、からだの表面をびっしりと覆っている繊毛を活発に動かして水中を移動していく。ゾウリムシの体長は200〜300μm（マイクロメートル）と小さいが、1秒間に1300μm進むことができる。つまりゾウリムシは、1秒間に自分の体長の4〜6倍の距離を進

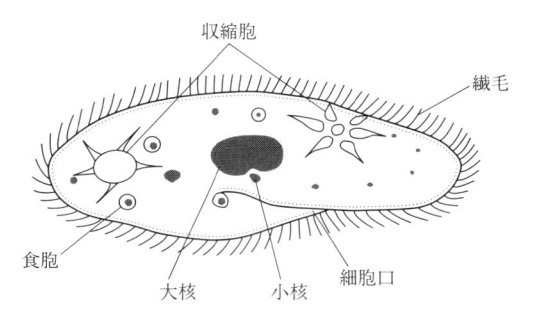

図1-4-1　ゾウリムシの模式図

むわけである。

　そして自分のからだよりも小さいものはエサとして細胞口から食胞内に取り込んで、消化・吸収してしまう（40ページコラム「エンドサイトーシス」参照）。細胞口とはゾウリムシのからだの中央にある「くぼみ」のことであり、食胞とは消化を行う小さな袋のことである。この食胞は細胞膜の一部がちぎれてできる袋である。ただしゾウリムシには、獲物を見極める視覚器はないので、感覚器官でもある繊毛でエサを探すか、手当たり次第に口に入るものを飲みこむしかない。

　ゾウリムシのからだは1つの細胞でできているといっても、1つの細胞の中に、食物を消化する食胞や、体内の余分な水分を集めて外に排出する収縮胞などを備えていて、構造は決して単純ではない（図1-4-1）。

　ゾウリムシのからだの中では、細胞内に取り込んだ有機物を分解する反応や繊毛を動かすためのエネルギーをつくり出す反応など多数の化学反応が、休みなく進行している。この化学反応に必要とされる物質の移動は、一般には拡散という方法しかない。

拡散というのは、文字どおり拡がり散らばるという意味である。酸素分子や水分子のように小さな分子なら、拡散するのにそれほど多くの時間はかからない。しかし、タンパク質のように大きな分子になると、その移動にはかなりの時間を要するようになる。したがって、細胞内のどんな場所にも必要な物質を速やかに到達させるためには、どうしても細胞の大きさは制限されざるを得ない。

多細胞動物の細胞の平均的なサイズは10〜20μmといわれているから、ゾウリムシの細胞は10倍ぐらい大きい。ゾウリムシはその大きな細胞の中に、いろいろな器官を発達させ、それらを巧みに使って生きていることがわかる。しかし、それでも1つの細胞のまま、からだを大きく複雑にするのには限度がある。さらに大きくなるには、多細胞になったほうがよいと考えられる。

ゾウリムシの消化 【実験】

ゾウリムシを入れたビーカーに、黄色の絵の具を1滴たらし、しばらくして顕微鏡を覗くと、絵の具の黄色い粒子を体内に取り込んだゾウリムシを観察することができる。しかし絵の具は、ゾウリムシの栄養にはならない。やがて黄色の絵の具は、ゾウリムシのからだから排出される。

次に酵母菌をコンゴーレッドという赤い色素で染めて、ゾウリムシに与えてみる。すると、赤く染まった酵母菌が、ゾウリムシの食胞内で青色に変色する。これはコンゴーレッドが、ゾウリムシの体内でつくられた「酸」の影響を受けて酸性になり、変色するためである。やがて酵母菌は消化液によって分解され、ゾウリムシのからだの一部につくり替えられたり、エネルギー源として使われることになる。

(2) 海で生まれた多細胞動物

最も古い多細胞生物の化石は、約6億年前の地層から発見されている（エディアカラ化石生物群）。この生物群はすべて絶滅してしまったと考えられているが、約5億4000万年前の古生代カンブリア紀になると、海中に多様な多細胞動物が爆発的に出現した（カンブリア紀の生物大爆発）。現在、私たちが目にすることのできるほとんどの動物群の祖先は、この時期に出現したと考えられているが、カンブリア紀を最後に絶滅してしまった動物群も多い。

この時代に誕生した後、あまりからだのつくりを変えずに子孫を残し続けてきた動物に、カイメンの仲間（海綿動物）やクラゲの仲間（刺胞動物）がいる。

カイメンの仲間は最も単純なからだのつくりをした多細胞動物で、細胞は緩く結合しているだけで、どこからどこまでが1つの個体なのかはっきりしない。また、他の多細胞動物と違って神経系も持っていない。一方、クラゲの仲間はカイメンの仲間よりもからだのつくりが複雑で、神経系を持ち、触手を使ってエサを捕らえたりすることもできる。

このほかにも、さまざまな多細胞動物がカンブリア紀の海で誕生した。しかし、彼らがすぐに陸に上がることはなかった。陸に上がって生活するためには、克服しなければならない課題がいくつもあったからだ。

(3) 海から陸へ

約40億年前に海の中で誕生した生命は、その後、長い間、海の中から出ることはなかった。生物にとって、海は居心地のいい環境だ。生物が生きるために必要な水やさまざまなミネラルが含まれている。海の中にいれば温度の変化も少ないし、有害

な紫外線の影響もほとんどない。水の中につかっていれば、水が浮力を与えてくれるから、重力に逆らってからだを支えるためのしくみもほとんど必要ない。

海の中で生活する上での問題があるとすれば、それは水深が深くなるほど、水中に届く光が弱くなることだ。これは、視覚を使って生活している動物にとっても問題だが、何より光合成を行う植物にとっては大問題となる。そのため、海に棲んでいた植物（現在の緑藻類に近い仲間）の一部が、より多くの光を求めてより浅い海から河川などへ生活の場を次第に広げていき、4億3500万〜4億1000万年前の古生代オルドビス紀末期からシルル紀末期に、陸へ進出し、最初の陸上植物が誕生したと考えられている。

最後まで植物の陸への進出を阻んでいたのは、地上に降り注ぐ有害な紫外線だった。しかし、植物が光合成によってつくった酸素が大気中に放出され、長い年月をかけて大気中の酸素濃度が増加し、大気の上層（成層圏）にオゾン層がつくられたことによって、有害な紫外線が吸収されるようになった。こうした環境が整って、はじめて生物が陸上に進出することができたのである。

直接あるいは間接的に植物を食べて生活している動物たちも、植物の後を追うように、浅い海から河川へ、そして陸へと進出していった。最も古い陸上動物の化石は、約4億年前のデボン紀の地層から見つかった**昆虫**（節足動物）の化石である。

この昆虫は、カゲロウに近い仲間で、すでに翅を進化させていた。これは、昆虫がこれより前のシルル紀（4億3500万〜4億1000万年前）には出現していたこと、すなわち、植物のすぐ後を追うようにして動物も陸上へ進出したことを示唆している。昆虫よりも少し遅れるが、デボン紀中期には脊索動物も陸

上へ進出し、**両生類**が誕生している。

3. 昆虫

(1) 昆虫の分類と進化

多細胞動物が陸上で生活するためには、乾燥を防ぐ皮膚や、浮力がない陸上でからだを支える内骨格や外骨格、そして陸上で呼吸するための肺や気管系などが必要だ。現在、陸上に存在している生物は、過酷ともいえる陸上の生活環境に適応できたものの子孫である。

こうした環境にいちはやく適応したのが、昆虫である。現在、地球上に存在する昆虫の種数は、全動物種の70%以上を占めるほど多い。毎年、新種の昆虫が見つかっており、未発見の種を含めると数百万種以上になるという予想もある。そういう意味で、昆虫は陸上に進出した動物の中で、最も繁栄したグループだといえるだろう。

現在の昆虫には、トビムシ（図1-4-2）やシミのように翅を持たず変態もしないもの（無変態）、カゲロウやトンボのように卵→幼虫→成虫と不完全変態をするもの、カブトムシやチョウのように卵→幼虫→蛹→成虫と完全変態をするものの、3つのグループがある。

図1-4-2　トビムシ　　　図1-4-3　クロヤマアリ

1-4 動物という生き方（動物の進化）

　古生代デボン紀の地層から見つかっている最古の昆虫化石は、翅を持ったカゲロウに近いものだと考えられているが、それ以前に出現した最初の昆虫は、トビムシなどのような、翅を持たず変態もしない昆虫だったに違いない。

(2) 乾燥に耐えるしくみ
　多くの昆虫は、水分の少ない乾燥した環境でも棲息できる。なぜ、昆虫は、乾燥に強いのか。お馴染みのクロヤマアリを例に考えてみよう。

　夏のよく晴れた日に、公園などでアリを探してみよう。乾いた土の上を歩きまわっているクロヤマアリ（図1-4-3）がすぐに見つかるはずだ。クロヤマアリの体長は5mm程度だが、そのからだに含まれる水分は、1滴の水にも満たない。もし、体表から水が蒸発してしまったら、アリはあっという間に死んでしまうことだろう。しかし、アリの体表は、皮膚の細胞から分泌されたクチクラと呼ばれる物質で覆われている。このクチクラは3層構造（図1-4-4）になっていて、いちばん外側にある上クチクラ（厚さ1μm）はまったく水を通さない。中央に

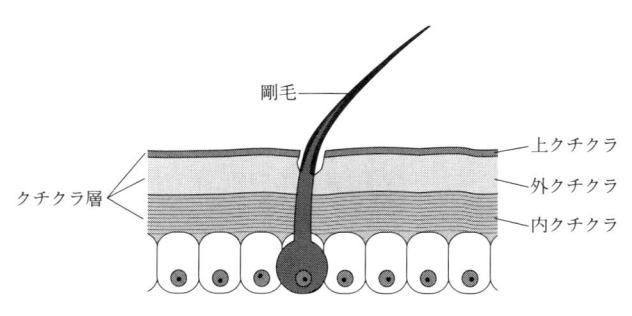

図1-4-4　昆虫のクチクラ（3層構造）

は厚くて硬い外クチクラが、いちばん内側には丈夫で柔軟性のある内クチクラがあって、アリのからだを乾燥から守っている。

　だが、このクチクラにも問題がある。からだが成長するときには、クチクラが邪魔になるのだ。そこで、クチクラでからだを覆った動物たちは、成長するたびに脱皮を繰り返さなければならなくなったに違いない。しかし、クチクラがなければ、完全な陸上への進出を果たすことはできなかっただろう。

(3) 昆虫のからだ

　昆虫には、優れた運動能力を持つものが多い。例えば、アリは自分の体重の50倍もの重さの物体を運ぶことができるし、体長が2mmしかないノミが30cmもの高さまで跳ねることができる。このような運動を可能にしているのは、昆虫のからだが軽くて小さいことに加えて、頑丈な外骨格と、激しく収縮できる筋肉のおかげだ。

　昆虫のからだは、頭・胸・腹の3つの部分に分かれている。頭部には、眼(複眼、単眼)や触角のような感覚器官が集中し、それらの情報を受け取り処理する脳もある。これらの感覚器からの情報が脳に送られると、脳から、胸などにある神経節を経由して、肢(あし)や翅などを動かす筋肉へ、行動の指令が下される。

　胸部と腹部の体節には、気門が開いていて、ここから取り込まれた酸素は、気管を通って体内の組織に酸素を送り込む。一方、組織の呼吸で生じた二酸化炭素は、気管の中に取り込まれ、気門から体外に排出される。気門は規則正しく開閉し、気管も膨らんだり縮んだりすることによって、酸素と二酸化炭素の交換がスムーズに行われている。

　外骨格を持つ昆虫は、大きなからだをつくることができない。しかし、からだが小さいので、1個体に必要なエサの量は少な

くてよいし、生活空間もわずかで大丈夫だ。大きな動物だと生活できないような環境でも、小さな昆虫なら生活することが可能だ。これも、昆虫が繁栄している理由のひとつだと考えられている。

> **コラム**
>
> ## アメリカシロヒトリの異常発生
>
> 1945年ごろに日本で初めてアメリカシロヒトリが発見され、社会問題になった。果樹園や公園の植木、街路樹などの葉を食い荒らしたからである。アメリカシロヒトリはその名のとおり、アメリカ原産の白いガで、終戦後に、アメリカから持ち込まれた貨物に紛れて日本に入り込んだと考えられている。
>
> 天敵のいない日本で、アメリカシロヒトリは爆発的に増えた。初めは、東京など限られた地域にしか見られなかったのに、わずか数年で全国に広がっていったのである。アメリカシロヒトリの1匹の雌は、300〜800個の卵を産む。クモやスズメバチやシジュウカラなどの捕食者によって食われなければ、300〜800個の卵は数週間で成虫となり、再び300〜800個の卵を葉の裏に産みつける。
>
> しかし、かつて異常に増殖して人々を恐ろしがらせたこのガも、昔ほどの異常発生は少なくなってきている。研究の結果、クモや昆虫や鳥などによって、アメリカシロヒトリの幼虫のうち99.84%が食われて死んでいくことが明らかにされた。成虫にまでなれるのは、わずか0.16%ということである。日本に入り込んだばかりのアメリカシロヒトリが爆発的に増えたのは、当時まだこの新参者をエサと認識する動物が少なかったからなのである。

4. 哺乳類

(1) 背骨を持つ脊椎動物の誕生

　小さなからだを持つ昆虫と対照的に、大きなからだを持つことによって繁栄したのが哺乳類の仲間だ。

　哺乳類を含む**脊索動物**は、昆虫の仲間（節足動物）とは異なる道筋で進化してきた。節足動物には昆虫のほか、エビやカニを含む甲殻類や、サソリやクモを含むクモ形類なども含まれるが、みな外骨格を持ち、海から河川や湖沼へ、そして陸上へと進出してきた。

　一方、やはり海で誕生した脊索動物の祖先は、最初脊索（注）しか持っていなかったが、古生代オルドビス紀（5億～4億3500万年前）になると背骨（脊椎）を持つ原始的な魚、甲皮類が出現した。**脊椎動物**の誕生である。甲皮類は、その名のとおり、甲羅のような硬い皮を持っていたが、顎はなかったので、今の円口類に近い仲間と考えられる。

　円口類は現存する魚の中では、最も原始的なグループだ。からだにビタミンAを大量に含み、夜盲症の薬や、滋養食として蒲焼きにして賞味されるヤツメウナギも円口類の一種だ。ヤツメウナギは、ぐるりと歯のはえた丸い口で魚のからだに吸い付き、鋭い歯で魚肉をそぎ取り、体液とともに吸い取る（図1-4-5）。

　円口類に続いて、顎を持つ魚類が出現したのは古生代デボン

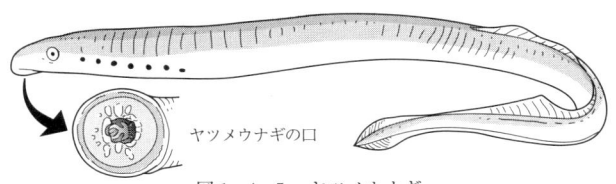

図1-4-5　ヤツメウナギ

紀（4億1000万〜3億6000万年前）のことである。デボン紀には、さまざまな魚の仲間が、海や淡水に棲むようになっていた。デボン紀の終わりには、ハイギョやシーラカンスの仲間も出現し、そのどちらか一方との共通祖先から、陸に上がったものが両生類になったと考えられている。

注. ホヤの幼生（個体発生初期＜胚＞から成体までの間の時期）や、ナメクジウオには脊索という、体軸に沿って背側を走る長い棒状の器官があって、これでからだを支えている。脊索動物はみな、発生の途中でこの脊索をつくるが、脊索が周囲の細胞に働きかけて脊椎（背骨）をつくらせる脊椎動物では、その後、脊索は退化してしまうことが多い。円口類は脊索の外側に軟骨を発達させた動物だが、この仲間では脊索も退化せずに残る。

(2) 両生類から爬虫類、哺乳類へ

古生代石炭紀（3億6000万〜2億9500万年前）になると、両生類よりも陸上生活に適応した**爬虫類**が出現した。陸上生活を始めたといっても、両生類は水辺で生活しており、産卵も水中で行われていたが、爬虫類は卵を陸上に産むようになった最初の脊索動物である。陸上は水の中にくらべて温度変化が激しく、水分の蒸発も多い。石灰質の殻で覆われた卵は、生まれたての生命を、この厳しい環境から守るためのカプセルであった。爬虫類の胚は、卵殻内で羊膜や漿膜などの胚膜に包まれた状態で発生する。胚は、羊膜の中で海水に似た組成を持つ羊水に囲まれて発生を続け、卵黄のうから栄養を摂り、老廃物を尿のうに蓄える。爬虫類の一部から進化した鳥類と哺乳類の胚も羊膜に包まれて発生するが、胎生になった哺乳類（真獣類）では、卵黄のうや尿のうは退化し、胎盤を通じて母体から栄養をもらい、老廃物は胎児から母体に渡される。

哺乳類は、中生代三畳紀の終わりごろ登場したと考えられている。これは、哺乳類型爬虫類に由来するもので、最初の哺乳類は卵生の単孔類であったと考えられている。続くジュラ紀に

は有袋類が出現し、中生代には世界各地に分布を広げた。

　私たちと同じような胎盤を持つ真獣類（有胎盤類）は、中生代白亜紀後期に出現したと考えられている。最初の真獣類は、今のトガリネズミに近い仲間であったとされている。このような仲間がそのまま地面や土の中で生活するようになったのが食虫類で、トガリネズミやモグラなどが含まれる。一方、樹上生活をするようになったものから、サルの仲間（霊長類）が生まれた。

　約6500万年前には、恐竜などの大絶滅が起きた。哺乳類が生活の場を拡大するチャンスが到来したのである。こうして新生代に入ると、哺乳類はその生活場所を、草原や森の中や川や海にまで広げていったのである。

(3) 哺乳類の子育て

　今、私たちが見ることができる哺乳類の大部分は真獣類だが、哺乳類の祖先に近い単孔類も、ニューギニアやオーストラリアなどに、わずかに生き残っている。カモノハシは、オーストラリア東部からタスマニア島にかけて分布する単孔類で、繁殖期には長径2cm、短径1.5cmの卵を通常2個産む。ふ化したカモノハシの子は、母親の腹部にしみ出てくる乳をなめとって成長する。カモノハシの母親には乳腺はあるが、乳房と乳首はない。乳腺は汗腺が変化してできたものであり、哺乳類以外の動物はこれを持たない。単孔類という名称は、便と尿、それに卵が産まれてくる穴が1つになっていることに由来している。この穴を総排泄腔というが、総排泄腔を持つのは爬虫類や鳥類と同じ特徴で、単孔類が爬虫類に近いことを示している。

　カンガルーやコアラに代表される有袋類も、オーストラリアとその周辺地域および中南米に分布する原始的な哺乳類であ

る。有袋類は胎盤を持たないので、母親は未熟な子を産んで、腹部にある袋（育児のう）の中で育てる。子は、この袋の中で乳を吸って成長する。

真獣類は胎盤を持つので、子を子宮の中で育てることができる。子は胎盤を通して母親から十分な栄養と酸素をもらい、子の老廃物や二酸化炭素は胎盤を通して母親に渡り、捨ててもらうことができる。母親の体内にいることで、適度な温度も保証され、捕食者の脅威からも守られながら成長することができる。

親による子の保護という点からも、単孔類→有袋類→真獣類の順で進化してきたことが見てとれるだろう。

問いの答え　問1：①、③
　　　　　　　　問2：③
　　　　　　　　問3：③

第2章

細胞の構造とエネルギー代謝

2-1 生命の最小単位＝細胞 —— 70

2-2 生命分子から細胞へ —— 82

2-3 呼吸のしくみ —— 96

2-4 光合成のしくみ —— 112

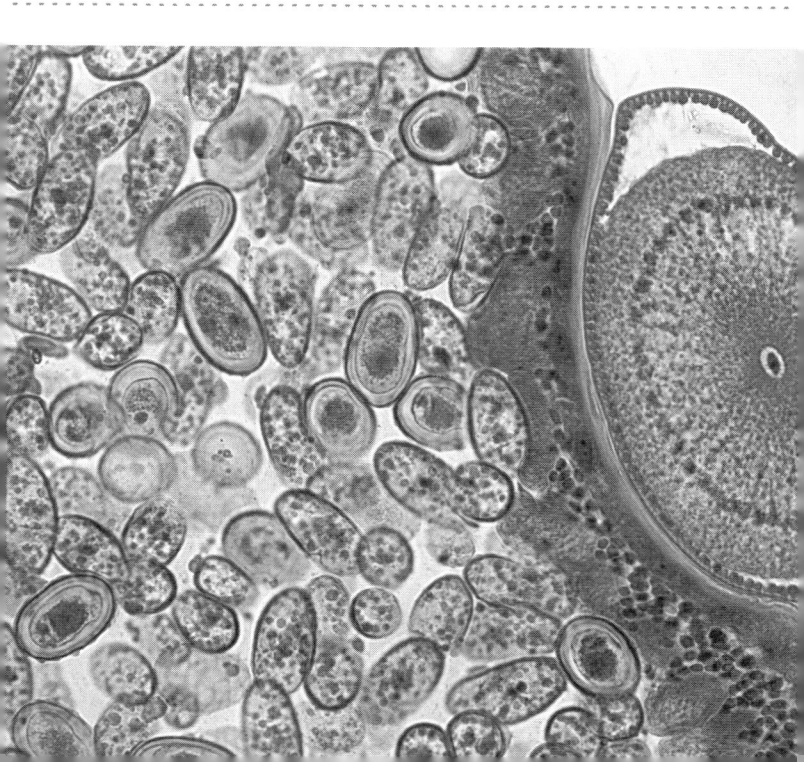

2-1 生命の最小単位＝細胞

> [問１] 原核・真核細胞に共通した構造は何だろうか。
>   ①細胞膜　　②核　　③ミトコンドリア
> [問２] 細胞の外側を囲んでいる細胞膜は基本的にどんな性質を持っているだろうか。
>   ①硬くて破れやすい　　②やわらかくて破れにくい
>   ③やわらかくて破れやすい
> [問３] 細胞の形の維持や変化のための構造は何だろうか。
>   ①細胞骨格　　②核　　③ミトコンドリア

1. 生命の秘密

　生物のからだを顕微鏡で見ると、どんな生物でも小さく区切られた小部屋のようなものからできていることがわかる。この小部屋を**細胞**という。17世紀に顕微鏡を使ってコルクの薄片を観察し、細胞を初めて発見したのはロバート・フック（イギリス）だった。

　その後の生物学者たちの研究によって、細胞は生物体を構成する形態上の基本単位であるとともに、生命現象を示す機能上の最小単位でもあることがわかった。多細胞生物であっても、細胞の構造を壊すことなく取り出し環境を整えてやれば、個々の細胞は、からだの外ででも生命活動を営める。種類や条件にもよるが、細胞を長期間生かしたり、増やしたりすることも可能だ。

　最小単位とは、これ以上は細分化できないことを意味する。では、その最小単位をすりつぶすと、どうなるだろうか。生き

ている細胞をバラバラに分けると、細胞内で活発に行われている化学反応はやがて行われなくなり、もとに戻ることもない。

細胞の構造を壊す前と後とでは含まれる物質に違いはない。しかしその前後で、生きている状態から、生きていない状態へと変化したことになる。これを図で表わすと、次のようになる。

| 生命 | = | 生きている細胞 | − | 壊された細胞 |

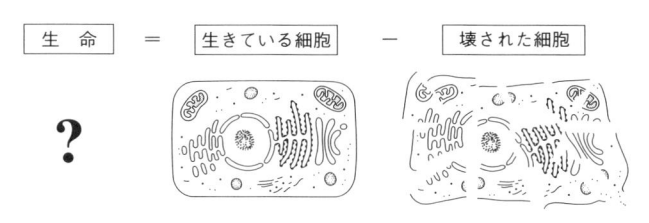

図 2-1-1　生命を表す式

右辺の「生きている細胞」と「壊された細胞」は、同じ元素で構成され、その組成も変わらない。この式は、生命の本質は物質ではなく、その「構造」にあることを示しているのではなかろうか。こうした視点で細胞の構造を見直してみると、これまで気づかなかったことがわかってくる。

2. 生命の容器＝細胞膜

すべての細胞には構造上の共通点がある。それはまわりを**細胞膜**が囲んでいることだ。国が独立して存在するために国境があるように、細胞にも、それ自身(内部)とそれ以外のもの(外部)を仕切る境界が必要なのだ。細胞膜の厚さは約 5 nm(ナノメートルと読む、1 nm＝10億分の1 m)である。細胞の直径は数 μm から数十 μm(1 μm＝100万分の1 m)だから、細胞膜はその1000分の1程度しかない。

細胞膜は薄いから、風船のゴムやビーチボールのビニールの

ようにイメージされやすいが、これは大きな誤解のもとだ。たとえば、生きている細胞の細胞膜を針でつついても、針を抜けばたちまち穴はふさがってしまう。2つに切ろうとするとさすがに細胞は破裂してしまうことが多いが、やり方によっては破裂せずに2つに分かれることもある。このように、細胞膜は案外やわらかくて破れにくい性質を持っている。

　細胞膜の柔軟で丈夫な性質は、その素材である**リン脂質**によるものだ。リン脂質は、脂肪や脂（脂質）の仲間である。リン脂質でできた細胞膜は、外力に対して柔軟で壊れにくい構造をしている。またリン脂質は、水になじみやすい部分と水に溶けにくい部分という2つの異なる性質を持った部分から構成されている。リン脂質が、細胞膜をつくるうえで、うってつけの素材といわれるのは、こうした相反する2つの性質を持っているためだ。細胞の外や内を満たす主な成分は水なので、柔軟かつ丈夫で、水に溶けにくい性質を持っているリン脂質の膜は細胞の境界をつくる材料として最適なのだ。

　細胞膜には外から必要な物質を取り込み、不要な物質を排出する機能もある。しかし、リン脂質だけでできた膜は、水に溶けた分子を通しにくい。では、物質はどのようにして細胞膜を通り抜けるのだろうか。細胞膜を拡大すると、リン脂質の膜の中に浮かんでいるように埋め込まれている分子が見える。そうした分子のうち、特定の物質を通す通路の働きをするものを**チャネル**と呼ぶ。細胞膜には、チャネルのようにさまざまな機能を持った装置が埋め込まれており、それらの多くはタンパク質でできている（図2-1-2）。

　リン脂質で囲まれた細胞は、球に近い形になりやすい傾向がある。しかし多くの細胞は、球とは異なる形をしている。たとえば情報伝達を担う神経細胞（194ページ、図4-1-7）は、

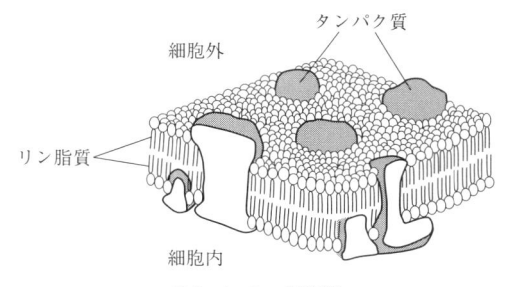

図 2-1-2　細胞膜

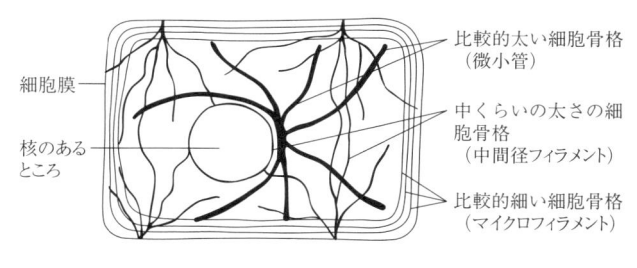

図 2-1-3　細胞骨格

非常に細長い形をしている。リン脂質の膜だけでは細長い形をとることはできないので、細胞の内側には細胞骨格という、細胞の形を変えたりその形を維持したりするための繊維状の構造がある。細胞骨格は、ちょうどビニールハウスの骨組みのようなもので、細胞を内側からしっかりと支えている。この細胞骨格もタンパク質でできている（図 2-1-3）。

3. 生命情報の保管庫＝核

　次に、細胞の内側を見ていこう。細胞内にはさまざまな構造があるが、なかでもひときわ目をひくのが**核**と呼ばれる袋のよ

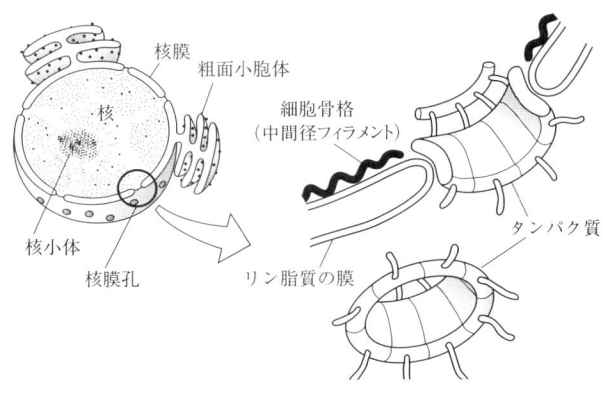

図2−1−4　核膜

うな構造物だ。ヒトを含む真核生物の細胞は核を持っている。詳しくは後述するが、核は生物の遺伝情報を保管する場所で、大切なものをしまう金庫のような役割を担っている。

　核の形は、球または球を少しつぶしたような形が多いが、細胞の種類や状態によって変わり得る。電子顕微鏡で拡大してみると、図2−1−4のように、核膜は、細胞膜と同じようにリン脂質などでできているが、それが2枚重なった二重構造をとっている。また、ところどころに内外の膜を貫いて、核と細胞質がつながるような孔（核膜孔）が開いている。

　核内には、DNA（デオキシリボ核酸）という物質が保管されている。詳しくは、「3−1　遺伝子と生命現象」で説明するが、DNAの二重らせん状の細長い分子の中にある塩基の種類の配列順序の形でタンパク質の設計図が保管されている。精子や卵などの生殖細胞や免疫に関わる一部の特別な細胞を除いて、すべての細胞は同じDNAを持っており、生物は発生してから死ぬまで、自分のDNAの中から必要な情報を選び出し、

タンパク質をつくって、生命活動を営んでいる。

遺伝情報はきわめて膨大な量に及ぶので、ＤＮＡの長さもとても長い。ヒトの場合、細胞（体細胞）１個に含まれるすべてのＤＮＡをつなぎ合わせると、約２ｍにもなるという。いくら細いといっても、２ｍもの長さのＤＮＡが、その約40万分の１の直径（５μｍ）しかない核の中に収まっているのは驚くべきことだ。

小さな核の中に長いＤＮＡをしまうのはよいが、その情報をどうやって読み出すのかという疑問がわくだろう。いちいちＤＮＡを出し入れしたら、ＤＮＡそのものが壊れてしまう危険もある。生物はこの問題も、巧妙な方法で解決している。真核生物は、核内でＤＮＡの情報の必要な部分だけをＲＮＡ（リボ核酸）というよく似た分子にコピーし、ＤＮＡにくらべるとはるかに短いそのＲＮＡだけを核外に出す。このＲＮＡは、核膜にある孔を通って外に出るというわけだ。

コラム　ＤＮＡの４種類の塩基は暗号ではない？

生命情報（遺伝子）の本体が不明だった20世紀前半までは、それは非常に複雑な物質に複雑な「暗号」で記されているだろうとの考えが有力だった。それがＤＮＡの中に、たった４種類の塩基で記されているとわかったとき、当時の研究者たちはみな、仰天したという。筆者もこのことを初めて知ったときの衝撃をいまも忘れることができない。ところで、人類はたった２つの記号で情報を記録したりすばやく処理する機械をつくっている。コンピュータだ。記号が２種類なら２桁で４、３桁で８、４桁で16通りのことを区別して記すことができる。ＤＮＡの場合、記号が４

種類だから2桁で16、3桁で64通りもの情報を区別できるから、冷静に考えれば情報が4つの記号で記されていることは驚くようなことでも何でもない。第一、読めてしまえばもはや暗号ではない。

4. 生命の万能素材製造工場＝リボソーム

チャネルに代表されるように、細胞のさまざまな機能は、タンパク質の存在を抜きにして語ることはできない。タンパク質は、構造物をつくったり、情報を伝達したり、化学反応を促進するなど、さまざまな役割を果たしている。この生命の万能素材ともいうべきタンパク質をつくる工場が**リボソーム**だ。

リボソームは直径およそ15～20nmほどの小さな粒子状の構造をしており、タンパク質とリボソームRNA（rRNA）からできている。リボソームはすべての細胞が持っている構造物で、核の外の細胞質と呼ばれる部分に多数分布している。核を持たない原核生物の細胞ではリボソームは真核生物のそれにくらべてやや小さく、細胞質（細胞を構成する原形質の核以外の部分）に浮遊している。真核細胞では浮遊する遊離リボソームのほかに、小胞体という細胞内の膜構造の表面に付着しているリボソームもある（図2-1-5）。リボソームが付着している小胞体は、粗面小胞体と呼ばれる。

DNAの情報をコピーした伝令RNAは核膜孔を通って核外へ出てリボソームに出合う。このリボソームの上でRNAの情報にしたがって、タンパク質がつくられる（タンパク質の合成については「3-1 遺伝子と生命現象」参照）。

リボソームでは、さまざまなタンパク質がつくられ、それらは生体内で重要な役割を果たしている。ここでは、そのすべて

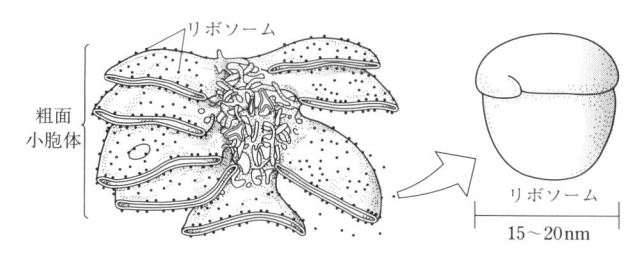

図2-1-5　リボソーム

を説明することはできないので、その代表として、生体内の化学反応における**触媒**として重要な役割を果たしている**酵素**について説明しよう。

生命活動は非常にたくさんの化学反応からなっているが、それらの中には簡単に起こりにくい反応も多い。たとえば、タンパク質を試験管内で分解させるには、酸性溶液中で100℃という過激な条件にしなくてはならない。ところが生体内では、同じ反応が、体温ぐらいで、しかも中性付近の穏和な条件で起こるのだ。これは「化学反応を起こりやすくするが、それ自身はその反応の前後で変化しない物質」があるおかげである。このような働きをする物質を触媒というが、生物はタンパク質でできた酵素と呼ばれるすぐれた触媒を持っているのだ。

5. 生命の試験管＝細胞小器官

細胞内には、核やリボソームのようにさまざまな構造物がある。このように、細胞内を構成する原形質が特殊化した構造物を**細胞小器官**（オルガネラ）という。核やリボソームのほかにもミトコンドリア、小胞体、ゴルジ体などが見られる（図2-1-6）。

図に示した細胞小器官はさまざまな形をしているが、共通し

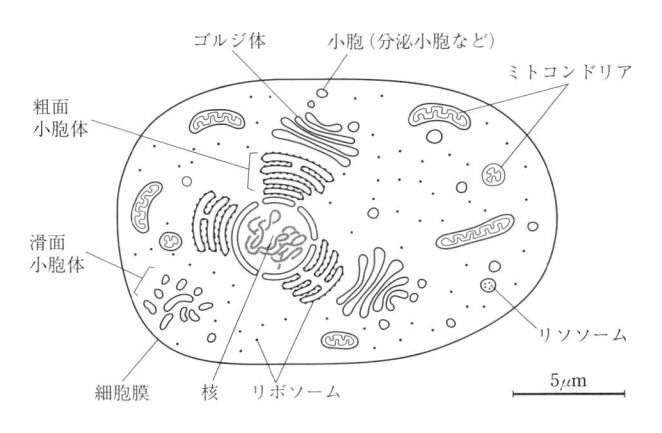

図2-1-6 動物の細胞

た特徴がある。リボソーム以外の細胞小器官は細胞膜と同じようなリン脂質を主成分とする膜で包まれた構造をしており、中に特別な酵素などが含まれている。なぜこれらの細胞小器官は、膜に包まれているのだろうか。

　膜に包まれた細胞小器官を試験管に見立てると、その理由が思い当たる。生命を維持するには、細胞内でさまざまな化学反応を行わなければならない。しかし、細胞小器官が仮に1つもなかったら、すべての化学反応を、細胞膜で包まれた細胞という1本の試験管の中で行わなければならなくなる。1本の試験管の中では、多様な反応を行うことは難しい。

　幸いにして、細胞内にはさまざまな細胞小器官があるので、複数の化学反応を同時並行的に行うことができる。つまり、細胞は、膜で包まれた細胞小器官というたくさんの試験管を細胞内に持っているわけだ。ミトコンドリアは好気呼吸（酸素を使う呼吸）、植物の葉緑体は光合成、小胞体やゴルジ体は脂質や

注. ミトコンドリアは俵形の構造体として描かれることが多いが、小胞体やゴルジ体のように、互いに融合・分裂できる集合体であることから、このような描き方をした

ATP合成酵素分子

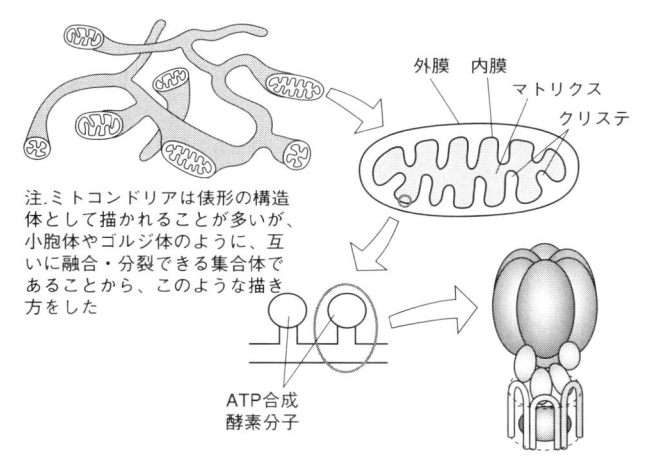

図2-1-7 ミトコンドリアの内側（ブルーバックス『ミトコンドリア・ミステリー』を参照して作図）

糖質の合成、リソソームは物質の分解をするための試験管にたとえられるだろう。

　実験室の試験管はだいたいみな同じ形をしているが、細胞小器官は、それぞれの役割に応じた独自の形態を持っている。ミトコンドリアを例に挙げて説明しよう。ミトコンドリアは、「細胞内の発電所」とも呼ばれ、好気呼吸によりエネルギーを取り出す場となっている。

　ミトコンドリアは、二重膜構造をしており、内側の膜は複雑に入り組んだクリステと呼ばれる形状をしている（図2-1-7）。内部にはさまざまな酵素が存在する。なかでも特に重要な役割を果たしているのが、ATP（アデノシン三リン酸）合成酵素だ。クリステの内側にはこのATP合成酵素が取りつけられている。クリステは、小腸の柔突起のように入り組んだ形状をして表面積を増やしているので、そこには大量のATP合

成酵素を据えつけることができ、効率的に好気呼吸が行えるようになっている。

このしくみはバイオリアクターに似ている。バイオリアクターとは、酵素を不溶性の物質につけて管に詰めた装置で、反応させたいものを溶かした液を通すと反応産物が出てくる。バイオリアクターには反応産物と酵素を簡単に分けられ、酵素を何度も使えるという利点があり、工業分野で広く利用されている。ミトコンドリアは、まさに天然のバイオリアクターなのだ。酵素が膜の中に埋め込まれている例は、ミトコンドリア以外の細胞小器官にも見られる。

細胞小器官の中には、小胞体やゴルジ体のように、膜構造を柔軟に変化させて働くものもある。小胞体などでは、反応産物を含んだ一部がちぎれて小胞となり、それは次の化学反応のために、別の膜構造と融合したりする。これはちょうど、実験室で数段階の反応を順次起こさせるために、複数の試験管を使い、内容物を少しずつ次の試験管に移動させているようなもので、細胞はそれを自動的に行っているのである。

以上説明してきたように、細胞内のさまざまな構造は、そのどれもが生命活動にとって重要な役割を担っている。つまり、その構造が壊れたときには、もはや生命活動を維持することはできないのだ。細胞の構造そのものが生命そのものであるとまではいえないとしても、その構造が生きるために必要な条件であることは間違いない。

昔から利用されていた酵素の力 コラム

酵素の力には昔の日本人も気付いており、生活に利用していた。たとえば、平安時代（794〜1185年）には衣

服にしみができたときにウグイスのフンを水に溶いて洗剤のように使ったという。ウグイスのフンにはタンパク質分解酵素が入っているから、その洗浄力を利用したのだ。もっと時代をさかのぼっても例はある。酒造りだ。穀物のデンプンは発酵の原料として使えないので、穀物を口でかみ、唾液アミラーゼという酵素の作用でマルトース（麦芽糖）に変えてから発酵の原料にしたという。このようにして造った酒を口かみ酒といい、奈良時代（710〜794年）初期の『大隅国風土記』に初めてその記述が出てくる。さらに古くは、縄文時代前期（約5000年前）の池内遺跡（秋田県大館市）に酵母菌を使って果実酒を造った形跡があるという。この酵母にはもちろん酵素が含まれている。日本人の祖先は5000年前の大昔から酵素を利用していたのだ。

問いの答え 問1：① 問2：② 問3：①

2-2 生命分子から細胞へ

> [問1] 細胞を構成する原子と、岩石を構成する原子の種類は同じなのだろうか。
> [問2] 細胞を構成する多くの物質（化合物）の特徴はなにか。
> ①炭素を含む　②窒素を含む
> ③カルシウムを含む
> [問3] 細胞を構成する分子でいちばん量が多いものは何か。
> ①水　　②タンパク質　　③DNA

1. 生命の素材に共通した秘密

「2-1 生命の最小単位＝細胞」で述べたように、細胞の構造が正常に保たれていないと、生命は存続できない。核、リボソーム、ミトコンドリアなど細胞内にあるさまざまな構造物（細胞小器官）は、生命活動を支える重要な役割を担い、それぞれの目的に最適な構造を持っている。同様なことが、構造物をつくっている素材についても当てはまる。自動車のタイヤは柔軟で丈夫なゴム、エンジンは頑強な金属でつくられているように、細胞の中にある構造物も、その機能に適した素材でできている。まずは、生物をいったん原子レベルまでにバラバラにして、生体内でどんな物質が使われているかを考えてみよう。

図2-2-1はヒトと地殻（地球の最外層）を構成している元素の比率を比較したグラフである。ヒトには、炭素（C）や窒素（N）などが比較的多く含まれていることがわかる。一方で、

2-2 生命分子から細胞へ

ヒトの体を構成する主な元素

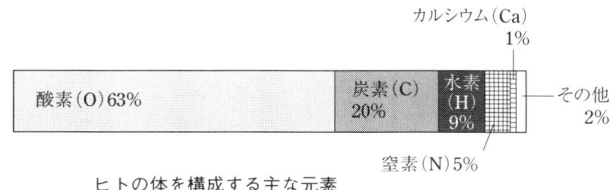

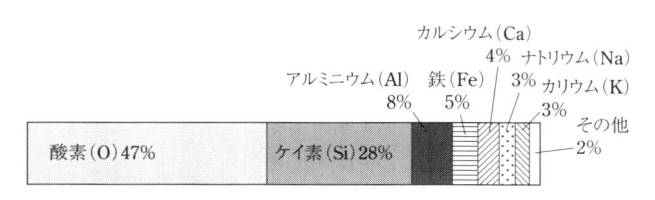

- 酸素(O) 63%
- 炭素(C) 20%
- 水素(H) 9%
- 窒素(N) 5%
- カルシウム(Ca) 1%
- その他 2%

地殻を構成する主な元素

- 酸素(O) 47%
- ケイ素(Si) 28%
- アルミニウム(Al) 8%
- 鉄(Fe) 5%
- カルシウム(Ca) 4%
- ナトリウム(Na) 3%
- カリウム(K) 3%
- その他 2%

図2-2-1 ヒトと地殻の構成元素の比較(質量%)

無生物である地殻に多いケイ素(Si)が、ヒトの体内には少ない。

また、ヒトは案外少ない種類の元素からできていることにも気付くだろう。これはヒトに限らず多くの生物に共通する傾向だ。生物は、自然界に存在するさまざまな物質の中から、自身に必要なものを選んで積極的に取り込み、それをもとに生命活動に必要な素材を合成し、からだをつくっているのである。

次に、原子が結合した分子の状態で考えてみよう。細胞を構成する分子で最も多いのは水だが、水以外では、タンパク質、脂質、糖質(炭水化物)、核酸(DNA、RNA)などの大きくて複雑な分子が主なものだ。

限られた元素しか使用していないのに、これほどまでに複雑な構造を持つ物質を生み出すことができるのはなぜなのか。鍵を握るのが炭素である。タンパク質や脂質など水以外の体内構

成物質は、いずれも炭素原子を必ず含んでいるという共通点がある。炭素は同じ原子どうしでさえも、結合のしかたが、単結合、二重結合、直鎖、環式などの豊富なバリエーションがあり、硫黄や酸素、窒素などと組み合わせると、ほとんど無限といっていいほどの種類の化合物を生み出すことができる。これに対して、水素や酸素は2つの原子が結合するだけで電気的に安定な状態になってしまうので、炭素なしにはそれほど多くの化合物をつくることはできない。炭素原子を使うことで、多様で複雑な分子をつくることが可能になり、生命活動をするために必要な素材をそろえることができるのである。

> **解説**
>
> ### 有機物とはなにか
>
> 　有機物（有機化合物）とは炭素を含む化合物の総称である。しかし、有機物には、一酸化炭素や二酸化炭素などの比較的簡単な構造の炭素化合物は含まれない。このようなわかりにくい定義になったのは、そもそもの有機物の定義が、生物（有機体）が生物固有の力を用いて初めてつくり出すことができる物質というものだったからだ。
>
> 　1806年に初めて有機化合物という語を使ったスウェーデンのベルツェリウスは、複雑な炭素化合物は生物だけがつくり出せるもので、人工的に合成することは不可能だと考えていた。
>
> 　しかし、1828年にドイツの化学者ウェラーが、シアン酸アンモニウムを加熱して、有機物として知られていた尿素を初めて合成した。これ以降、多くの有機物が人工的に合成されるようになった。もはや、「生物だけがつくり出すことのできる複雑な炭素化合物」という有機物の説明は

意味をなさなくなっている。そのため、最近は、「蒸し焼きにしたときに炭（炭素のかたまり）が残る物質」を有機物と呼ぶなどとまわりくどい説明がなされることが多い。

　有機物を人工的に合成できるようになったとはいえ、合成の過程で副産物が出るなどの無駄があり、生物にくらべるとまだまだ効率が悪い。私たちの科学技術は、生物の能力にはいまだ遠く及ばないのだ。

爪や魚の骨から炭を検出　　　実験

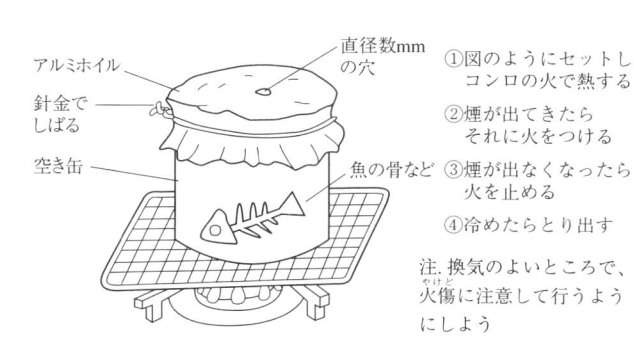

　爪や魚の骨は有機物でできているのだろうか？　有機物を蒸し焼きにすれば炭ができるので、これについて調べるために、爪や魚の骨を下図の方法で蒸し焼きにしてみよう。もし、爪や魚の骨にも有機物が含まれていれば炭ができるはずだ。

①図のようにセットしコンロの火で熱する

②煙が出てきたらそれに火をつける

③煙が出なくなったら火を止める

④冷めたらとり出す

注．換気のよいところで、火傷に注意して行うようにしよう

図 2-2-2　炭を検出する実験

2. 生命活動を仕切るリン脂質

　糖質やタンパク質とともに生体を構成する有機物のうち、水に溶けない、あるいは、水をはじくような性質を持つ有機物をまとめて**脂質**という。77ページ、「5. 生命の試験管＝細胞小器官」で説明したとおり、細胞に見られる膜はどれも**リン脂質**が主成分である。リン脂質は水に溶けにくいことに加えて、その化学的性質が、細胞で使われる膜をつくるのにきわめて都合がよいのだ。

　細胞膜は、リン脂質分子が薄く２層に整然と並んだ構造をしている。リン脂質は、エネルギーや外力を使わずに自動的にこのように並ぶのだ。リン脂質には、１つの分子の中に異なる２つの性質を持った部分がある。図２-２-３に描かれたヘアピンのようなものがリン脂質分子である。２本の針のような部分は、水となじまない性質（疎水性）がある脂肪酸でできているのに対し、リン酸を含む○の部分は水となじむ性質（親水性）がある。たくさんのリン脂質分子を水の中に撒いて激しくかき混ぜると、やがて親水性の部分が水のある側に向いて疎水性の部分どうしが水を避けるように並ぶ。このようにして細胞膜とよく

｝リン酸を含む親水性の部分

｝脂肪酸より成る疎水性の部分

リン脂質分子

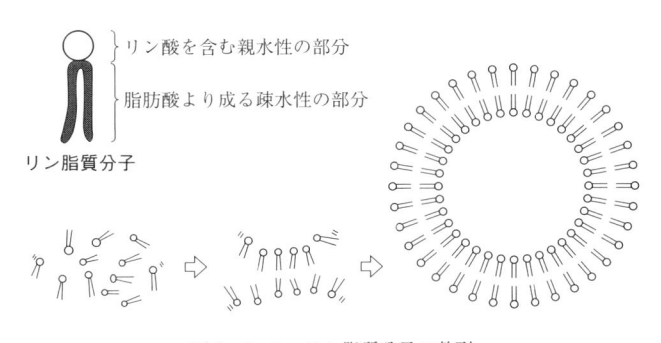

図２-２-３　リン脂質分子の整列

似たリン脂質の膜で包まれた小球が、水中で自然につくられて安定するのである。細胞膜や細胞小器官の膜には、さまざまなタンパク質が埋め込まれていて、物質の選択的な取り込みや排出などに働いている。これらのタンパク質分子も、親水性の部分が水に面する膜の外側と内側に位置している。

3. 生命の万能素材・タンパク質

タンパク質は細胞を構成する有機物の中で最も多い成分である。繰り返し説明しているとおり、細胞機能のほとんどにタンパク質が関係しているといってよい。細胞内の化学変化を触媒する酵素もタンパク質でできている。

ただし、万能素材といっても、ひとつひとつのタンパク質分子に限っていえば、機能は1つか、多くても数種類である。つまり、万能なタンパク質分子があるわけではなく、さまざまな機能を持ったたくさんの種類のタンパク質分子があるのだ。最も単純な原核生物であるマイコプラズマでも数百種類、ヒトの細胞には約10万種類のタンパク質分子があると推定されている。

タンパク質は窒素を含んだ複雑な構造を持つ有機物で、**アミノ酸**と呼ばれる部品が鎖状につながった構造をしている（図2-2-4）。

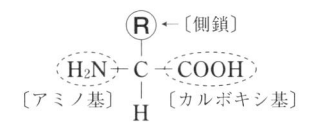

$$\underset{[アミノ基]}{H_2N} - \underset{H}{\overset{\overset{[側鎖]}{R}}{C}} - \underset{[カルボキシ基]}{COOH}$$

図2-2-4　アミノ酸

アミノ酸は、アミノ基（$-NH_2$　上図ではH_2N-となっている）とカルボキシ基（$-COOH$、カルボキシル基ともいう）を持った

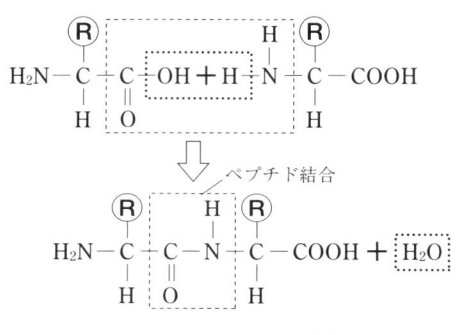

図 2-2-5　ペプチド結合

化合物だ。図 2-2-4 で Ⓡ で示された部分（側鎖）は、アミノ酸の種類によって異なっている。タンパク質は、遺伝子ＤＮＡの情報に基づいて、アミノ基とカルボキシ基を介して、20種類あるアミノ酸が数十個から数百個くらい直列に結合（ペプチド結合）してつくられる（図 2-2-5）。

タンパク質の性質はアミノ酸の並び方によって決まる。20種類のアミノ酸の中から２つを任意に選んでつないでも $20^2=400$ 種類、３つなら $20^3=8000$ 種類、たった４つでも $20^4=16$ 万種類の異なる分子をつくることができる。小さいタンパク質でも100個ぐらいのアミノ酸からなるので、理論上は 20^{100} 種類ものタンパク質をつくれる計算だ。

アミノ酸が鎖状に結合しているタンパク質が特定の機能を発揮するには、その鎖が適切に折り曲げられて、決まった立体構造をとる必要がある。この折りたたみは、タンパク質を構成する特定のアミノ酸の側鎖（Ⓡの部分）の間に弱い結合ができてほぼ自動的に形成されると考えられている。つまり、構成するアミノ酸とその並び方でタンパク質の立体構造は決まってくる。

ところが、熱が加わると側鎖間の弱い結合が切れてしまうた

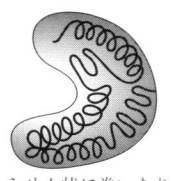

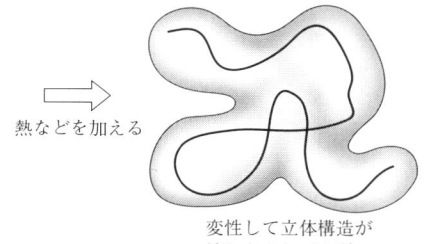

図 2-2-6　タンパク質の立体構造と変性

めに、この性質は失われてしまう。タンパク質が熱に弱いのは、このような化学的構造を持つためである（図 2-2-6）。透明な卵白を熱すると白く濁って固まるのはその例で、これは球状のタンパク質分子の構造が、ほぐれて糸状に伸びてから絡まりあうことで起こる。このようにタンパク質の立体構造が壊れ、性質が変化することを**変性**という。変性したタンパク質はその働きを失ってしまう。

　酵素を例に、タンパク質の立体構造の重要性を説明しよう。酵素は化学反応を進める触媒としての役割を持つが、どんな化学反応に対しても触媒として働くわけではない。酵素ごとに働きかける物質（基質）と反応は決まっているのだ。この性質を**基質特異性**および**反応特異性**という。

　酵素の基質特異性は立体構造で説明できる。酵素分子は基質分子と結合して、複合体を形成する。複合体ができると、基質が分解されるなどの酵素反応が起こる（図 2-2-7）。酵素分子の立体構造のうち、基質分子と結合する部分を**活性中心**といい、基質分子の一部と活性中心の形は、鍵と鍵穴の関係のようにぴったりと合うと考えられている。

　つまり、活性中心とうまく結合しない立体構造をした分子は、

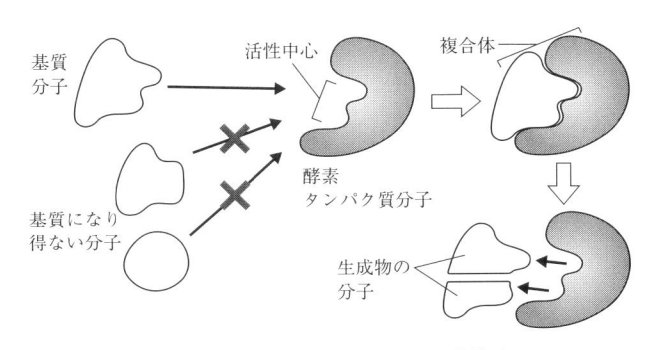

図2−2−7　酵素の基質特異性と立体構造

酵素と複合体を形成できないために触媒されないのだ。これが、酵素が基質特異性を示すメカニズムである。

　また、酵素分子の本体はタンパク質だから、タンパク質の立体構造を変えて変性させる条件（高温のほか、酸、アルカリなど）では、酵素の活性中心の形も変化してしまい、触媒の機能は発揮できなくなる。同様に、酵素が働くための最適な温度と最適なpH（水素イオン指数）もそれぞれ決まっている。なお、酵素以外のタンパク質の機能も立体構造に深いかかわりがあり、温度やpHによって働きが変わるものが多い。

　リボソームでつくられたタンパク質は、細胞内の決まった場所に分布していることがわかっている。タンパク質はどうやって正しい場所に運ばれるのだろうか。実は、タンパク質分子の鎖の一部が、そのタンパク質をどこへ運ぶかを示す荷札として働いているのだ。たとえば、核内へ運ばれるタンパク質は、その内部に核への荷札として働く共通のアミノ酸配列を持っている。同様に細胞膜へ運ばれたり、細胞の外へ出されたりするタンパク質も、それぞれ荷札として働く別のアミノ酸配列を持っている。

多くのことがわかってきたとはいえ、タンパク質分子の機能や相互作用についてはまだ不明な部分が多い。今後、さまざまなタンパク質の機能と構造の関連解析が進めば、ほとんどの生命活動を分子レベルで説明できるようになるだろう。

> **針金よりも丈夫なタンパク質の繊維** コラム
>
> タンパク質にはいろいろな立体構造をとるものがある。αらせん構造やβシート構造と呼ばれるものがよく知られているが、変わった構造をとるタンパク質にコラーゲンがある。コラーゲンは多細胞動物の細胞外で働く繊維状タンパク質だが、その分子は三重らせん構造をとるのだ。コラーゲン分子が集まってできた繊維は、同じ重量の針金よりも丈夫だという。このおかげで私たちのからだは支えられているのである。

4. 生命のエネルギー通貨・ATP

生命活動における化学反応には、エネルギーを必要とするものが多い。さまざまな機能を持ったタンパク質がそろっていても、エネルギーを使えなければ生命活動を行うことは不可能である。

生物は、主に炭素、水素、酸素の3つの元素からできている糖質（炭水化物）か脂質の形にしてエネルギーを保存している。デンプンなどの糖質からは1kgあたり約4000kcal（約1万6736kJ、Jは仕事・熱量の単位）、中性脂肪などの脂質からは1kgあたり約9000kcal（約3万7656kJ）のエネルギーを取り出せる。動物は頻繁にからだを動かすので、軽くて大きなエネルギーを取り出せる脂質の形で蓄えることが多い。ところが、い

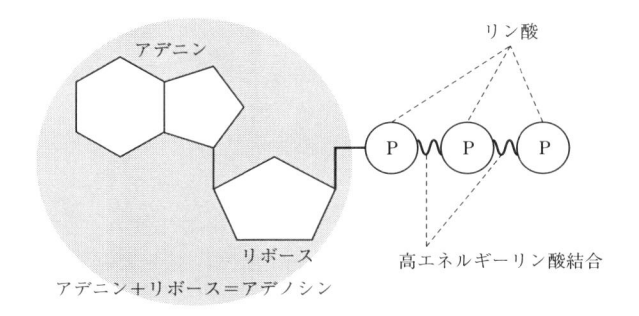

図2-2-8　ＡＴＰの構造と高エネルギーリン酸結合

かなる生物もこれらのエネルギーを直接使うことはできない。生物が直接使えるのは、アデノシン三リン酸（ＡＴＰ）という分子の、高エネルギーリン酸結合に蓄えられた化学エネルギーだけなのだ（図2-2-8）。だから、すべての生物は糖質や脂質のエネルギーをいったんＡＴＰの形にする必要がある。

そんな面倒なことをせずに、直接、ＡＴＰの形でエネルギーを保存すれば効率的だと思うかもしれないが、そんなことをしている生物はいない。実は、1 kgのＡＴＰの高エネルギーリン酸結合が切れてＡＤＰ（アデノシン二リン酸）となるときに出るエネルギーは、たったの約16kcal（約67kJ）に過ぎない。もし、脂肪1 kgに蓄えられている約9000kcalのエネルギーをＡＴＰの形で保管しようとしたら、約563kgものＡＴＰが必要になる。

生物は、脂質や糖質のエネルギーを使う直前に、それをＡＴＰの形に変えて使う。この脂質や糖質のエネルギーを細胞内でＡＴＰの形に変える過程が呼吸である（呼吸については「2-3　呼吸のしくみ」で詳しく解説する）。

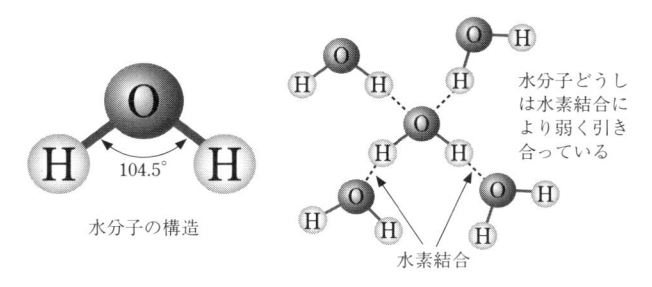

図2-2-9 水分子の構造と水素結合

5. 生命の水

ここまで、細胞で働くさまざまな物質について説明してきたが、細胞に含まれる化合物の中で最も多いのは水であることも忘れてはならない。生命は水なしに生存することができないからだ。植物の種子や乾燥状態のクマムシのように、水分がほとんどなくても死なないものもあるが、こういった生物でも水がない間は生命活動を休止している。生命活動を再開させるためには、水がなくてはならない。

なぜ、水が生命活動に必要なのだろう。理由のひとつは、生体内で行われているさまざまな化学反応に水が不可欠だからだ。地球上には多様な生物がいるが、水の代わりにほかの液体を使って生命活動をしている生物は発見されていない。石油を分解して栄養源とする石油分解菌がいるが、石油を食べて生きられるというだけで、細胞の中はほかの生物と同じく水溶液に細かい粒子が浮遊したコロイドの状態である。

つまり、生物には水がなくてはならない特別な理由があるのだ。水の化学的な特徴を考えると、その理由がわかってくる。水は、分子を構成する水素―酸素―水素の原子のつながりが「へ」の字状に曲がっているために、分子内に電子の偏り（極

性)がある(図2-2-9)。このため、水は非常に多くの物質と水素結合と呼ばれる水素原子を介した弱い結合をつくり、その物質を溶かすことができる。水素結合は、結合力は弱いが、DNAの遺伝情報を担っている塩基のペアの間や、タンパク質分子内、あるいは分子間にも見られる重要な結合である。

　水に溶けにくい物質にとっても、水の極性は重要な意味を持つ。細胞膜の材料となっているリン脂質には、リン酸を含む親水性の部分と、脂肪酸よりなる疎水性の部分があるが、これにも水の極性が関係している。親水性の部分には、水に似た極性があるので水に溶けやすい。しかし、疎水性の部分は、電子の偏りが少ない、すなわち水とは違って極性がないので、水に溶けにくいのだ。

　また、タンパク質がアミノ酸に、あるいはデンプンがマルトースなどに分解される反応(加水分解反応)では、分解されるときに水が必要になる。

　水は、分子どうしが水素結合で引き合うので、液体の状態では密度が高く、その中に棲む生物は浮力により重力の影響を小さくすることができる。また、水は、気化しにくいため、気化(蒸発)するときに大量の熱を奪う。これは私たちが汗をかいて、体温を下げたりするときに役立っている。さらに、水は温まりにくく冷めにくいので、急激な温度変化をやわらげてくれる。水なしには、地球上に生命は生まれなかったし、存続もできなかっただろう。

ビタミンと無機質(ミネラル) コラム

糖質、脂質とタンパク質は、三大栄養素とも呼ばれる。これらにビタミンとミネラルを加えて五大栄養素ということがある。

ビタミンは、生物が体内で必要な量を合成できないため、体外から摂取しなければならない低分子の有機物のうち、微量で生理作用を示す調節物質である。ちなみに、植物は、無機物からさまざまな有機物を合成できるので、一般にビタミンは存在しない。これに対し、多細胞動物の場合、種によって合成できる物質が異なるため、ビタミンとなる物質も違ってくる。たとえばヒトのビタミンには、A、B、C、D、Eなどの種類があり、このうちビタミンB群は、酵素の働きを助けるために必要な物質だ。また、ビタミンCは、L-アスコルビン酸という物質だが、ヒト以外の多くの哺乳類は、これを必要な量を体内で合成できるので、こうした動物にとっては、ビタミンではないということになる。

ところで、有機物を構成する主な元素である炭素(C)、水素(H)、酸素(O)と窒素(N)以外で何らかの生理的機能を持つ元素のことを無機質またはミネラルという。ミネラルもまた、微量で、タンパク質が機能するために重要な働きをしている。

問いの答え 問1:違う 問2:① 問3:①

2-3 呼吸のしくみ

> [問1] 呼吸で放出される二酸化炭素はどのようにしてできるのか。
> ①クエン酸回路で、酸素に炭素が結びついてできる
> ②電子伝達系で、酸素と炭素が結びついてできる
> ③グルコースが解糖系（EMP、EM経路）を経て、クエン酸回路で分解される過程で生じる
>
> [問2] クエン酸回路の主な反応の場はどこにあるのか。
> ①リボソーム　②細胞質基質
> ③ミトコンドリアのマトリクス
>
> [問3] 次のうち正しい記述はどれか。
> ①「発酵」と「腐敗」は人間にとって有害か無害であるかを基準にする分類であって、どちらも微生物の呼吸であるという点では同じである
> ②ヒトは、酸素を使わずにエネルギーを得ることができない
> ③嫌気呼吸は酸素を使わないので、好気呼吸より多くのエネルギーを得ることができる

1. 外呼吸と内呼吸

「呼吸」と聞けば、たいていの人が「酸素を吸って、二酸化炭素を吐き出す」という、私たちが無意識に常に行っている動作のことを連想する。しかし、生物学的にいうとこれは呼吸の一部分でしかない。

呼吸は、外呼吸と内呼吸の2つに大きく分けることができる。

多くの人がイメージする呼吸、つまり肺などの呼吸器を使った酸素と二酸化炭素のガス交換は、このうち外呼吸に当たる。これに対し内呼吸とは、外呼吸で取り入れた酸素と食物として摂取した糖やタンパク質などの有機物を使って、細胞内で生きるために必要なエネルギーが産生されるまでの化学反応系を指す。私たちの呼吸が止まると、この化学反応系が最も盛んな脳がまずエネルギー不足に陥り、活動を停止してしまう。

内呼吸は、多くの反応過程を経て有機物を最終的に水や二酸化炭素といった非常に単純な物質にまで分解しながら、有機物中のエネルギーを取り出す反応系である。これは、植物が水や二酸化炭素を材料として複雑な有機物を合成する光合成と対をなす反応だ。光合成は外部から取り込んだ物質を、自分のからだを構成する有機物に変換する過程（同化の一種）だが、呼吸はその逆で、有機物の分解によってエネルギーを得る過程（異化の一種）である。

2. 生命エネルギーの実体

呼吸は有機物からエネルギーを取り出すための化学反応である、と述べた。生物が、生命活動のために必要なエネルギー源として直接使うことができる分子は、91ページでも説明したＡＴＰ（アデノシン三リン酸：Adenosine triphosphateの略）だけである。ＡＴＰは私たちの遺伝情報を担うDNA分子や、その情報のコピーとしてタンパク質をつくるための設計図になるRNA分子の部品とよく似た構造をしている。

図2-3-1は、ＡＴＰのおおまかな構造を表した模式図だ。この分子のいったいどこにエネルギーが蓄えられているのだろうか。

実は、生命活動のために直接使えるエネルギーはリボースと

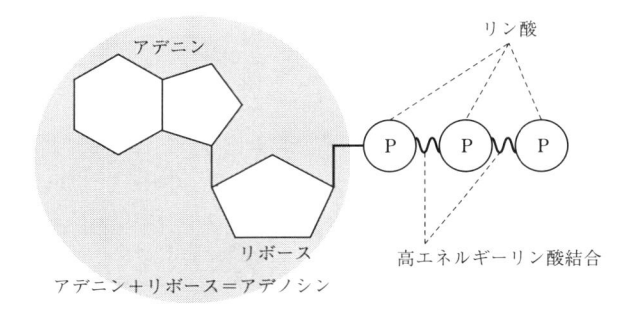

図2-3-1　ＡＴＰの構造（図2-2-8の再掲）

呼ばれる糖のあとにつながった３つのリン酸基どうしの結合部分（高エネルギーリン酸結合という）に蓄えられている。

　リン酸基の部分は、水に溶けた状態では、マイナスの電気を帯びている。マイナスのリン酸基に、同じマイナスの性質を持ったリン酸基をつなげているので、そこには負荷がかかる。たとえるなら、磁石のN極どうしを無理やり近づけて、離れないようにテープでぐるぐる巻きにしたような状態だ。このテープをはさみで切ったら、磁石どうしは反発して、たがいに撥ねのけ合うだろう。撥ねのけついでに、たまたまそばにある消しゴムにぶつかって、それをはじき飛ばすかもしれない。つまり、反発するものどうしを無理やりつなげると、その結合部分はエネルギーが蓄えられた状態になり、結合が切れたときにそのエネルギーが解放されて何か別の「仕事」ができるのだ。ＡＴＰのリン酸基どうしが結びついた高エネルギーリン酸結合は、まさしくこれと同じようなしくみで分子の中にエネルギーを蓄えているのである。

　私たちが運動したり、物事を考えたり、心臓が拍動したりする際に使われるエネルギーのもとは、すべて、このＡＴＰ分子

内に蓄えられた化学エネルギーなのである。からだのどこででもすぐに使える生命エネルギーの源、それがＡＴＰなのだ。

3. 内呼吸の過程

　呼吸の反応では、有機物が分解されて、ＡＴＰが生成される。ひとくちに有機物といってもさまざまな種類があるが、グルコース（ブドウ糖）を出発材料とする経路が代表となる。もちろんグルコース以外の有機物、たとえば肉類の大部分を占めるタンパク質や、バター、生クリームに含まれる脂肪なども呼吸反応の材料として使われ、ＡＴＰを生み出すもとになる。ただ、これらを出発材料としても、いずれはグルコースが分解される反応系と合流するので、グルコースを分解する経路が最も「基本」になっているのだ。

　では、実際にどのようなメカニズムでグルコースが分解されてＡＴＰがつくられるのかを、順を追って見ていこう。細胞が通常行っている内呼吸は酸素を必要とする反応系で、**好気呼吸**と呼ばれる。その好気呼吸の一連の化学反応は、**解糖系**（ＥＭＰ〈エムデン-マイヤーホッフ経路〉ともいう）、**クエン酸回路**、**電子伝達系**という３つの反応系に分けることができる。まずは、そのはじめの反応系である解糖系から、流れを追って見ることにする。

（1）好気呼吸の第一段階──解糖系

　私たちが食べた食物は胃や腸で消化・吸収される。呼吸の出発材料であるグルコースは小腸で吸収され、血流に乗って全身に運ばれる。血液中のグルコースが細胞に取り込まれると、好気呼吸の第一段階である解糖系が動き始める。

　まず、グルコースはいくつかの酵素の働きによってフルクト

```
        フルクトース
        二リン酸(果糖二リン酸)
  グルコース
  (ブドウ糖) 2ATP                          エネル
START                4H    4ATP           ギー
                                          の高さ
                                2・ピルビン酸

            電子伝達系へ      クエン酸回路へ
```

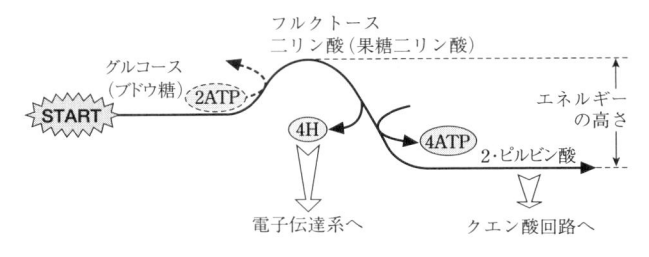

図2-3-2　解糖系の概略

ース二リン酸（果糖二リン酸）という、より不安定な物質に変換される。このとき、2分子のＡＴＰを「消費」する（図2-3-2）。

　ここで疑問が生じる。呼吸とはそもそも、ＡＴＰを「合成」するための反応系ではなかったか。それなのに、どうしてつくるはずのＡＴＰをいきなり消費してしまうのか。しかし、これにもちゃんと意味がある。

　グルコースという分子は確かにたくさんのＡＴＰを生み出すだけのエネルギーを蓄えた物質なのだが、構造上とても安定であるため、ちょっとやそっとでは化学変化を起こさない。そのため、初めに、あえてＡＴＰの化学エネルギーを投入することで、より不安定で変化を起こしやすい物質に変え、その後の反応をスムーズにしているのである。

　こうしてエネルギーを生み出す準備の整ったフルクトース二リン酸は、その後、何段階もの中間産物を経て、最終的に2分子のピルビン酸という物質に変化する（図2-3-2）。ピルビン酸は解糖系の最終産物であり、ここまでの過程で合計4分子のＡＴＰが合成される。初めに2分子のＡＴＰを消費して、次に4分子をつくったので、解糖系では差し引き2分子のＡＴＰがつくられたことになる。

この段階では、グルコースの分解はまだまだ始まったばかりで、グルコースが蓄えていたエネルギーの大部分はまだピルビン酸の中に温存されたままである。ピルビン酸はミトコンドリアの中に運ばれ、呼吸の第二段階であるクエン酸回路の材料となる。なお、ピルビン酸合成の過程で4つのHが外されるが、このHも第三段階の電子伝達系で重要な役割を果たす。ここまでの反応はすべて、ミトコンドリアの外の細胞質（基質）で行われる。

（2）好気呼吸の第二段階——クエン酸回路

　解糖系が終わると、呼吸の舞台は細胞質からミトコンドリアに移る。ミトコンドリアは酸素を使った好気呼吸によって大量のATPを合成するという働きに特化した、いわば細胞内のエネルギー工場である。ミトコンドリアは外膜と内膜の2つの膜に囲まれた構造を持つが、クエン酸回路の反応の主な場は、2つの膜の内側、マトリクスと呼ばれる部分だ（図2-3-3）。

　解糖系で生じたピルビン酸はマトリクスに運ばれてくると、

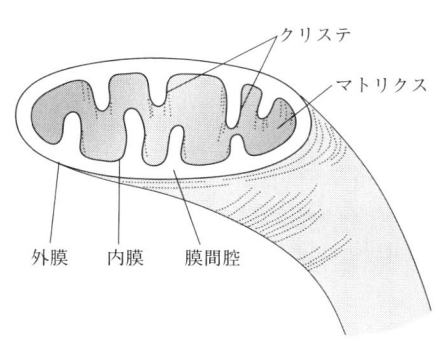

図2-3-3　ミトコンドリアの内部構造

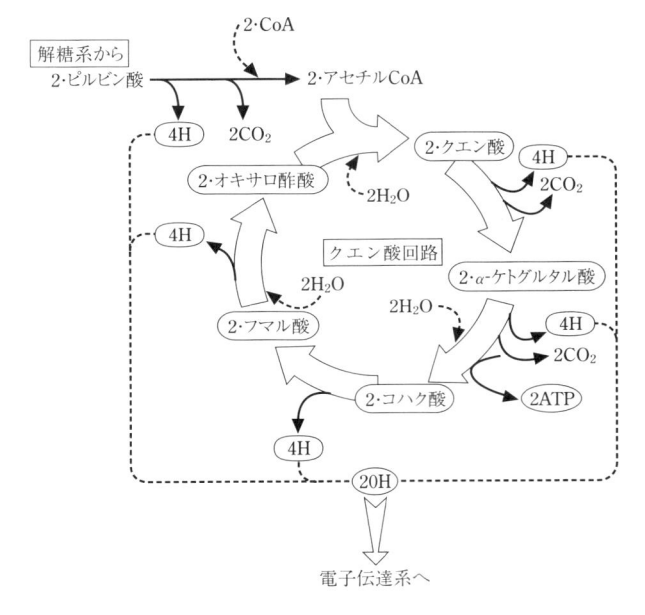

図2-3-4　クエン酸回路の概略

いくつかの酵素の働きを受けてからCoA（補酵素A：Coenzyme Aの略）という物質と結合し、アセチルCoAになる（図2-3-4）。次にアセチルCoAは図に示すような回路反応に入る（注）。ここで初めにできる物質がクエン酸なので、回路反応全体がクエン酸回路と呼ばれる。

　図2-3-4に示した反応を見ていくと、クエン酸が次々と形を変えていくのにしたがって、いくつかの分子や原子が出入りし、最終的には再び新たなアセチルCoAを加えてクエン酸に戻っているのがわかる。回路反応から取り出されたH（20H）は、解糖系で外されたH（4H）とあわせて、次の電子伝達系の材

料になる。また、炭素は二酸化炭素（CO_2）として排出される。

注. 正確には、回路反応に実際に取り込まれるのはアセチルCoAのCoAを除いた部分の原子団、すなわちアセチル基で、CoAそのものは遊離して新たなアセチルCoAをつくるために使われる。クエン酸回路の反応に外から入ってくるのはアセチルCoA由来のアセチル基と水分子であり、出ていくのは二酸化炭素とHである。炭素、酸素、水素の各原子について、回路を一周する間の収支はちょうどつり合っているので、回路反応の終わりにはいつも同じオキサロ酢酸が残り、新たなアセチルCoAを加えることで半永久的に同じ反応を繰り返すことができる。

　ここで注意したいのは、クエン酸回路までの呼吸反応の過程ではまだ酸素が登場していないということだ。つまり、二酸化炭素の排出は、酸素が反応系に入るよりも先に起こるのだ。私たちは「酸素を吸って二酸化炭素を吐く」といった表現から、吸った酸素に炭素がくっついて二酸化炭素に変化したかのように思いがちである。実際、まだ呼吸反応の詳細がわからなかった1700年代に、フランスのラボアジエは「酸素を消費して二酸化炭素を放出する」という共通点に着目して、「呼吸は本質的に燃焼と同じである」と発表した。しかし、一般的な燃焼では炭素が酸素に結びついて二酸化炭素が生成されるのに対し、呼吸で放出される二酸化炭素の酸素原子は私たちが吸い込んだ酸素ではなく、グルコースや水に由来する点で、異なっている。

　結果的に、解糖系で生じた2分子のピルビン酸がアセチルCoAになり、クエン酸回路の反応を経る間にH20個が外され（脱水素）、6個の炭素が二酸化炭素として排出される（脱炭酸）。この過程を通じて2分子のＡＴＰが合成される。

（3）好気呼吸の第三段階——電子伝達系

　いよいよ好気呼吸も最終段階である。ミトコンドリアは非常に巧妙なしくみを駆使して、この電子伝達系で大量のＡＴＰを

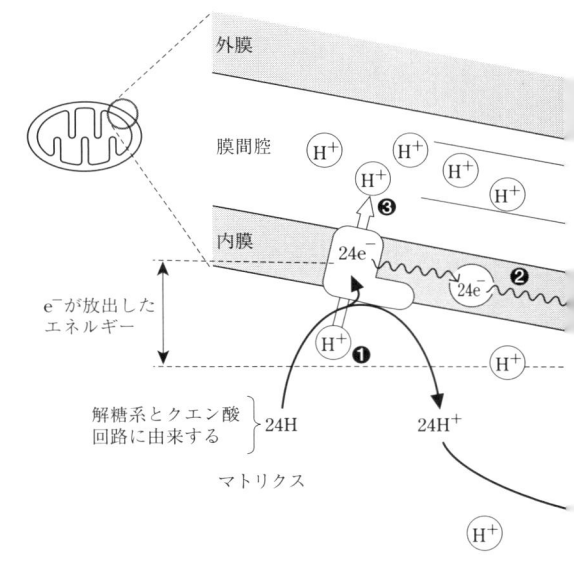

図2-3-5 電子伝達系

生産する。

　電子伝達系の反応の場は、ミトコンドリアの内膜上だ。内膜には電子伝達系で活躍する酵素タンパク質が反応を行う順に規則正しく並び、**呼吸鎖**と呼ばれるＡＴＰ合成ラインを形成している。

　電子伝達系でＡＴＰを生み出す材料となるのは、解糖系とクエン酸回路でそれぞれ中間産物から引き抜かれたＨである。ちょっと複雑な反応系なので、104～105ページの図2-3-5を見ながら読み進めていただきたい。Ｈはそれぞれ1つずつのH^+（プロトン）とe^-（電子）からなるが、電子伝達系ではまず解糖系とクエン酸回路に由来する合計24個のＨをH^+とe^-に分解す

2-3 呼吸のしくみ

❸

24e⁻　24e⁻　❸

24e⁻　ATP合成酵素

6O₂　❺

H⁺　12H₂O　❹ 34ATP

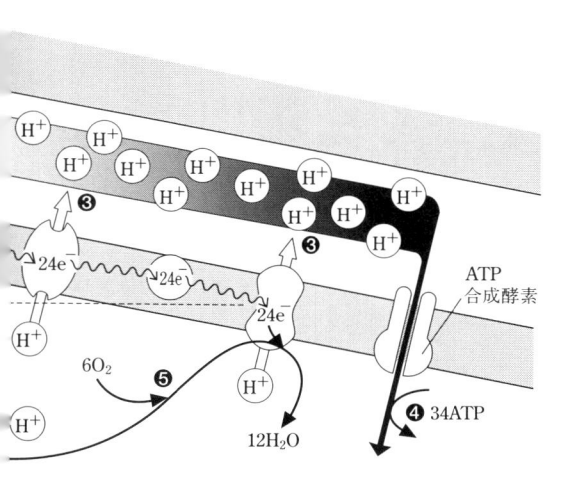

る（図2-3-5 ❶）。

　分解で生じたH⁺はマトリクスに残るが、e⁻は内膜に並んだATP合成ライン上に乗り、呼吸鎖を構成するタンパク質上を次々と受け渡されていく（❷）。

　タンパク質から次のタンパク質へと移動するたびに、e⁻が持っていたエネルギーは徐々に放出されて減少するが、その放出されたエネルギーを使ってマトリクス側にある多数のH⁺（マトリクスには、解糖系やクエン酸回路由来のプロトンとは別にもともとプロトンがある程度存在している）が、内膜と外膜の間（膜間腔）にくみ出される（❸）。

　この膜を介したH⁺のくみ出しが絶えず起き続けることによ

り、マトリクス側のH⁺は減少し、膜間腔のH⁺が増加するので、内膜を挟んでH⁺の濃度差が生じる。どんな物質にも、濃度の高いほうから低いほうへと移動して濃度差を解消する性質がある。そのため、膜間腔側の大量のH⁺が内膜上のタンパク質（ＡＴＰ合成酵素）を通ってマトリクス側に戻る際にエネルギーが放出され、それが高エネルギーリン酸結合の化学エネルギーに変換されてＡＴＰが合成されるのだ（❹）。

　このＡＴＰ合成のしくみは、風力発電にたとえることができる。２地点間の空気密度の差、つまりは気圧の差を解消するために、気圧の高いほうから低いほうへと空気が流れ込む現象が風である。この風を利用して発電する風力発電は、濃度差を解消するH⁺の流れを利用したＡＴＰ合成とよく似ているのだ。

　一方で、伝達を終えたe⁻は持っていたエネルギーをすっかり放出し、初めの分解によって分かれていたH⁺と再結合する際に私たちが外呼吸で取り入れた酸素と出合い、呼吸の最終産物である水に変化する（❺）。

　以上が、細胞の中で絶え間なく行われている「呼吸」という反応の概要である。複雑で苦手意識を持つ人も多い分野であるが、簡単にまとめると次のようになる。

　エネルギー源となるグルコースなどの有機物は、細胞質基質で起こる解糖系とミトコンドリア内のマトリクスで起こるクエン酸回路によって分解され、H以外の部分は二酸化炭素となって排出される。Hは電子伝達系においてe⁻とH⁺に分解され、e⁻のエネルギーはまず、内膜を介したH⁺濃度の差という形に変換される。その濃度差が解消されるときのエネルギーが"風力発電"と似たしくみでＡＴＰ合成の原動力となり、最終的にＡＴＰの高エネルギーリン酸結合として蓄えられる。エネルギーを使い果たしたe⁻はH⁺、酸素と結合して水になり、排出される

2-3 呼吸のしくみ

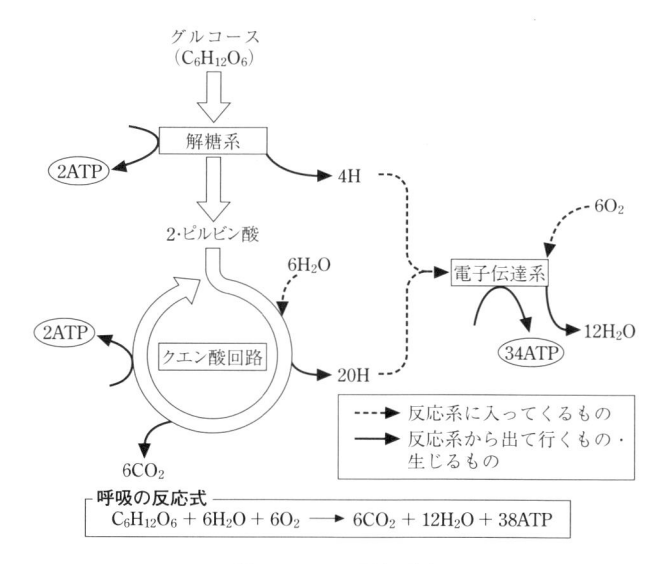

```
グルコース
(C₆H₁₂O₆)
  ↓
解糖系 → 2ATP
      → 4H
  ↓
2・ピルビン酸
       6H₂O →
クエン酸回路 → 2ATP
           → 20H
           → 6CO₂

電子伝達系 ← 6O₂
        → 12H₂O
        → 34ATP
```

- - → 反応系に入ってくるもの
──→ 反応系から出て行くもの・生じるもの

―呼吸の反応式―
C₆H₁₂O₆ + 6H₂O + 6O₂ ─→ 6CO₂ + 12H₂O + 38ATP

図 2-3-6 呼吸の流れ

(図2-3-6)。

ところで、もともとグルコースにあったエネルギーは、この長く複雑な反応を経てどれくらい効率的にＡＴＰに変換されたのだろうか？　グルコース１モル（注１）は、約688kcal（2878kJ）のエネルギーを持っており、ＡＴＰ分子１モルは7.3kcal（30.5kJ）のエネルギーを蓄えることができる。グルコース１モルからつくられるＡＴＰは一般には38モルとされているので、ＡＴＰとして得ることのできるエネルギーは7.3×38＝277.4kcal（1160.6kJ）になる。これは、グルコースの持つ688kcalの約40％に相当するので、好気呼吸のエネルギー変換効率は約40％であるといえる（注２）。

40％と聞くと、たいしたことない、と思うかもしれない。し

かし、たとえばガソリンエンジンの場合、ガソリンの燃焼で得られる総エネルギーのうち、実際に「車が走る」ことに利用できるのはせいぜい20%である。また、クリーンエネルギーとして注目を集めている太陽光発電では、太陽の光エネルギーのうち10%程度しか電気として回収できない。それを考慮すれば、私たちの細胞が行う好気呼吸が、かなり高いエネルギー変換効率を誇っていることがわかるだろう。ちなみに、ＡＴＰとして変換されなかった残り60%のエネルギーのほとんどは、熱として放出され、体温を維持したりするのに使われる。

注１．モルとは分子の数を基準とした単位である。鉛筆１ダースとビール瓶１ダースが重さが違っても本数は同じ12本であるのと似ており、どんな分子であっても、１モル中に含まれる分子の数は同じである。

注２．ただし、こうしたエネルギーの値は温度や圧力によって変わるので、ここに示した数値は絶対的なものではない。

4. 嫌気呼吸──発酵と腐敗

　これまで見てきた呼吸は、酸素を必要とする好気呼吸であった。実際に呼吸反応の中で酸素が登場するのは最後の最後（104〜105ページ、図２-３-５❺）なのだが、その酸素がないと、e^-やＨ$^+$が行き場を失うため、大量のＡＴＰを生産できる電子伝達系やクエン酸回路の反応全体がストップしてしまう。好気呼吸に、酸素は必要不可欠だ。

　しかし、地球上のすべての生き物が、酸素を不可欠としているわけではない。土の中や水の底、ヒトの腸の中など、酸素がほとんど手に入らない環境で暮らす生き物は、酸素を使わないでエネルギーを得る反応系を持っている。それらを総称して、**嫌気呼吸**という。嫌気呼吸の反応系にはいくつものタイプがある。その中でも私たちに身近でよく知られているのが、アルコール発酵と乳酸発酵だ。

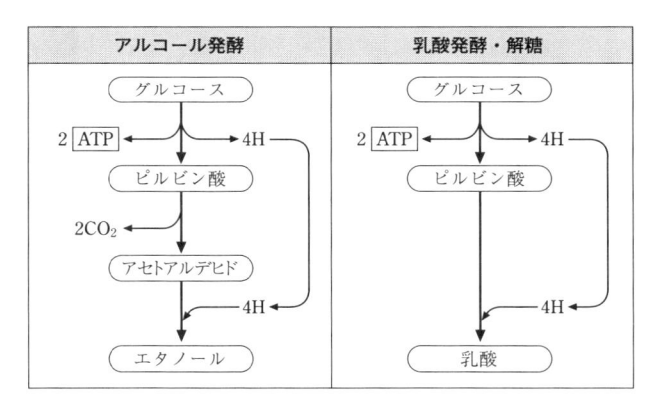

```
┌─────────────────────────┬─────────────────────────┐
│    アルコール発酵       │   乳酸発酵・解糖        │
├─────────────────────────┼─────────────────────────┤
│     ┌グルコース┐        │     ┌グルコース┐        │
│ 2ATP ↓  ← 4H            │ 2ATP ↓  ← 4H            │
│     ┌ピルビン酸┐        │     ┌ピルビン酸┐        │
│ 2CO₂ ↓                  │        ↓                │
│  ┌アセトアルデヒド┐     │                         │
│        ↓ ← 4H           │        ↓ ← 4H           │
│     ┌エタノール┐        │      ┌乳酸┐             │
└─────────────────────────┴─────────────────────────┘
```

図 2-3-7　嫌気呼吸の代表例

　アルコール発酵は酵母菌(イースト)などが行う呼吸で、好気呼吸と同じグルコースを出発材料とし、最終的にアルコールの一種であるエタノールと二酸化炭素がつくられる反応系だ（図 2-3-7 左）。ビールもワインも日本酒も、みんな酵母菌が行うアルコール発酵を利用して製造される。酵母菌はパンづくりでも活躍する。生地の中でアルコール発酵が起こり、パン生地を焼くと閉じ込められた二酸化炭素が膨らんでふわふわしたパンの食感をつくり出す。

　乳酸発酵は乳酸菌が行う呼吸である。最終産物は酸味のある乳酸という物質（図 2-3-7 右）で、これがヨーグルトや乳酸飲料の製造に利用される。昔から、物事の一番面白いところ、いいところを『醍醐味』という。その語源は、奈良時代ごろから最も美味しい食物として珍重された「醍醐」という食品に由来する。その醍醐は今でいうヨーグルトやチーズなどと似た食品だったのではないかとされている。昔から乳酸菌をはじめとする発酵菌は私たちの生活に役立ってきたのだ。

その一方で、私たちにとってありがたくない微生物の呼吸もある。**腐敗**だ。腐敗も微生物がエネルギーを得るための呼吸反応であるという点は発酵と同じである。最終的に人間にとって有用な物質ができれば**発酵**、悪臭や有害性のあるものができれば腐敗となる。その区別は人為的なもので、呼吸を行う微生物にとっては本質的な違いではない。

　嫌気呼吸では、酸素を使えないため出発材料となる有機物の分解が不完全で、最終産物にまだ多くのエネルギーが残された状態で完結する。つまり、嫌気呼吸で得られるＡＴＰ分子の数は好気呼吸とくらべると極端に少なく、効率が悪い。微生物は小さいのでそのわずかなエネルギーでも生きられるが、一定以上の大きさのからだを維持するには、効率の良い好気呼吸がどうしても必要になる。ミトコンドリアという好気呼吸に特化した細胞小器官の誕生は（ミトコンドリアの共生説については35〜40ページを参照）、生物の大型化・複雑化の上でも重要な意味を持っていたのだ。

ヒトも行う嫌気呼吸

コラム

　乳酸菌が行う乳酸発酵とまったく同じ反応を、実は私たちヒトも行うことがある。100m全力疾走のように瞬発的に筋肉を激しく使う運動をすると、筋肉への酸素供給が間に合わなくなる。そんなとき、筋肉では緊急手段として酸素を使わずにエネルギーを得ようとする。「発酵」という言葉はもともと「微生物が行う呼吸」という意味で使われるので、筋肉が行うこの反応は乳酸発酵と同じステップであっても「乳酸発酵」ではなく、「解糖」と呼ぶ。ここで生じる乳酸は疲労を起こし、筋肉のこりの原因になる

とも考えられてきた。

　そのような「疲労物質」がいつまでも体内に蓄積したままになるのを避けるため、激しい運動が終了して酸素供給に余裕が出てくると、乳酸は、肝臓などでこの解糖の反応をほぼ逆戻りしてグルコースへと再合成される。この過程を糖新生といい、ここで再合成されたグルコースは再び通常の好気呼吸の材料として有効に利用される。

問いの答え　問1：③　　問2：③　　問3：①

2-4 光合成のしくみ

> [問1] 緑色植物は、必要とする栄養分（有機物）をどのように得ているか。
> ①全部を光合成で
> ②半分くらいを光合成で、半分くらいを根から吸収
> ③1～2割を光合成で、残りを根から吸収
>
> [問2] 光合成の結果、酸素ができる。この酸素は原料の二酸化炭素、水のどちらの分子に由来する酸素だろうか。
> ①両方　　②二酸化炭素　　③水
>
> [問3] 緑色植物は昼も呼吸をしているか。
> ①している　　②していない　　③種によって違う

1. 光合成とは

　生物のからだは、酸素、炭素、水素、窒素などさまざまな元素から構成されている。生物は、こうした元素をもとに、タンパク質や炭水化物といった複雑な分子をつくり、さらにその分子をもとに、さまざまな組織をつくり出す（「2-2　生命分子から細胞へ」）。このように、小さな物質から大きな物質をつくり、自分たちのからだを構成する成分に変換する過程を**同化**という。

　私たちヒトを含めて、動物のからだのなかでは、アミノ酸からタンパク質を合成したり、グルコース（ブドウ糖）からグリコーゲンを合成したりするなど、さまざまな同化が行われている。しかし、動物の同化では、有機物を材料にして別の有機物をつくり出すことはできるものの、酸素や二酸化炭素などの無

機物から有機物を合成することはできない。

一部の細菌を除けば、無機物から有機物をつくり出すことができるのは植物だけだ。植物は、二酸化炭素、硝酸（イオン）、硫酸（イオン）、リン酸（イオン）などの無機物を取り込んで、有機物をつくり出す。特に、二酸化炭素を取り込んで同化することを**炭酸同化**（炭素同化）という。植物は、光のエネルギーを利用した炭酸同化を行い、水（H_2O）と二酸化炭素（CO_2）を材料にグルコースをつくり出す。これが**光合成**である。

光合成を行う植物は、全地球上で年間1000億トンのグルコースに相当するエネルギーを生み出しているといわれる。地球に棲むすべての動物は、こうした植物がつくり出す膨大な有機物（エネルギー）に頼って生きている。地球上で棲息している生物と、その無機的環境とを含めた総合的なシステムを生態系というが、それらすべてを支えているのが植物の光合成なのだ。

2. 光合成のしくみ

光合成の反応式は、次の式で表される。

$6CO_2 + 12H_2O + 光エネルギー \rightarrow C_6H_{12}O_6 + 6H_2O + 6O_2$

この式は、呼吸の反応式

$C_6H_{12}O_6 + 6H_2O + 6O_2 \rightarrow 6CO_2 + 12H_2O + 化学エネルギー（ATP）$

の右辺と左辺を入れ替えただけのようにみえる。しかし、反応の収支決算だけを式にしてみると同じように見えるものの、光合成は呼吸の反応を逆行させたものではなく、そこではまったく異なる化学反応が行われている。

光合成は、図2-4-1のような構造をしている葉緑体という光合成生物特有の細胞小器官で行われる。

葉緑体の内部にはチラコイドと呼ばれる扁平な膜構造をした

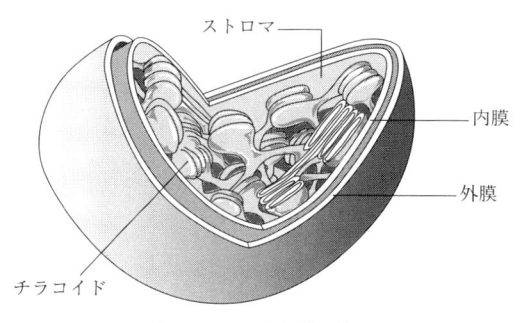

図2-4-1　葉緑体の構造

袋が平行に並んでいて、そのまわりを、ストロマという無色の基質が満たしている。

　光合成の反応系は、以下に示すように葉緑体のチラコイド膜で起こる反応と、ストロマで起こる反応の2つに大別できる。また、チラコイド膜で起こる反応はさらに4つに分けることができる（注）。

①チラコイド膜で起こる反応
　　反応A．光化学反応
　　反応B．水（H_2O）の分解
　　反応C．光リン酸化反応
　　反応D．高エネルギーの電子を有するHの生成

②ストロマで起こる反応
　　反応E．カルビン回路

　光合成では、以上のA～Eの反応が連続して行われる。
　このうち光を吸収して行われるのは①のAの反応だけである。

Aの反応で光エネルギーを吸収するクロロフィルや、B〜Dの反応に必要な酵素タンパク質は、チラコイド膜上にあるので、A〜Dの反応はチラコイドで起こる。これに対しEのカルビン回路に関係する反応はストロマで起こる。

光合成は非常に複雑な反応系であるが、太陽から降り注ぐ光エネルギーを生物が利用できるグルコースなどの有機物の形へと変換する、きわめて巧妙な反応系でもある。

では、その反応系全体をチラコイド膜で起こる反応と、ストロマで起こる反応に分け、順に見ていこう。

注. ①チラコイドで起こる反応を、光エネルギーが必要な明反応、②ストロマで起こる反応を光エネルギーがなくても反応が進められる暗反応と呼ぶこともある。しかし、厳密にいうと、真の明反応は、Aの光化学反応だけである。そこで、こうした誤解を避けるため、本書では、明反応、暗反応という区別を用いない。

(1) チラコイド膜で起こる反応（反応A〜D）

意外に思われるかもしれないが、ここで起こる反応のしくみは、「2-3 呼吸のしくみ」で説明した好気呼吸の電子伝達系に似ている。116〜117ページの図2-4-2は、反応A〜Dのしくみを表した模式図である。この反応系で重要な役割を果たすのは、光を吸収するクロロフィルなどの光合成色素とタンパク質が形成する2種類の複合体だ。光を吸収して、そのエネルギーが利用される反応を一般に光化学反応というが、この2種類の複合体はそれぞれ光化学系Ⅱ、Ⅰと呼ばれる光化学反応を行う。

まず光化学系Ⅱ（図2-4-2左側）の反応を行うクロロフィルやタンパク質の複合体に光が当たると、エネルギーを吸収したクロロフィルが活性化（励起）されて、高エネルギーのe^-（電子）を放出する（反応A、図2-4-2❶。図中のe^-の位置は、

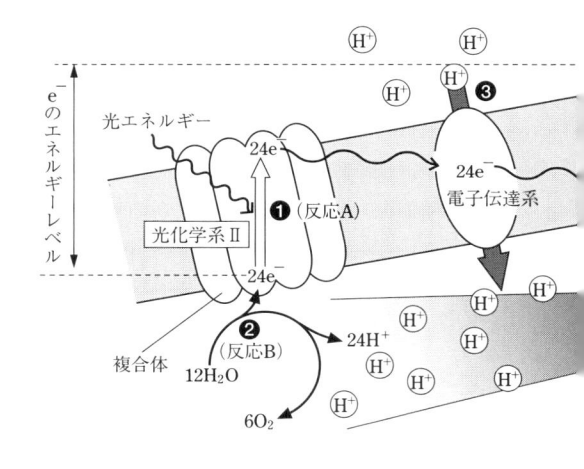

図 2-4-2　チラコイドで起こる反応

それぞれの状態におけるe^-のエネルギーレベルを反映している)。

　活性化したクロロフィルは一時的にe^-が少ない状態になるが、すぐにチラコイド内にある水分子を分解して(反応B)、そこから不足分のe^-を引き抜いて自分のものにする(❷)。水分子の分解によって、副産物としてH^+(プロトン)と酸素を生じるが、このH^+はチラコイド内に蓄積し、酸素は大気中に放出される。

　一方、光化学系Ⅱのクロロフィルから放出されたe^-は、チラコイド膜に埋まっているタンパク質の間を伝達されながら次第にエネルギーを放出していく。このエネルギーを使って、チラコイドの外を囲むストロマから多数のH^+がチラコイドの中へと

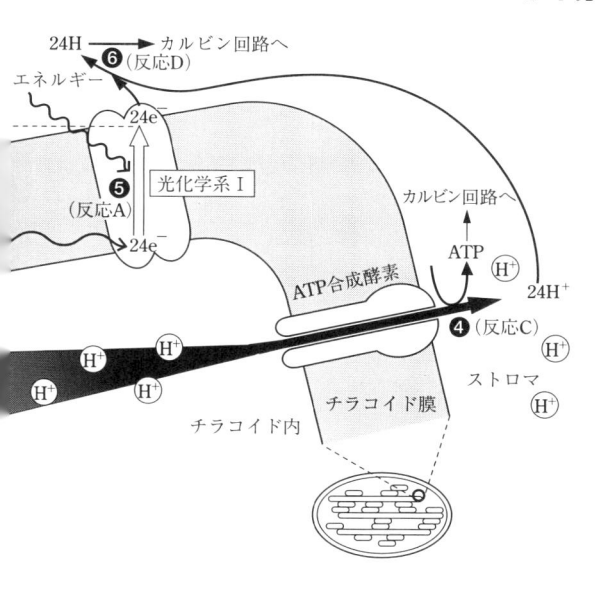

図中のラベル:
- 24H → カルビン回路へ ❻（反応D）
- エネルギー
- 24e⁻
- ❺（反応A）光化学系Ⅰ
- 24e⁻
- ATP合成酵素
- カルビン回路へ
- ATP
- H⁺
- 24H⁺ ❹（反応C）
- H⁺ H⁺ H⁺ H⁺ H⁺ H⁺ H⁺
- ストロマ
- チラコイド膜
- チラコイド内

運び込まれる（❸）。こうしてチラコイドの内部はH⁺が大量に蓄積された状態になり、ストロマとの間にH⁺の濃度差が生じる。

　ここで、好気呼吸における最終段階、電子伝達系の過程を思い出してほしい。呼吸でも、高エネルギーのe⁻がミトコンドリアの内膜上を伝達されていく間にエネルギーを放出し、それがH⁺の濃度差を生み出した。そして、それがエネルギー分子であるＡＴＰを生み出す原動力となった（104〜106ページ参照）。

　実は、光合成でもまったく同じしくみによってＡＴＰがつくられる。つまり、水分子の分解と、チラコイド膜上における電子伝達によって蓄積したH⁺がストロマ側に移動して濃度差を解消する時、ＡＴＰが合成されるのだ（❹）。このＡＴＰ合成は光エネルギーをもとにして行われるので、**光リン酸化**と呼ばれ

る（反応C）。ここで合成されたＡＴＰは、この次に説明する「ストロマで起こる反応」のエネルギー源として使われる。

　ＡＴＰを合成するために一度エネルギーを放出したe⁻は、次に光化学系Ⅰの反応を行うクロロフィル（光化学系Ⅱのクロロフィルとは別のもの）とタンパク質の複合体に渡され、再び光エネルギーを受けて活性化する（❺、反応A）。そしてストロマにあるH⁺と結合して高エネルギーを有するHが生成され（❻、反応D）、ここでできたHが、「ストロマで起こる反応」の材料となる。

　チラコイドで起こるこの一連の反応によって、初めに吸収された光エネルギーは、ＡＴＰと活性化した電子を含むHという２つの物質の化学エネルギーに変換された形になる。

　ところで、光化学系Ⅱと光化学系Ⅰの名前について、ちょっと不思議に感じた人がいるかもしれない。なぜ、反応の順番としては先になるはずの反応が"Ⅱ"で、後の反応が"Ⅰ"なのだろうか？　実は、まだ光合成の詳細な反応系が明らかにされていない時期に、２つの光化学系が別々に発見され、先に発見されたほうをⅠと名付けたためにこのような紛らわしい名前になってしまったのだ。混乱しやすい用語なので、注意してほしい。

(2) ストロマで起こる反応（カルビン回路）のしくみ（反応E）
　次に、反応の場は、チラコイドの周囲を満たすストロマへと移る。この反応は、好気呼吸の第二段階として紹介したクエン酸回路と同じように回路反応になっていて、同じ反応を無駄なく繰り返すことができる。反応系を解明した研究者の名にちなんで、カルビン回路またはカルビン・ベンソン回路とも呼ばれる（反応E、図２−４−３）。

　ミトコンドリアで行われるクエン酸回路の反応には外からの

2-4 光合成のしくみ

エネルギーを必要としなかったのに対し、このカルビン回路の反応にはエネルギー物質であるＡＴＰや高エネルギーのe^-を持ったＨが必要とされる。これらは、反応ＣとＤにおいてあらかじめつくられたものだ。カルビン回路は多くの中間産物を経る複雑な反応系だが（解説「カルビン回路」参照）、チラコイドでつくられたＡＴＰとＨのエネルギーを利用して大気中の二酸化炭素からグルコースなどの有機物をつくり出す、炭酸同化の中枢である。この反応系によって、ＡＴＰとＨが持っていた光エネルギーに由来する化学エネルギーは、最終的にグルコース分子中の化学結合のエネルギーとして蓄えられる。

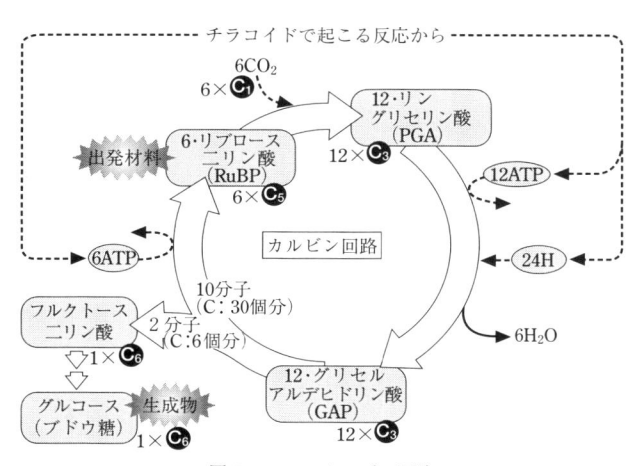

図2-4-3　カルビン回路

解説　カルビン回路

カルビン回路の出発材料は、6分子のリブロース二リン酸（この物質名を英語表記にしたときの頭文字を取っ

てRuBPと省略される)だ。炭素原子を同化する反応なので、図2-4-3に白抜きの数字で示した各物質の炭素原子の数に注目しながら見ていこう。

　RuBPにはもともと炭素が1分子あたり5個含まれており(C_5化合物という)、それが6分子あるので、出発時点では計30個の炭素原子がある。そこに、大気中から取り込まれた二酸化炭素(炭素1つのC_1化合物)が6分子加わり、炭素の数は36個になる。36個の炭素を使ってまずつくられるのは、12分子のC_3化合物、リングリセリン酸(PGAと略される)だ。

　次に、PGAはいくつかの中間産物を経ながら、反応CとDでつくられたATPやHを消費して、同じくC_3化合物であるグリセルアルデヒドリン酸(GAP)へと変化する。このGAPのうち2分子が化合してC_6化合物ができ、これがグルコース(化学式は$C_6H_{12}O_6$)などのエネルギー源となり得る有機物へと変化していく。ここで炭素原子は回路反応から6個だけ出て行ったことになるので、回路に残るのは初めと同じ30個の炭素原子となり、これらを用いて再び出発材料のRuBP6分子が合成されて、同じ反応を繰り返す。

　こうした回路反応の詳細は、カルビンらによる炭素の同位体を用いた実験によって明らかにされた。同位体とは、同じ元素でも質量が異なるものを指す。通常の炭素は質量数が12なので^{12}Cと表記するが、自然界にはこれよりも質量数の大きい^{14}Cも存在する。彼らはこの^{14}Cで標識した(目印をつけた)二酸化炭素($^{14}CO_2$)をクロレラという単細胞の緑藻に与え、光合成反応の進行に伴って^{14}Cがどんな物質に移動するかを、時間を追って調べた。その結果、

> 反応開始直後はC_3化合物にのみ含まれていた^{14}Cが、時間が経つにつれてC_5化合物やC_6化合物にも移動していることがわかり、回路反応の全体像が明らかになったのである。

(3) 光合成で放出される酸素は、水それとも二酸化炭素由来？

ここまでの一連の反応を簡単にまとめると、図2-4-4のようになる。

よく見ると、光合成産物の一つである酸素が、水に由来していることがわかる。光合成は「二酸化炭素を吸収して酸素を放出する」といった表現で説明されることが多いので、吸収した二酸化炭素が酸素に変化しているイメージを持ちやすいが、光

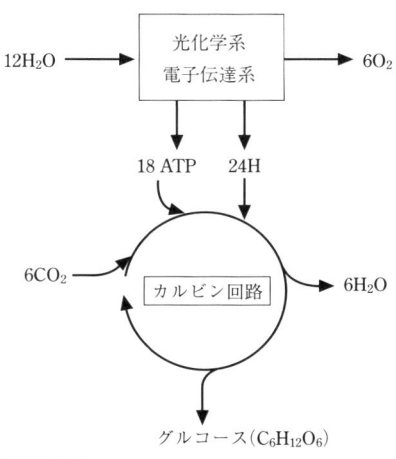

- 光合成の反応式 ─
$$6CO_2 + 12H_2O + 光エネルギー \longrightarrow C_6H_{12}O_6 + 6H_2O + 6O_2$$

図2-4-4　光合成のしくみ

合成における酸素の放出は二酸化炭素の吸収に先立って起こる反応だ（呼吸における二酸化炭素の放出が、酸素の吸収より先に起こるのと似ている）。

　この酸素の由来を明らかにしたのはルーベン（1941年）であった。ルーベンは、酸素の同位体（同位元素）（解説「カルビン回路」参照）^{18}Oを用いて、光合成によってできる酸素が何からつくられるのかを調べた。通常の酸素は質量数が16なので^{16}Oと表記するが、自然界にはこれよりも質量数の大きい酸素（^{18}O）もある。ルーベンはこの重い酸素を目印に使うことで、光合成で放出される酸素が、水（H_2O）由来なのか二酸化炭素（CO_2）由来なのかを調べたのである。

　彼は、まず単細胞生物である緑藻のクロレラを2つのグループに分け、一方には$C^{16}O_2$と$H_2^{18}O$を、他方には$C^{18}O_2$と$H_2^{16}O$を与え、それぞれに光を当てた。すると前者では$^{18}O_2$が放出されたのに対し、後者では$^{16}O_2$が放出されたのである。この結果からクロレラが光合成を行うときに出す酸素は、水由来のものであることが突き止められた。

3. 光合成の反応速度

　光合成では、前述の反応A〜Eが連続して行われる。そのため、反応の一部がなんらかの原因で滞ると、光合成の反応速度（光合成速度）が落ちてしまう。光合成速度を左右する要因のことを、**光合成の限定要因**という。

　例として、光の強さが限定要因となっているケースを考えてみよう。一般に、光が弱いと光合成の反応速度も低下するが、光が強ければ強いほど、反応がどんどん進むというわけではない。図2-4-5は、光の強さ（光量）をいろいろ変化させたときの光合成量を表したグラフである（光－光合成曲線〈ライト

2-4 光合成のしくみ

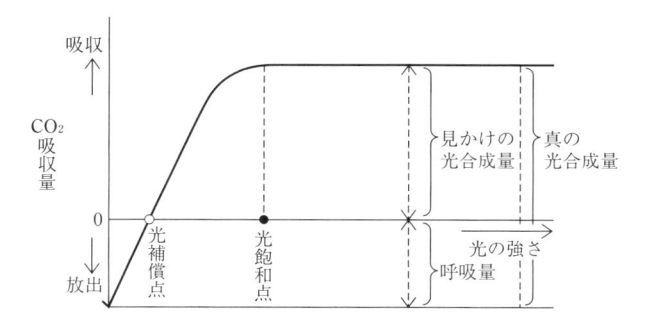

図2-4-5 ライトカーブ

カーブ〉と呼ばれる)。

　図の横軸は光の強さを表していて、左端がゼロ(真っ暗な状態)で、右へ行くほど明るくなる。縦軸はCO_2の吸収量、つまり光合成量を表している。植物は、光合成を行うとCO_2を吸収するが、動物と同じように呼吸も行っているのでCO_2の放出も行う。両者を区別して計測することはできないので、植物のCO_2吸収量を計測すると、植物が実際に光合成で消費したCO_2よりも少なくなる。この値を、見かけの光合成量(純光合成量)という。真の光合成量(総光合成量)は、見かけの光合成量に呼吸量(真っ暗で光合成がゼロのときのCO_2放出量)を加えることで求められる。

　光が非常に弱いときは、光合成の量もわずかになり、見かけの光合成量はゼロよりも小さくなってしまう。つまり、呼吸によるCO_2放出量が、光合成によるCO_2吸収量を上回るので、見かけ上、植物はCO_2の放出だけしか行っていないように映る。光合成量と呼吸量がつり合うときの光の強さを**光補償点**という。光が光補償点よりも弱い状態が長く続くと、植物は栄養を使い果たして死んでしまう。

光が十分に強くなると、それ以上いくら光を当てても光合成量が増えなくなる。反応B〜Eのスピードが、光化学反応（反応A）に追いつかなくなるからである。言い換えると、そこでは光の強さ以外の要因が光合成を限定しているのだ。このような状態に移るときの光の強さを**光飽和点**という。

　ふつう、緑色植物は、朝の光が射すと光合成を始め、そして日中に光の量が最大になると、光合成を最も活発に行うようになる。しかし、晴れて湿度の低い日や、土壌の水分が足りない場合には、昼間よりも朝9時から10時ぐらいが光合成のピークとなる。昼間、光が最も強くなる時間帯に光合成の効率が下がるのは、体内の水不足を緩和するために、気孔という葉の表面にある小さな孔を閉じてしまうからである。気孔を閉じてしまうと光合成に必要な二酸化炭素も体内に取り込むことができなくなる。けれども体内の水分を失えば植物は死の危険にさらされることになるから、水不足だけは何としても避けなければならないのである。

　このほか、反応B〜Eには酵素がかかわっているため、植物の光合成速度は、温度の影響も受ける。

4. 水と二酸化炭素と光以外に必要なもの

　植物は、水（H_2O）と二酸化炭素（CO_2）と光さえあればエネルギー源となるグルコースをつくり出すことができるので、それだけで生きていけるように思える。しかし、水に挿した切り花が長く生きてはいられないのを見てもわかるように、ほとんどの植物は炭酸同化だけでは生きていくことはできない。植物にも、生きるためのエネルギーだけでなく、細胞をつくり、その活動を維持していくために必要なものがある。炭酸同化だけでは、こうした生命活動に不可欠な物質をすべてつくり出す

ことはできないのだ(注)。

植物の細胞は、その大部分がセルロースなどの糖質であるが、細胞膜や細胞質、葉緑体、核など生命活動に必要な部分には糖質以外の成分が含まれている。調べてみると植物の体は炭素(C)、水素(H)、酸素(O)、硫黄(S)、窒素(N)、リン(P)、カリウム(K)、カルシウム(Ca)、マグネシウム(Mg)、塩素(Cl)など十数種類の元素からできていることがわかる。これらの元素のうち、H_2O や CO_2 として体内に取り込まれる炭素、水素、酸素を除くと、そのほかはすべて無機塩類として根から吸収されている。こうした無機塩類と、炭酸同化によってつくり出された有機物とを原材料にして、植物は生命活動に必要なさまざまな物質をつくり出している。

「2-1 生命の最小単位=細胞」で、細胞のさまざまな活動で中心的な役割を果たしているのはタンパク質であると説明した。このタンパク質の合成には窒素が必要不可欠だ。植物は、窒素を、硝酸イオン(NO_3^-)やアンモニウムイオン(NH_4^+)として、水とともに体内に取り入れる。そして、これらの物質に、炭酸同化によってつくられた有機物を化合させてアミノ酸をつくる。このしくみは**窒素同化**と呼ばれている。アミノ酸を多数つなげれば、タンパク質になる。実は、この窒素同化も主要な反応は葉緑体で行われる。葉緑体は単に光合成が行われるだけでなく、さまざまな同化が行われる器官でもあるのだ。

注. 農業では、作物が大量に吸収し、土壌中に不足しやすい窒素、リン、カリウムを肥料の三要素と呼んでいる。また、農作物(植物)に、たい肥や牛糞・鶏糞など有機物を含む肥料(有機質肥料)を与える場合もある。こうした有機質肥料は、土質の改良に大いに役立つ。

解説

C_4植物

　ほとんどの植物は、気孔から取り込んだ二酸化炭素をまず炭素を3つ含んだ物質（C_3化合物）にし、それを直接グルコースなどの合成に利用している。このような植物を「C_3植物」という（解説　カルビン回路参照）。

　一方で、二酸化炭素をまず炭素を4つ持つ物質（C_4化合物）にし、そこから再び二酸化炭素を取り出して炭酸同化に用いる植物も知られており、こうした植物を「C_4植物」と呼ぶ。C_4植物は、大気中の二酸化炭素を一度C_4化合物として体内に濃縮してから同化反応を行うので、通常のC_3植物にくらべ、効率よく光合成を行うことができる。

　C_4植物は一般に気温が高く、乾燥しやすい地域の植物に多く見られる。そうした地域では、水分の消失を極力抑えようとして気孔を閉じる時間が長くなるため、二酸化炭素が不足しがちなのだ。そのため、このような二酸化炭素の濃縮機構を発達させたと推測されている。多くのC_4植物はC_4化合物を合成する反応を葉肉細胞で、通常の炭酸同化で行う反応を維管束鞘細胞（維管束を取り囲む細胞）で行うというように、それぞれの反応を行う場所を使い分けている。

　C_4化合物を合成する反応を夜間に、通常の炭酸同化を昼間に行うというように、反応を行う時間を使い分ける植物もあり、CAM植物と呼んでいる。CAM植物にはサボテンなどがあり、C_4植物よりもさらに乾燥の激しい砂漠などに生育する植物に多く見られる。夜間に二酸化炭素を取り込んでC_4化合物として蓄え、昼間にそれを利用してグルコースなどをつくることで、昼間に気孔を開かなくても光合成

の反応を行うことができるのだ。

　C_4植物はC_3植物よりも光合成の能力が高いので、本来はC_3植物であるイネやムギなどの穀物にC_4植物と同じ反応を行わせることができれば、いまよりも短い期間で、より多くの穀物を得ることができるようになる。現在、そのための研究が世界各地で進められている。

問いの答え　問1：①　　問2：③　　問3：①

第3章

遺伝・生殖・発生

3-1 遺伝子と生命現象 —— 130
3-2 細胞分裂と生殖 —— 151
3-3 発生のしくみ —— 168

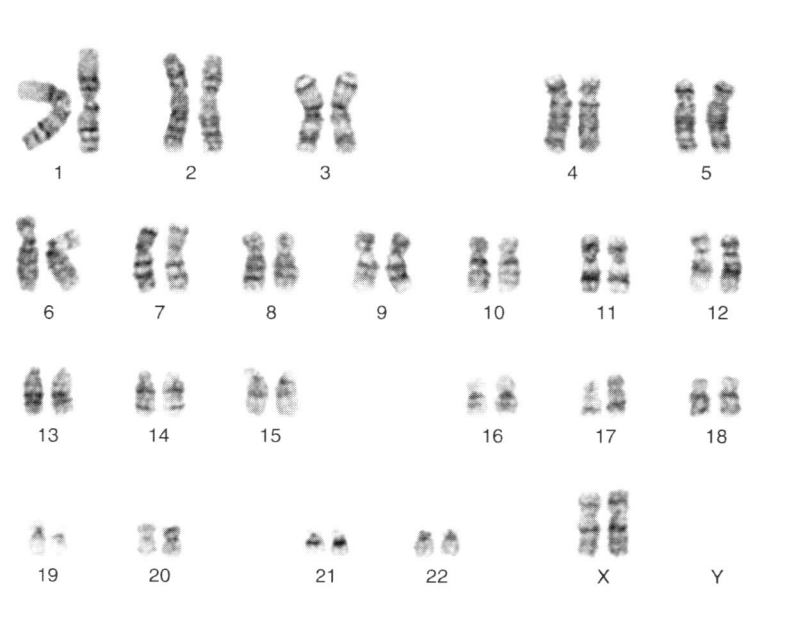

1	2	3		4	5

6	7	8	9	10	11	12

13	14	15		16	17	18

19	20	21	22	X	Y

3-1 遺伝子と生命現象

[問1] **真核生物の遺伝子の本体（実体）は何か。**
　　①DNA　　②RNA　　③タンパク質
[問2] **体内でタンパク質はどのように合成されるか。**
　　①原子を1つずつ組み合わせることで合成する
　　②基本となる分子を組み合わせることで合成する
　　③栄養分として取り込んだタンパク質を改造する
[問3] **突然変異が起こるのは良いことか悪いことか。**
　　①良いこと　　②悪いこと　　③場合による

1. メンデルからDNAまで

　2002年、アフリカ中央部で約700万年前の"人類最古の化石"が発見された。これを「人類の起源」として考えれば、その歴史は約700万年である。1世代を20年とすると、私たちは最初の人類の35万世代目の子孫にあたる。親が子を生み、その子が親となり、また子を生む。私たちの祖先はその営みを延々と繰り返してきたのである。

「なぜ、子は親に似るのか」——実に素朴な疑問だが、科学はこの問いかけに対して長らく明確な回答を与えることができなかった。

　謎を解き明かすきっかけをつくったのはオーストリアの修道士メンデル（1822〜84年）だ。「親の姿・形や性質（形質）が親から子に受け継がれること」を**遺伝**というが、メンデルがかの有名なエンドウの研究を始めたときには、遺伝のメカニズムはほとんどわかっていなかった。当時は「両親の形質は2色の

3-1 遺伝子と生命現象

1859年 ダーウィンが『種の起源』を著し、進化説が確立される。
1865年 メンデルが「遺伝の法則」を発見する。
1884年 メンデル死す。
1900年 ド・フリース、コレンス、チェルマクが、それぞれ別にメンデルの論文を再発見。「遺伝の法則」が再評価される。
1901年 ド・フリースが「突然変異説」を唱える。
1902年 サットンが、相同染色体の対合および分裂後期における、その分離をメンデルの遺伝の法則と対応させて説明する。
1903年 サットン、染色体の動きをメンデルの遺伝の法則と結びつけて説明する「連鎖説」を発表。
1927年 マラーが、X線の照射がショウジョウバエの遺伝子突然変異を150倍も高める作用をもち、人為的に突然変異を誘発できることを証明する。
1944年 アベリーが、肺炎双球菌の研究を通じて、遺伝子の分子的実体がDNAであることを証明する。
1949年 シャルガフがDNAの塩基組成を分析し、A、T、G、Cのモル比がほとんど1であることを発見する。
1952年 ハーシーとチェイスが、T_2ファージを用いた実験によってDNAが遺伝子の本体であることを明確に証明する。
1953年 ウイルキンズ、フランクリンが撮影したDNAのX線回折写真をもとに、ワトソンとクリックが、DNAの二重らせんモデルを発表する。
1958年 クリックが、DNA→RNA→タンパク質の転写・翻訳モデル(セントラルドグマ)を提唱。
1961年 ジャコブとモノが、遺伝子の発現調節モデル「オペロン説」を発表する。
1965年 ニーレンバーグが人工合成RNAを用いて、遺伝暗号の解読に一部成功する。

メンデル

ワトソン(左)とクリック(右)

図 3-1-1 遺伝子解明への道のり

絵の具を混合するようなしかたで子に伝わる」と考える説が主流だったが、これでは、青色の目の人と黒い目の人が結婚しても黒い目の子ばかりが生まれたりする現象をうまく説明できない。

メンデルは周到に準備した実験の結果、「親の形質が子に伝わるのは、1つ2つ……と数えることができる粒のような"形質のもとになる物質"（因子）が伝えられるからだ」と考えた。しかし、メンデル自身はその物質を見つけることができなかった。後に発見されることになる"形質のもとになる物質"は**遺伝子**と呼ばれるようになった。

メンデルの発見に先立つこと二十数年前、植物学者のカール・ネーゲリが顕微鏡を使って、細胞の核の中に染色体（図3-1-2）を見つけていた（1842年）。しかし、メンデルの偉業と染色体が関連づけられるまでには数十年の歳月を要した。メンデルの研究が評価されたのは彼の死から16年後の1900年、ド・フリース、チェルマク、コレンスという3人の研究者が、それぞれ独立にメンデルの論文を再発見してからだ。それから遺伝子の本体を探す競争が始まった。

アメリカの医学生サットンとドイツの動物学者ボヴェリは、それぞれ独自に、染色体がメンデルのいう遺伝の因子（遺伝子）ではないかという仮説を導き出した。一方、サットンと同じ大学の研究者モーガンは、この2人の考えに懐疑的であった。染色体そのものが遺伝子だとすると数が少なすぎて、複雑な遺伝形質の発現がうまく説明できないと思ったからだ。しかし、モーガンは、ショウジョウバエを使って交配実験を繰り返した結果、卵や精子ができるときに細胞内に2本1組で存在する染色体が交じり合うこと（交叉）を発見し、それぞれの染色体はたくさんの遺伝子のつながったものであることを明らかにした。

3-1 遺伝子と生命現象

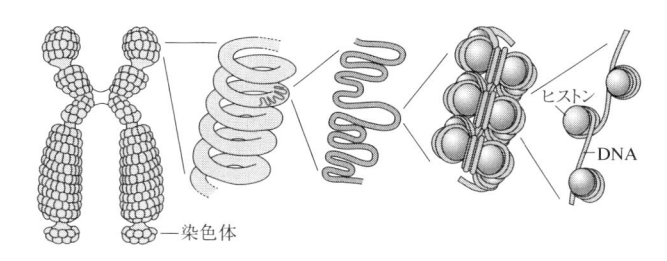

図3-1-2　染色体の構造

そして、染色体の特定の位置に特定の遺伝子があることを突き止める方法（三点交雑法）を用いて、遺伝子の相対的な位置関係を図に示した染色体地図をつくった。

しかし、染色体そのものがさまざまな物質からなる複雑なものであったので、依然として遺伝子本体を構成する物質はわからなかった。当時、多くの科学者は、遺伝情報を伝達する物質は、複雑な構造を持つタンパク質だろうと考えていた。

2. 1本を2本にできる画期的物質

当時の科学者の考え方は直観的で明快なものだった。生物は非常に複雑で、たくさんの物質からなっている。その生物の設計図なのだから、遺伝子も相当複雑な物質に違いないと考えたのだ。

この先入観を排し、タンパク質とくらべると「単純」な物質であるDNA（デオキシリボ核酸）が遺伝子の本体であるということを証明するには、大変な努力が必要だった。

1920年代、肺炎双球菌（肺炎連鎖菌）の研究をしていたイギリスのグリフィスは、不思議な現象を発見した。肺炎双球菌には、マウスに注射すると肺炎を起こすS型菌と、肺炎を起こさないR型菌の2つの系統がある。1928年、グリフィスは加熱・

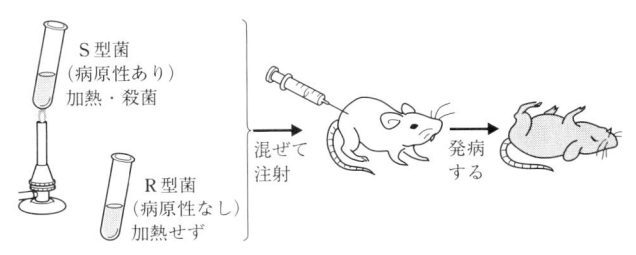

図3-1-3　グリフィスの実験

殺菌して無害にしたS型菌と、もともと無害な生きたR型菌とを混ぜて、ネズミに注射してみた。するとネズミが死んだのである（図3-1-3）。

調べてみると、なんと死んだネズミからは生きたS型菌が見つかった。殺菌されたS型菌が復活することはあり得ないから、R型菌が致死性のS型菌へと形質が変わったと考えられる（形質転換）。つまり、加熱・殺菌したS型菌に含まれていた物質の影響で、R型菌が性質を変えたということになる。グリフィスはまた、形質転換をしてS型に変わった菌を培養して、ネズミに注射してみた。その結果、形質転換したS型菌は一代限りで性質を失うのではなく、その変異は代々受け継がれ遺伝的な変質（変異）を起こしていることがわかった。

グリフィスの発見に注目したアベリーらは、S型菌からDNAと思われる物質を抽出し、R型菌と混ぜて培養すると、R型菌からS型菌への形質転換が起こることを示した（図3-1-4）。さらに、S型菌の抽出物をさまざまな分解酵素で処理した後でR型菌と混ぜて培養したところ、DNA分解酵素で処理したときにだけ、形質転換が起こらなかった（図3-1-5）。これらの実験などから、アベリーら（1944年）は肺炎双球菌に形質転換を起こさせる物質はDNAであると結論づけ、遺伝子

3-1 遺伝子と生命現象

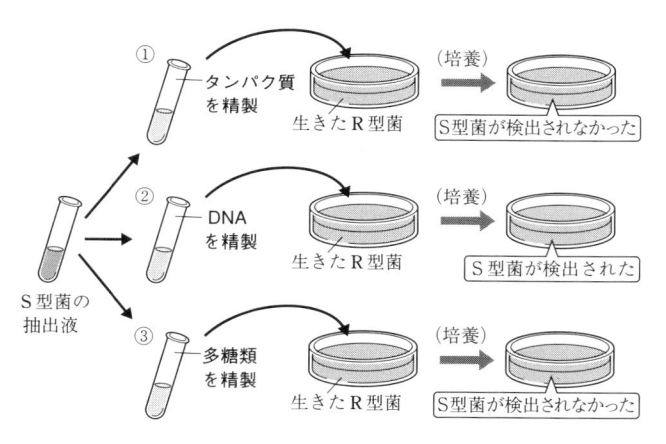

図3-1-4 アベリーの実験（その1）

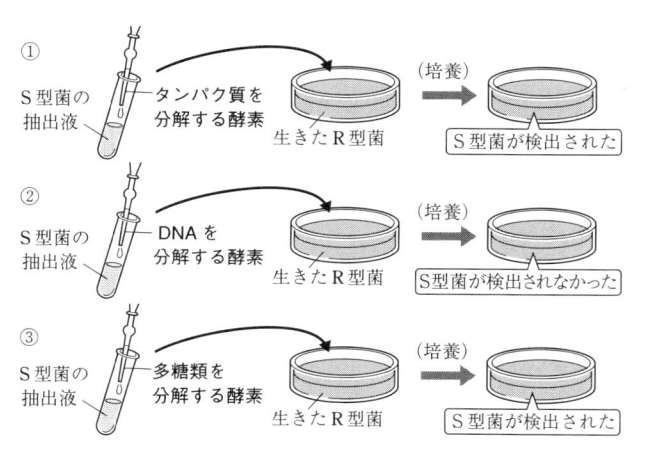

図3-1-5 アベリーの実験（その2）

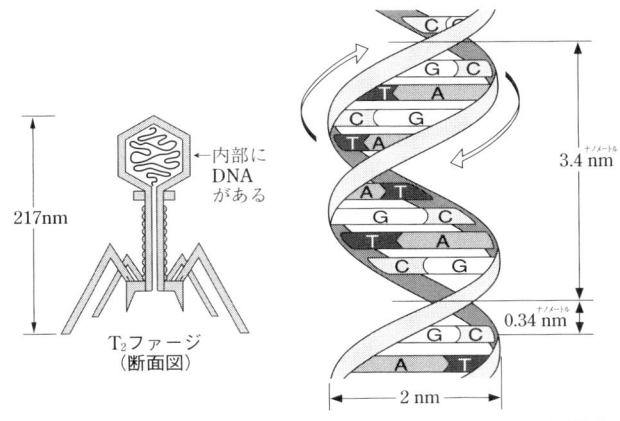

図3-1-6　バクテリオファージ　図3-1-7　DNAの二重らせん構造

の分子的実体がDNAであることを初めて示した。

1952年、ハーシーとチェイス（ともにアメリカ）は、大腸菌に感染するウイルス（バクテリオファージの一種であるT_2ファージ）を使った実験を行った。T_2ファージは月に着陸した宇宙船のような形をしており（図3-1-6）、DNAとタンパク質だけからできている。

ファージが大腸菌に付着すると、その殻は外に残るが、しばらくすると大腸菌の中からは、次の世代のファージが大量に出てくる。このファージは親世代のファージと同じ性質を持ち、別の大腸菌に感染し、また次の世代のファージをつくる。つまり、ファージの殻の中の何らかの物質が、大腸菌の中に入り込み、増えて形質を発現したのだから、入って増えたものがファージの遺伝子と考えられる。

ハーシーとチェイスは、放射性物質を用いて、この問題に決着をつけようとした。彼らはまず、放射性のリン^{32}Pを使って、

ファージに印をつけた。リンはＤＮＡには含まれるがタンパク質には含まれない。したがってＤＮＡから放射線を出すファージをつくることができる。もし大腸菌内に入り込むのがファージのＤＮＡならば、大腸菌内から^{32}Ｐ由来の放射線が出てくるはずである。

一方で、硫黄はT_2ファージを構成するタンパク質に含まれているが、ＤＮＡには含まれていない。ハーシーらは、放射性の硫黄^{35}Ｓを使ってファージのタンパク質に印をつけた。もし、ファージのタンパク質が大腸菌内に入り込むのであれば、^{35}Ｓ由来の放射線が大腸菌内から出てくるはずだ。

彼らを困らせたのは、大腸菌のまわりについているファージの殻であった。ファージを感染させた後、タンパク質でできた殻を取り除かなければ、大腸菌を集めて放射能を測定しても、それが大腸菌の内部から出ているのか、外についた殻から出ているのかわからない。彼らは、たまたま家政婦が使っていたブレンダー（攪拌機、日本語でミキサーと呼んでいるもの）を見て、同じように激しくかき混ぜれば、大腸菌の外側についている殻をふるい落とせるのではないかと考えたのである。

この試みは見事に成功し、それぞれのファージを感染させた大腸菌からファージの殻をはずした後に放射能を測定したところ、大腸菌から放射能が検出されたのは、^{32}Ｐを用いたときだけであった。つまり大腸菌内に入るのはＤＮＡだけだったのである。さらに子ファージには^{32}Ｐは伝えられたが、^{35}Ｓは伝えられないこともわかった。

これらの実験から、遺伝子の本体がＤＮＡであるということが確信に変わるころ、ＤＮＡを構成する物質についても、いろいろなことがわかるようになってきていた。

1930年ごろには、ＤＮＡがアデニン（Ａ）、チミン（Ｔ）、グ

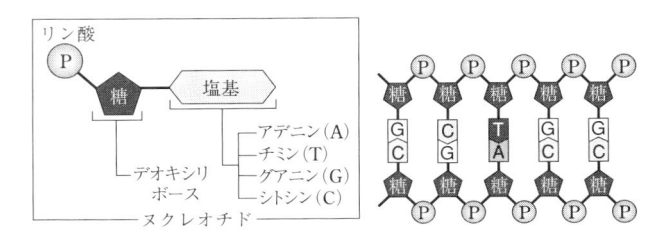

図3-1-8　ヌクレオチドとDNAの構造

アニン（G）、シトシン（C）の4つの塩基（窒素を含む環状の有機化合物）を含む長大な分子であることがわかっていた。1949年にはシャルガフが、DNAの中にはAとT、GとCが必ず同量含まれていることを発見した。さらに、X線回折という手法が進み、ウイルキンズとフランクリン（いずれもイギリス）らは、DNA分子をX線で撮影することに成功した。

　1953年、ワトソン（アメリカ）とクリック（イギリス）は、これらのX線写真を参考にしてDNAの「二重らせんモデル」を提出する（図3-1-7）。2人は「我々はここに、デオキシリボ核酸（DNA）の構造を提案したい。この構造には、生物学的に見て非常に興味深い新しい特徴が備わっている」という書き出しで始まる、約1ページの論文をイギリスの科学雑誌『Nature』に発表した。彼らはDNAが「その構造から直ちに同じ分子を複製できる機構が推測できる」と指摘した。この論文によって、親から子へ伝えられる遺伝子が、DNAの中にあることが結論づけられ、今日の分子生物学の出発点となった。

　DNAは、リン酸と糖（デオキシリボース）と塩基からなる、4種類のヌクレオチドが交互につながってできている。ヌクレオチドは、糖とリン酸部分で長く鎖状に連結し、さらに、2本の鎖が、AとT、GとCという特定の組み合わせで、向かい合っ

た塩基どうしがたがいに結合して（相補的な関係）、二重らせん構造をとっている（図3－1－8）。ワトソン、クリックらの発見以後、ＤＮＡの塩基配列の解読も進められ、どのようにしてタンパク質が合成されるかもほどなく解明されることとなった。ついに、人類は、遺伝子の正体にたどり着いたのだ。

3. 遺伝子からタンパク質へ

　メンデルの時代は、遺伝子のことを、「親から子へと受け継がれる形質を決める物質」という曖昧な言い方をしてきたが、今では遺伝子について、もう少し厳密な定義ができる。遺伝子は複製され、次世代に生命を形づくる情報を伝える。そして遺伝子はその役割を果たすために、タンパク質をつくる。つまり遺伝子とは、長いＤＮＡ分子の中にある、タンパク質をつくるための情報などを担う部分のことをいう（145ページ解説「難しい遺伝子の定義」参照）。

　「遺伝子はＤＮＡである」といわずに、「遺伝子とはＤＮＡの中にあるタンパク質をつくるための情報を担う部分」とまわりくどい言い方をしているのには理由がある。実は、ＤＮＡのすべての部分にタンパク質を設計する情報が書き込まれているわけではない。たとえば、マウスの場合、タンパク質の設計図に対応する部分はＤＮＡ全体のわずか約2％しかない。

　遺伝子の情報が記録されているのは、ＤＮＡの中の塩基部分である。前述したように、塩基にはＡ、Ｃ、Ｇ、Ｔの4種類がある。正確な表現ではないが、ＤＮＡは、Ａ、Ｃ、Ｇ、Ｔという4文字の暗号が書き込まれた分子といえば、イメージはつかめるだろうか。ＤＮＡに記録された暗号には、いつ、どのくらいの量のタンパク質をつくらせるかや、結合させるアミノ酸の種類と順序などの情報が書き込まれている。生物は、この暗号

にしたがって、さまざまなタンパク質を必要に応じてつくり出している。

　タンパク質はリボソームという細胞小器官でつくられる（76ページ、「4. 生命の万能素材製造工場＝リボソーム」）。しかし、タンパク質の設計図であるＤＮＡは核の中にある。生物はどのようにして、核に保管されている設計図を読みとり、その情報をリボソームに伝達するのだろうか。複雑な話になるので、図3-1-9を適宜参照しながら読み進めていただきたい。この図は「遺伝子の発現」、つまり、「タンパク質の合成過程」をまとめたものである。

　遺伝子が発現するときには、（1）ＤＮＡの中から必要な遺伝子をＲＮＡにコピーする**転写**（てんしゃ）と、（2）転写した遺伝情報をもとに、タンパク質をつくり出す**翻訳**（ほんやく）という、2つのプロセスが続けて起きる。

(1) 転写

　ＤＮＡは、2本の鎖が水素結合というゆるやかな結合によって引きつけ合っている。2本の鎖はＤＮＡの塩基部分で向かい合い、片方の鎖の塩基ともう一方の鎖の塩基のうちＡとＴ、ＧとＣがたがいに引きつけ合っている。転写では、ＤＮＡの遺伝子部分にある塩基の並びが**ＲＮＡ**（リボ核酸）へとコピーされる。

　転写は、ＲＮＡポリメラーゼという酵素の働きによって行われる。ＲＮＡポリメラーゼが働くとき、ＤＮＡの2本の鎖の結合がゆるみ、二重らせんが部分的にほどける（図3-1-9 ❶）。そしてゆるんだ二重らせんの片方の遺伝子部分（タンパク質合成の設計図となっている部分）に対応するＲＮＡのリボヌクレオチドが結合する。

　名前からもわかるとおり、ＤＮＡとＲＮＡはいずれも核酸と呼ばれる物質で、ＤＮＡは核酸の糖部分がデオキシリボース

3-1 遺伝子と生命現象

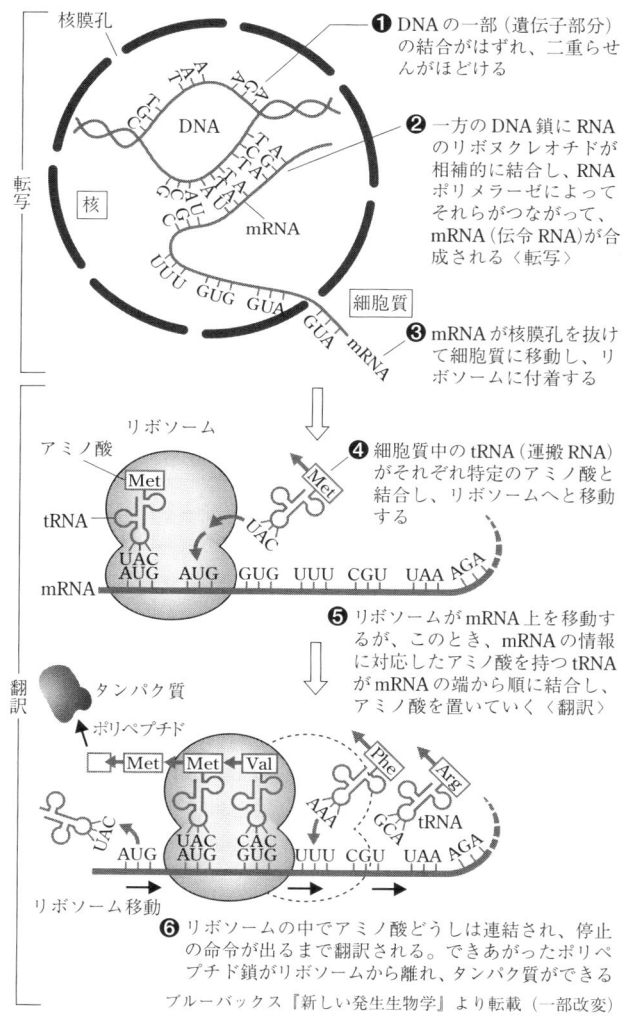

転写
- 核膜孔
- 核
- DNA
- mRNA
- 細胞質

❶ DNAの一部（遺伝子部分）の結合がはずれ、二重らせんがほどける

❷ 一方のDNA鎖にRNAのリボヌクレオチドが相補的に結合し、RNAポリメラーゼによってそれらがつながって、mRNA（伝令RNA）が合成される〈転写〉

❸ mRNAが核膜孔を抜けて細胞質に移動し、リボソームに付着する

翻訳
- リボソーム
- アミノ酸
- tRNA
- mRNA
- タンパク質
- ポリペプチド
- リボソーム移動

❹ 細胞質中のtRNA（運搬RNA）がそれぞれ特定のアミノ酸と結合し、リボソームへと移動する

❺ リボソームがmRNA上を移動するが、このとき、mRNAの情報に対応したアミノ酸を持つtRNAがmRNAの端から順に結合し、アミノ酸を置いていく〈翻訳〉

❻ リボソームの中でアミノ酸どうしは連結され、停止の命令が出るまで翻訳される。できあがったポリペプチド鎖がリボソームから離れ、タンパク質ができる

ブルーバックス『新しい発生生物学』より転載（一部改変）

図3-1-9　タンパク質の合成過程

		2文字目	
		U	C
1文字目（1番目の塩基）	U	UUU, UUC フェニルアラニン (Phe) UUA, UUG ロイシン (Leu)	UCU, UCC, UCA, UCG セリン (Ser)
	C	CUU, CUC, CUA, CUG ロイシン (Leu)	CCU, CCC, CCA, CCG プロリン (Pro)
	A	AUU, AUC, AUA イソロイシン (Ile) AUG メチオニン (Met) 開始コドン	ACU, ACC, ACA, ACG トレオニン (Thr)
	G	GUU, GUC, GUA, GUG バリン (Val)	GCU, GCC, GCA, GCG アラニン (Ala)

●開始コドン
遺伝暗号の中でAUGはメチオニンというアミノ酸を指定するが、mRNAの読み始めの最初にくるAUGはタンパク質合成の開始を意味する。これを、開始コドンという。

図3-1-10　mRNAの遺伝暗号表（コドン表）

である（ヌクレオチド）のに対し、RNAは核酸の糖の部分がリボースになっている（リボヌクレオチド）。

DNAの二重らせんの塩基の組み合わせが決まっているように、DNAとRNAの塩基にも組み合わせがある。DNAのAに対してRNAのウラシル（Uで表される）、同様にTとA、GとC、CとGがペアを組む。RNAポリメラーゼは、こうしてできた相補的な塩基をつなぎあわせて、**伝令RNA**（以下、mRNA＝メッセンジャーRNA）をつくり出す（❷）。

伝令（messenger）の名のとおり、mRNAは、DNAの遺伝子の情報をリボソームに伝える役割がある。合成されたmRNAは、核膜孔と呼ばれる核にあいている孔から抜け出し、細

3-1 遺伝子と生命現象

(2番目の塩基)		
A	G	
UAU }チロシン(Tyr) UAC	UGU }システイン(Cys) UGC	U C
UAA }終止コドン UAG	UGA 終止コドン UGG トリプトファン(Trp)	A G
CAU }ヒスチジン(His) CAC	CGU CGC }アルギニン(Arg) CGA CGG	U C
CAA }グルタミン(Gln) CAG		A G
AAU }アスパラギン(Asn) AAC	AGU }セリン(Ser) AGC	U C
AAA }リシン(Lys) AAG	AGA }アルギニン(Arg) AGG	A G
GAU }アスパラギン酸 GAC (Asp)	GGU GGC }グリシン(Gly) GGA GGG	U C
GAA }グルタミン酸 GAG (Glu)		A G

(3番目の塩基)

●終止コドン
遺伝暗号を構成する64種のコドンのうち、対応するアミノ酸がなく、最終産物であるたんぱく質の合成を停止させる役割を持つコドン。終結コドンあるいはナンセンスコドンとも呼ばれる。

胞質のリボソームへと移動する（**❸**）。

　核が二重構造の膜によって厳重にDNAを守っているにもかかわらず、核膜孔という孔を持っているのはmRNAを移動させるためでもある。

(2) 翻訳

　核膜孔を抜け出たmRNAは、タンパク質の合成工場として働くリボソームに移動する。リボソームは、数種類のリボソームRNA（rRNA）と約80種類（真核生物の場合）のタンパク質が結合した小さな粒状の細胞小器官である。リボソームは、mRNAの情報をもとにアミノ酸を正しい順番に配列していく「精緻な機械」である。

リボソームでは、mRNAの情報が、アミノ酸の並びに翻訳され、タンパク質が合成される。翻訳の作業をしてくれるのが**運搬RNA**（tRNA）である。その名からもわかるとおり、tRNAはリボソームにアミノ酸を運搬する機能を持つ。

mRNAでは、3つ続いた塩基が1単位となって1つのアミノ酸に対応する「暗号」になっている。この遺伝暗号の単位を**コドン**という。たとえば、UACという塩基配列のコドンは、チロシンというアミノ酸に対応している。驚くべきことに、地球上のほとんどの生物は、同じコドンを用いている。これはすべての生物が共通の祖先を持つという説の証拠のひとつと考えられている。図3-1-10は、コドンとアミノ酸との対応関係をまとめたコドン表である。

tRNAは、mRNAのコドンに相補的に対応した3つの塩基を組み合わせたアンチコドンを使ってmRNAに結合し、暗号の翻訳を行う。個々のtRNAは、アンチコドンに対応した1種類のアミノ酸に結びつき、リボソームに運んでくる（❹、❺）。そして、そこで運搬されてきたアミノ酸がリボソームにある酵素の働きで次々に連結されてペプチド鎖をつくっていく（❻）。

翻訳作業は、mRNAの停止命令が出ると終了し、アミノ酸が連なったペプチド鎖がリボソームから離れて、ポリペプチド（鎖状につながったアミノ酸で、1本または数本でタンパク質をつくる）が完成する。ポリペプチドにはそのままタンパク質として働くもののほかに、立体的に折りたたまれたり、ゴルジ体に運ばれて糖を付加されてから機能を獲得するものも多い。

できあがったタンパク質は、さまざまな方法で細胞内の各所に輸送されたり、細胞外に分泌されることにより機能を発揮する。

> **難しい遺伝子の定義** 〔解説〕
>
> 本書では、「遺伝子」を、DNA分子中にあるタンパク質をつくるための情報を担う部分と定義したが、最新の分子生物学では、タンパク質をつくらないものの、RNAに転写されて機能する領域も遺伝子と考えている。2005年の理化学研究所の調査によると、約30億の塩基からなるマウスのゲノム(全遺伝子情報)のうち、タンパク質の設計図部分は約2%で、タンパク質をつくらないがRNAに転写される領域が約70%あることがわかった。この70%のすべてが遺伝子として機能するわけではないが、従来考えられているよりも遺伝子の数は多くなりそうだ。
>
> ゲノム研究者たちは、遺伝子を「生物学的な情報を含んでいるDNAの部分領域であり、RNAあるいはタンパク質(ポリペプチド分子)を指定している部分」と定義している。この「生物学的な情報を含んでいる」をどう判断するかによって、遺伝子の数は変わってくる。ヒトゲノムプロジェクトによる解析では、ヒトの遺伝子の数は約2万2000個と発表されたが、今後の研究の進展によって、その数はまだ変動しそうだ。

4. 遺伝子のスイッチ──転写制御

　個々の細胞では、必要なときに必要なタンパク質が必要な量だけ合成されるように調節されている。つまり、遺伝子には転写を制御(コントロール)する"スイッチ"が存在するのである。実は、こうしたスイッチもまたタンパク質でできていることが多い。

　たとえば、大腸菌はラクトース(乳糖)を分解するための複

数の酵素をつくる遺伝子を持っている。こうした酵素を持つことで、大腸菌は、ラクトースを分解してエネルギーを得ることができる。いうまでもなく、こうした酵素が必要なのは、大腸菌の内部にラクトースが存在する場合だけだ。ラクトースがなければ、これらの酵素を合成しても使うことができない。つまり、ラクトースを分解する酵素を合成するエネルギーが無駄になってしまう。こうしたことが起きないように、ラクトースがない場合、ラクトースを分解する酵素が余計につくられないようなしくみが働いている。

　大腸菌のＤＮＡには、ラクトースを分解する酵素を指定する遺伝子があり、これが転写・翻訳されて酵素が合成される。140ページで説明したとおり、転写は、ＲＮＡポリメラーゼの働きによって行われる。ＲＮＡポリメラーゼは、まずＤＮＡの決まった場所に取りついてから、二重らせんをほどいて、遺伝子部分の塩基配列をＲＮＡに転写する。

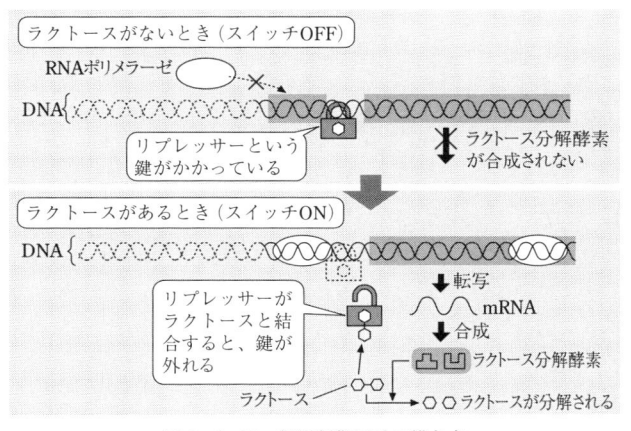

図3-1-11　転写制御因子の働き方

ところが、大腸菌の内部にラクトースがない（図3-1-11上）状況では、リプレッサーというタンパク質が、RNAポリメラーゼが結合するはずのDNAの特定部位に取りついてしまう。そのため、RNAポリメラーゼが取りつけなくなって、転写のプロセスがストップしてしまい、ラクトース分解酵素を合成できなくなる。

このリプレッサーというタンパク質は、DNAよりもラクトースと強く結びつく性質を持っている。そのため、大腸菌内にラクトースが取り込まれると、ラクトースと結合して鍵の働きを失ってしまい、DNAから外れる。すると、RNAポリメラーゼが、DNAに結合できるようになるため、ラクトース分解酵素の合成が再開される（図3-1-11下）。

一方、合成された酵素により、ラクトースの分解が進み、ラクトースがなくなっていくと、リプレッサーは再びDNAと結びつくようになり、ラクトース分解酵素の合成がストップする。リプレッサーのように、遺伝子の転写を調節するタンパク質のことを、転写制御因子という。

ヒトにも、大腸菌のしくみをさらに複雑にした転写制御機構が存在する。ややこしいことに、転写制御因子には、それをさらに制御する転写制御因子があり、相互が連携しながら動いている。現在わかっているだけで、2000〜3000の転写制御因子が発見されており、このように大量の転写制御因子がどのようにして協調して働いているのか、世界中で研究が進められている。

5. 突然変異は進化の原動力

遺伝子には生命活動のシナリオが記録されているが、そのシナリオは未来永劫不変というわけではない。DNAに変異原と呼ばれるある種の化学物質が結合したり、波長の短い紫外線や

放射線が当たったりすると、遺伝子の塩基配列が変化することがある。

　ＤＮＡの1つの塩基が別の塩基に置き換わると、そこから転写されてできるｍＲＮＡのコドンが別のコドンになることもある。前述したように、コドンは特定のアミノ酸を意味する遺伝暗号だから、コドンが変化すると、合成されるアミノ酸の種類が変わる場合がある（複数のコドンが同一のアミノ酸の遺伝暗号になっているので、変わらない場合もある）。

　たとえば、ＵＧＵというコドンの場合、システインというアミノ酸を意味する。ところが、3文字目の「Ｕ」が「Ｇ」に変化するとトリプトファンという別のアミノ酸の暗号に変化してしまう。また、3文字目の「Ｕ」が「Ａ」に変化すると終止コドンになり、そこでタンパク質合成が終了してしまう。

　このようなＤＮＡの変化は、病気などを引き起こしたりもするが、必ずしも悪いことばかりだとは限らない。確率こそ低いものの、アミノ酸配列が変化した結果、酵素の働きが向上したり、新しい機能を獲得するなど、よい影響を与えることもある。

　このように遺伝子が変わって形質が変化することを**突然変異**という。突然変異は生存や繁殖に不利なものが多いが、ときには有利に働くこともあり、生物進化の原動力になると考えられている。

生物の進化のしくみ

[解説]

　生物がもつ特徴（形質）は、遺伝によって親世代から子世代、子世代から孫世代へと伝わるが、ときに変化する。変化した形質がまた遺伝していくことが生物の進化だ。進化が起こるためには、生物の形質に個体差があって、それが多少でも遺伝すればよい。

　進化をどう定義するかについて、さまざまな考えがある。たとえば、生物集団内で、ある形質を支配する遺伝子頻度が変化することを進化と呼ぶこともある。そのような進化は、まず突然変異によって、新しい遺伝子を生じ、その後、自然選択や遺伝的浮動などが働いて起こる。

　遺伝子の突然変異によって正常なタンパク質をつくることができなくなると、最悪の場合はその個体が死んだり、子孫を残せなくなるかもしれないし、子孫の数が減ってしまうかもしれない。このような「不利な」遺伝子は、子孫にあまり伝わらないから、その遺伝子を持つ個体の数は次世代の集団では減少するだろう。逆に、突然変異によって新しいタンパク質を持つようになった個体が、ほかの個体よりも多くの子孫をつくれるような場合は、その「有利な」遺伝子を持つ個体数は次世代の集団では増加するだろう。このようなしくみで、集団内の遺伝子頻度が変化する現象が自然選択だ。

　突然変異で遺伝子が変化しても、個体が残す子孫の数にはほとんど影響を与えない場合もある。このような場合、その遺伝子を持った個体数は増えも減りもしないはずだ。しかし、このような場合であっても、偶然に（自然選択によらずに）特定の遺伝子を持つ個体が多くなったり少なく

なったりすることがある。このように、偶然に「有利でも不利でもない」特定の遺伝子を持つ個体の数が変化する現象が遺伝的浮動だ。

　集団サイズ（個体数）が大きい場合は、遺伝的浮動が起こっても、特定の遺伝子を持つ個体が極端に多くなったり、少なくなったりすることは起こりにくい。しかし、離れ小島に少数の個体が入ったときなどのように、集団のサイズ（個体数）が小さいときには、遺伝的浮動による進化が起こりやすい。

問いの答え　問1：①　　問2：②　　問3：③

3-2 細胞分裂と生殖

[問1] 有性生殖で卵と精子が合体しても、染色体数がもとの個体の2倍にならないのはなぜか。
　①卵と精子ができる前に、染色体数が半減しているから
　②受精後、細胞内で半分が分解されるから
　③受精のとき、精子の染色体は卵に入らないから

[問2] 有性生殖が無性生殖にくらべて有利なのはどんなことか。
　①短時間に個体数を増やすことができる
　②生殖力が強い個体が生まれる
　③有性生殖によって遺伝子の構成（組み合わせ）が多様になる

[問3] 遺伝子の組換えはいつ起こるか。
　①体細胞分裂前期
　②減数分裂第一分裂前期
　③減数分裂第二分裂前期

1. 生物は生殖する

　生命は、いまからおよそ40億年前の太古の地球で誕生した（「1-1 分子からできた最初の生命」参照）。その後、現在にいたるまで、生命を持った存在（生物）は、親から子へと一度も絶えることなく、地球上で生き続けてきたと考えられている。1つの生物個体は40億年も生きることはできないが、生物は自分の子を生み出す**生殖**というしくみを発達させることで、生命

を子孫に受け継いできた。

　生物は、単に親と同じ性質を持つ子孫を生み出してきただけではない。最初に誕生した単細胞の原核生物は、その後、真核生物となり単細胞生物から多細胞生物へと進化した。そして、発達した神経や運動能力を持つさまざまな動物や、太陽の光エネルギーを使って有機物を合成できる植物も生まれた。多種多様な生物が生まれるとともに、さまざまな生殖のしくみもつくり出されてきた。本節では、生物が40億年近くかけてつくりあげてきた生殖のしくみについて考えてみたい。

2. 無性生殖

　地球上に最初に誕生した生物は単細胞生物であった。単細胞生物の多くは、細胞分裂によって自分のコピーをつくり、子孫を増やしていった。このように、雌雄を必要とせず、1個体の親から新しい個体がつくり出される生殖方法を**無性生殖**という。無性生殖の特徴は、親と同じ遺伝子を持った子孫が誕生するという点にある。

　単細胞生物の多くは無性生殖を行うが、多細胞生物の中にも無性生殖を行うものは少なくない。図3-2-1のように、ひとくちに無性生殖といってもバラエティーに富むが、共通するのは、親となる1個体または1つの細胞だけで生殖を行える点だ。

　単細胞生物でも多細胞生物でも、無性生殖の基本は細胞分裂である。細胞分裂にかかる時間が短ければ短いほど、増殖の速度は速くなる。たとえば、大腸菌は、最も生存に適した条件下では、およそ20分に1回分裂をする。仮に1個の細胞がこのペースで8時間分裂を続けたとすると、最初の1個の細胞は24回分裂し、最終的にはおよそ1700万個に増える計算になる。

　しかし、無性生殖はよいことばかりではない。親と子の遺伝

子がまったく同じなので、環境が変化したときにその変化に対応できずに一気に絶滅する可能性がある。

　無性生殖で増える生物は、主に「突然変異」によって遺伝的な多様性を確保している。

　短い時間に何回も分裂する細菌では、DNAの複製中にときどき間違いが起こる。ほとんどの場合、複製ミスによって死んでしまうが、まれに性質の異なる個体が生まれることがある。

　基本的に親と同じ遺伝子を持つ子しか生まれない無性生殖でも、多様性が生まれるのは、こうした複製ミスによる突然変異があるからだ。

3. 体細胞分裂

　およそ40億年前の原始地球に初めて誕生した生命は単細胞生物のまま進化を続け、約7億年前から6億年前にかけて、カイメンのような原始的な多細胞生物が生まれた。多

ゾウリムシの分裂

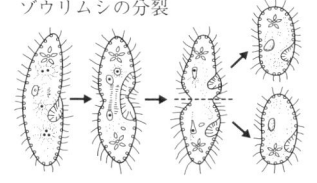

母体がほぼ同じ大きさに分裂する。通常は同大の2つの個体に分かれる。

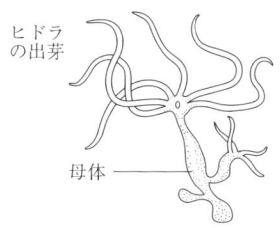

ヒドラの出芽

母体

母体の一部から芽が出るように膨らみ、ある程度成熟した時点で、親から分離する。単細胞生物にも多細胞生物にも見られる。代表例は、酵母菌、ヒドラ、イソギンチャクなど。

ジャガイモの塊茎の栄養生殖

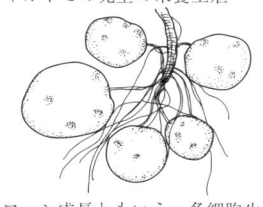

クローン成長ともいう。多細胞生物の体の一部から新しい個体がつくられる。多くの植物では、根、茎、葉など体の一部から新しい個体をつくることができる。代表例としては、ヤマイモのむかご、ヒガンバナやユリの鱗茎などがある。

図3-2-1　さまざまな無性生殖

細胞生物はさらに進化を続け、ひとつのからだの中に子をつくるための特別な役割を持った細胞（**生殖細胞**）と、個体が生存するための細胞（**体細胞**）の２種類の細胞に機能を分化させたものが登場する。こうした多細胞生物では、少数の生殖細胞が生殖の役割を担い、残りの体細胞は個体を維持管理することだけに専念するようになった。

　多細胞生物では、からだの大部分が体細胞で占められている。しかし、この体細胞も、もとをたどれば１個の受精卵が細胞分裂してできたものだ。受精卵は細胞分裂によってその数を増し、発生・成長という過程を経て、さまざまな役割を持った体細胞に分化していく。このように体細胞を形成していくための細胞分裂を**体細胞分裂**（たいさいぼうぶんれつ）という。

　体細胞分裂においては、もとの細胞と分裂によって新たにできる細胞は突然変異が起きない限り同じ遺伝情報を持っており、完全なコピーである。つまり、単細胞生物が無性生殖として行う細胞分裂と、多細胞生物が成長するときに行う体細胞分裂は、同じタイプの分裂なのだ。

　図３-２-２を見ながら、動物の体細胞分裂のプロセスを解説しよう。体細胞分裂では、まず分裂に先立ち、細胞を構成するＤＮＡやタンパク質が合成されて、通常の２倍に増える（図３-２-２、間期）。

　間期の核内のＤＮＡは、ヒストンというタンパク質にゆるく巻きついた状態にあり、光学顕微鏡ではその構造がわからない。ＤＮＡの複製は、間期に起こるが、その様子を観察することはできない。ところが、体細胞分裂が始まり、分裂前期になると、核膜が消失し、核内のＤＮＡはヒストンに固く巻きつき、細かく折りたたまれ、光学顕微鏡でも見える大きさになる。これが細胞分裂のときに見られる染色体である。

3-2 細胞分裂と生殖

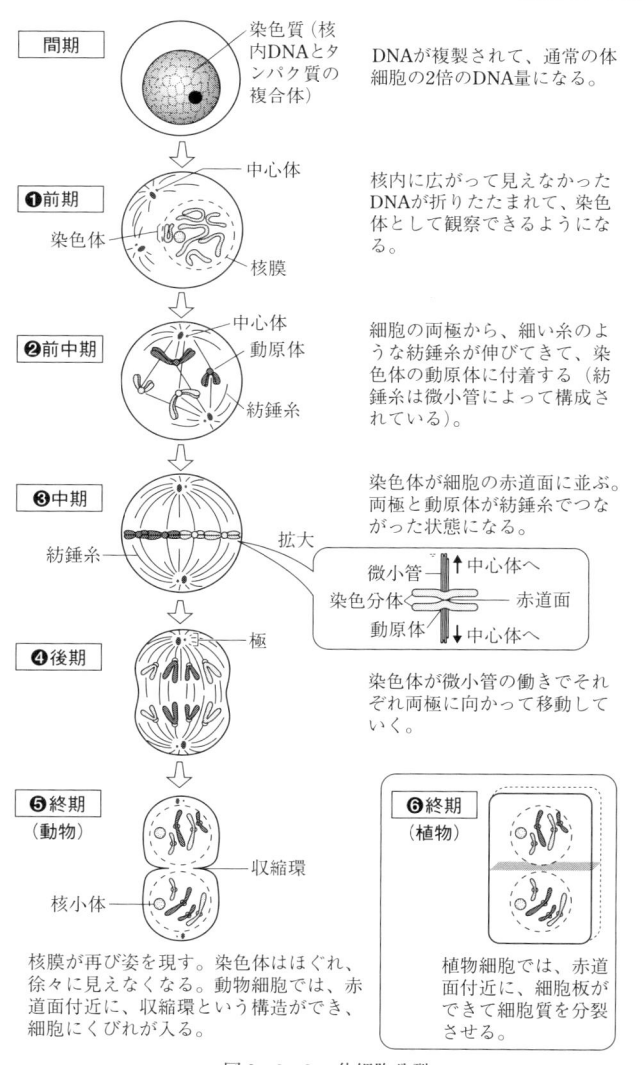

間期	染色質（核内DNAとタンパク質の複合体） DNAが複製されて、通常の体細胞の2倍のDNA量になる。
❶前期	中心体／染色体／核膜 核内に広がって見えなかったDNAが折りたたまれて、染色体として観察できるようになる。
❷前中期	中心体／動原体／紡錘糸 細胞の両極から、細い糸のような紡錘糸が伸びてきて、染色体の動原体に付着する（紡錘糸は微小管によって構成されている）。
❸中期	紡錘糸 染色体が細胞の赤道面に並ぶ。両極と動原体が紡錘糸でつながった状態になる。 拡大：微小管→中心体へ／染色分体←赤道面／動原体→中心体へ
❹後期	極 染色体が微小管の働きでそれぞれ両極に向かって移動していく。
❺終期（動物）	収縮環／核小体 核膜が再び姿を現す。染色体はほぐれ、徐々に見えなくなる。動物細胞では、赤道面付近に、収縮環という構造ができ、細胞にくびれが入る。
❻終期（植物）	植物細胞では、赤道面付近に、細胞板ができて細胞質を分裂させる。

図3-2-2　体細胞分裂

真核生物では、長い繊維状のＤＮＡを複数の染色体に切り分けた状態で保存している。生物は種ごとにその染色体数がほぼ決まっており、ヒトの体細胞では46本、イヌでは78本あり、その数は体細胞分裂の前と後で変わらない。また、性を決定する性染色体を除くと、体細胞には形と大きさが同じ染色体が２本ずつあり、それぞれの染色体は、もともと精子と卵から１本ずつ伝えられてきたものである。

　核分裂に入る前に染色体の複製は終わっている。図３−２−２の前中期から中期の染色体の姿が、２本の染色体がくっついたように描かれているのは染色体が複製されて２本になっているためである。この複製されたそれぞれを染色分体という（図３−２−２、❷）。

　染色分体を、２つの細胞に均等に分けるときに働くのが紡錘糸である。染色体の形がはっきりしてくると同時に、細胞の両極側にある中心体から微小管と呼ばれるタンパク質でできた紡錘糸が伸びてきて、染色体にある特別な部分（動原体）に結合する（❷）。

　そして中期になると、染色体が赤道面に並ぶ（❸）。分裂の後期になると、染色分体は２つに分かれて、紡錘糸によってそれぞれ反対の極へと引っ張られて分離する（❹）。

　植物細胞にはふつう中心体がないが、核分裂の方法は、動物細胞と大きな違いはない。両者に大きな差が生じるのは、細胞質分裂のやり方である。動物細胞は、細胞表層の裏側にアクチンというタンパク質でできた収縮環という構造ができて、細胞を締めつけてくびれ切るように分ける（❺）。それに対して、植物細胞では、赤道面付近に細胞板ができて細胞質を分裂させる（❻）。細胞板はゴルジ体で形成された小胞でできたものである。

このような細胞分裂が幾度となく繰り返され、体細胞が増えることで生物は成長する。また、成長後も、上皮組織や血液細胞など代謝の盛んな組織の細胞も繰り返し分裂して個体を維持している。傷ができたときに次第に傷口がうまり治癒するのも、ひ臓で古くなった赤血球を壊しているのに赤血球が足りなくならないのも、体細胞分裂のおかげである。

4. 配偶子と接合

多くの多細胞生物は、配偶子という特別な細胞をつくって有性生殖を行っている。配偶子ができる前には**減数分裂**という特殊な細胞分裂が行われ、2種類の配偶子（雌雄配偶子）が合体、分裂して子孫を残す。このように配偶子が合体することを**接合**という。

有性生殖と無性生殖の決定的な違いは、無性生殖では、親個体とまったく同じ遺伝子構成を持つ個体（子孫）が生まれるのに対して、有性生殖では、減数分裂と接合を行うことによって親個体とは違う遺伝子構成を持つ個体が生まれる点にある。

接合は、同形配偶子接合と異形配偶子接合に大別できる。同形配偶子接合は、同じ大きさと形態を持つ配偶子による接合で、単細胞生物や原始的な藻類などで見られる。

一方、接合する配偶子の大きさが異なるとき、大型のものを大配偶子（雌性配偶子）と呼び、小型のものを小配偶子（雄性配偶子）と呼ぶ習慣になっている。このような大配偶子と小配偶子による接合が異形配偶子接合である。

卵と精子は、大配偶子と小配偶子の大きさが極端に違うもので、特に大きくて運動能力を持たなくなった大配偶子を**卵**と呼び、小さくて運動能力を持つ小配偶子を**精子**と呼ぶ。卵と精子による異形配偶子接合を特に**受精**と呼んでいる（図3-2-3）。

5. 有性生殖

有性生殖する生物は、配偶子をつくる前に、体細胞の染色体数を半分にする特殊な細胞分裂を行う。このような分裂を減数分裂と呼ぶ。

もし、減数分裂が行われないと、2種類の配偶子（精子や卵）の中には体細胞と同じ数の染色体が含まれることになるため、それが接合（受精）すると、子の体細胞の染色体数は親の2倍、孫では4倍、ひ孫では8倍とどんどん増えていき、いずれは核内に収納できなくなってしまう。しかし、有性生殖をする生物は、生殖を行う前に必ず減数分裂を行っているので、実際にはそのようなことは起きず、親と子の染色体数は常に変わらない。

減数分裂では染色体数が半分になるが、単に数を合わせるために適当に半分になるわけではない。普通の

①同形配偶子接合

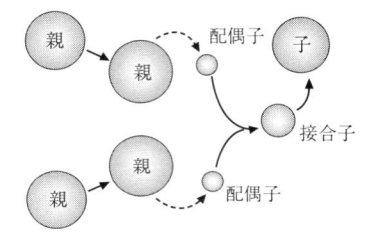

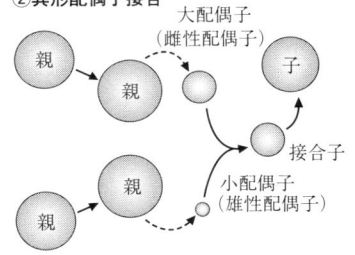

②異形配偶子接合

③受精

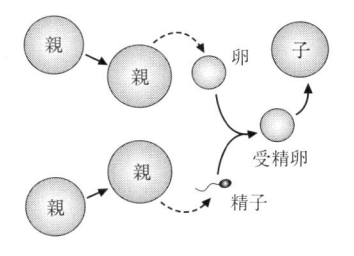

図3－2－3　接合のタイプ

体細胞では、父由来の染色体が1セットと母由来の染色体が1セットある。また、染色体には、性（雄と雌）によって数や形が異なる性染色体と、それ以外の常染色体がある（注）。体細胞には、同じ役割を果たす常染色体が2本ずつ存在し、どちらか1本が、分裂後の配偶子に必ず分配される。減数分裂が起こる時期は、動物や高等植物では精子や卵などの配偶子ができるときだが、コケやシダでは胞子ができるときというように、生物によって決まっている。

注. 種によって、染色体数と染色体の対の数は異なる。ヒトの場合は22対の常染色体44本と2本の性染色体、計46本の染色体がある。ヒトの性染色体構成は、雌ではXXと対になっているのに対し、雄ではXYと対になっていない。

減数分裂の過程を詳しく見てみよう。図3-2-4と図3-2-5は、精子がつくられる前の減数分裂の過程を模式図で表したものだ。ここでは、染色体数 $2n=4$ の母細胞から、4個の精子（染色体数 $n=2$）ができる様子を説明している（n は精子や卵に含まれる染色体数で、この模式図の場合は、2対計4本の染色体で考える）。なお、染色体の色は、その由来を示し、濃い色が父親由来の染色体、薄い色が母親由来の染色体を表す。

減数分裂では、1回のDNAの複製に続いて第一分裂（図3-2-4）と第二分裂（図3-2-5）という2回の分裂が引き続いて起こる。

（1）減数分裂第一分裂

体細胞分裂と同様、減数分裂でも、分裂直前の間期にDNAが複製され、通常の2倍の量になる（図3-2-4、間期）。そして、DNAが染色体の状態になると、父母それぞれから受け継いだ同じ大きさと形の染色体（相同染色体）どうしがくっつ

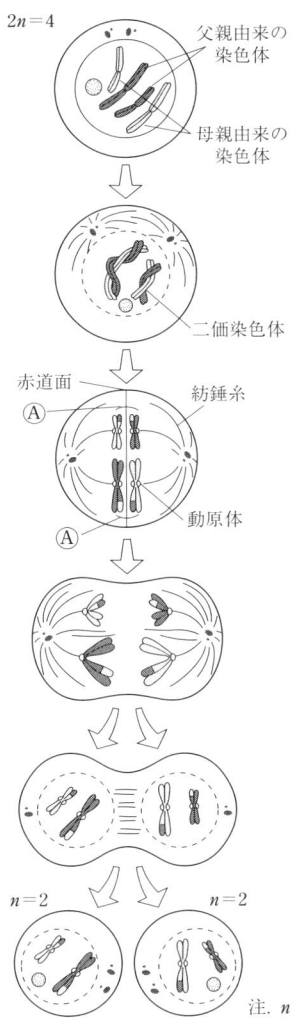

$2n=4$

父親由来の染色体
母親由来の染色体

二価染色体

赤道面
Ⓐ
紡錘糸
動原体
Ⓐ

$n=2$　$n=2$

| 間期 |
DNAが複製され、染色分体が形成される（実際には見えない）。

| ❶前期 |
核膜が消えていくと同時に染色体が現れる。その後、相同染色体どうしが対合（対になって接着）し、二価染色体になる。この際、染色分体の交叉が起きて、乗換え（遺伝子の組換え）が起こる。

| ❷中期 |
二価染色体が赤道面に並び、紡錘糸が形成される。

| ❸後期 |
動原体に付着した紡錘糸が収縮して、二価染色体を引き離し細胞の両極に移動させる。この段階で父母由来の染色体のうちどちらか片方だけ持つ核ができる。

| ❹終期 |
赤道面でくびれて2つに分かれる。核膜が形成されることで、第一分裂が終了する。

| ❺中間期 |
DNAの複製は行われず、引き続き第二分裂に進む。

注. nは染色体の数、染色分体の数ではない。

図 3-2-4　減数分裂（第一分裂）

3-2 細胞分裂と生殖

$n=2$

❻**前期（第二分裂）**
体細胞分裂と同様に、染色体の動原体に向けて両極から紡錘糸が伸びてくる。

$n=2$

❼**中期（第二分裂）**
染色体が細胞の赤道面に並ぶ。

❽**後期（第二分裂）**
染色分体が紡錘糸に引き寄せられてそれぞれ両極へ移動していく。2本1組で染色体を構成していた染色分体が1本ずつになる。

❾**終期（第二分裂）**
紡錘体が消えて、核ができ、赤道面でくびれて切れる。

$n=2$

4つの精細胞ができる。

$n=2$

注. nは染色体の数、染色分体の数ではない。

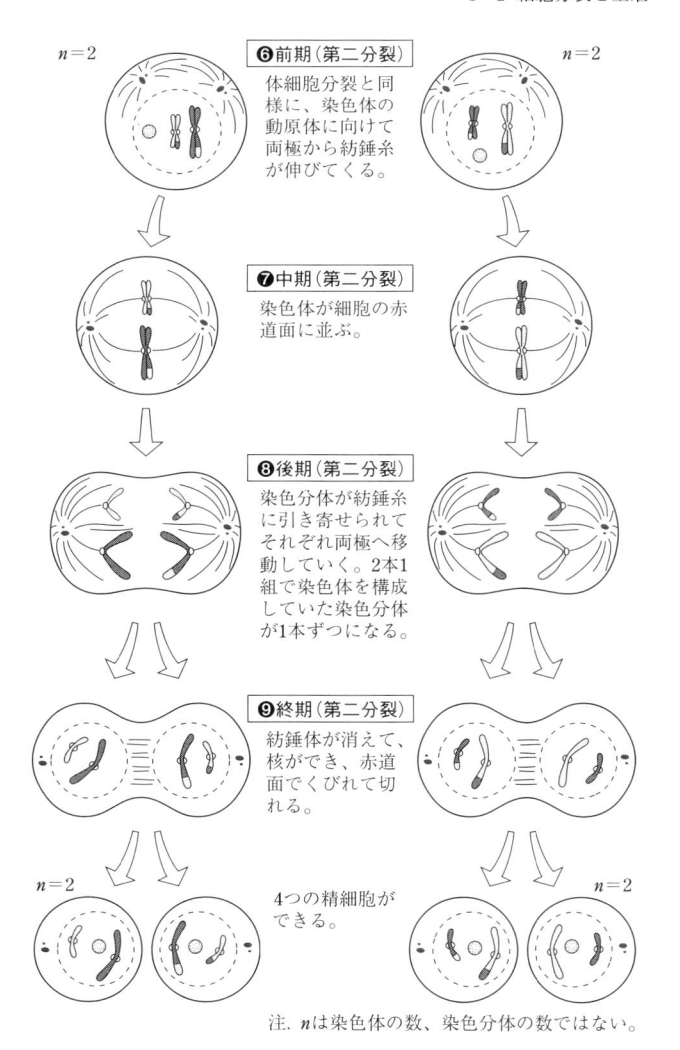

図3-2-5　減数分裂（第二分裂）

く（❶）。このように相同染色体が接着することを**対合**という。

対合した相同染色体は、それぞれが複製された2本の染色分体からなっている。つまり、対合した染色体では合計4本の染色分体がくっついていることになる（❶）。このように2つの相同染色体が接着したものを、**二価染色体**という。

なお、第一分裂の前期に対合している相同染色体の間で交叉が起こりつなぎ換わる。これを**乗換え**という。❷Ⓐで、一部、色が変わっているのは、乗換えを起こしたことを表している（乗換えについては164～166ページで詳しく説明する）。

第一分裂の中期になると、二価染色体が細胞の赤道面に並び、紡錘糸が形成される（❷）。そして、第一分裂後期になると、対合していた染色体が紡錘糸によって引き離されて（❸）、分裂しつつある2つの細胞に分配される（❹）。この段階で、新しくできた細胞（娘細胞）には、それぞれ、親細胞の父方（祖父にあたる）と親細胞の母方（祖母にあたる）からきた染色体の1セットが、過不足なく入っている。つまり、分裂後にできる細胞に含まれる染色体数（染色分体ではない）は、通常の細胞の染色体数（$2n = 4$）の半分（$n = 2$）になる。こうして第一分裂が完了すると、染色体を1対ずつ持った娘細胞が2つできる（❺）。

ところで、私たちの体細胞にある染色体は父と母の染色体が乗換えを起こしてミックスしたものだと思い込みがちだが、減数分裂が起きるまでは（つまり私たちの精子と卵がつくられるまでは）、父由来の染色体と母由来の染色体が乗換えを起こすことは基本的にない。

(2) 減数分裂第二分裂

減数分裂では、第一分裂に引き続いて、第二分裂が行われる

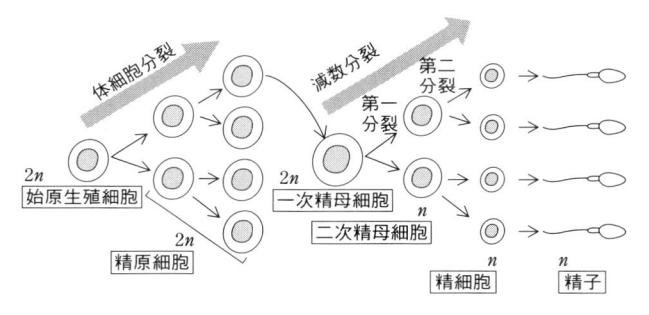

図 3-2-6　動物の精子形成

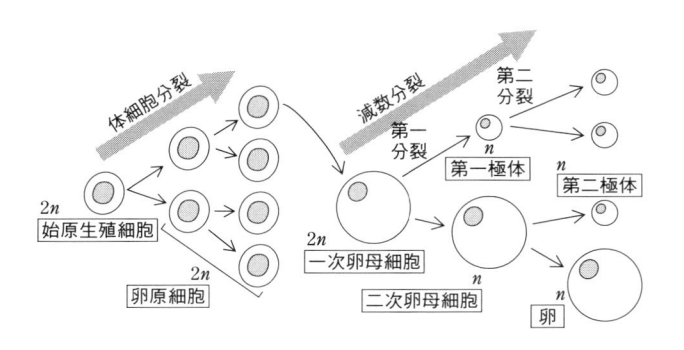

注. 第一極体が分裂しない動物もいる。

図 3-2-7　動物の卵形成

（図 3-2-5）。この分裂では、第一分裂の間は接着していた染色分体が離れ、2つの細胞に分配される。この染色体の分かれ方は体細胞分裂と同じである。

第二分裂は第一分裂に引き続いて行われるため、DNAの複製は行われない。染色分体が分かれることで、分裂後にできる生殖細胞に含まれるDNA量は、第一分裂前の細胞（生殖母細

胞) の2分の1になる。

　減数分裂では、2回の連続する分裂によって、1個の母細胞から4個の娘細胞が生じる。精子のもとになる細胞（精母細胞）は、減数分裂により4個の精子になるが（図3-2-6）、卵がつくられるときには1個の細胞だけが機能的な卵になり、残りの3個の細胞（極体）は退化して捨てられる（図3-2-7）。以上が、減数分裂の一連の流れだ。

6. 有性生殖と無性生殖を比較する

　有性生殖と無性生殖を比較すると、それぞれ、生物の生殖にとって有利な点と不利な点がある。無性生殖は、しくみが簡単なのでどんどん増殖できる。ただし、親から生み出される新個体は、親のコピーであり、基本的には親の遺伝子とまったく同じ遺伝子を持ったクローンである。無性生殖では、細胞分裂時のコピーミスなどによる突然変異によってしか、遺伝的な変異（多様性）は生まれない。

　これに対し有性生殖は、雌雄の存在を必要とし、無性生殖よりも生殖のしくみも複雑で、増殖のスピードはそれほど速くない。しかし、有性生殖では、減数分裂と接合を行うことによって、異なる個体の遺伝情報を組み合わせることができるので、父親とも母親とも違う遺伝情報を持つ個体がつくられる。有性生殖でつくられる子の遺伝的な多様性は、無性生殖のそれとはくらべものにならない。

　ヒトを例に考えてみよう。ヒトの体細胞は、23対46本の染色体を持つ。減数分裂では染色体の数が半減するので、染色体数は46本から23本になる。この際、父親と母親の2つの染色体から1つを選ぶという操作を23回繰り返すことになるので、2^{23} ≒840万通りの組み合わせがある。

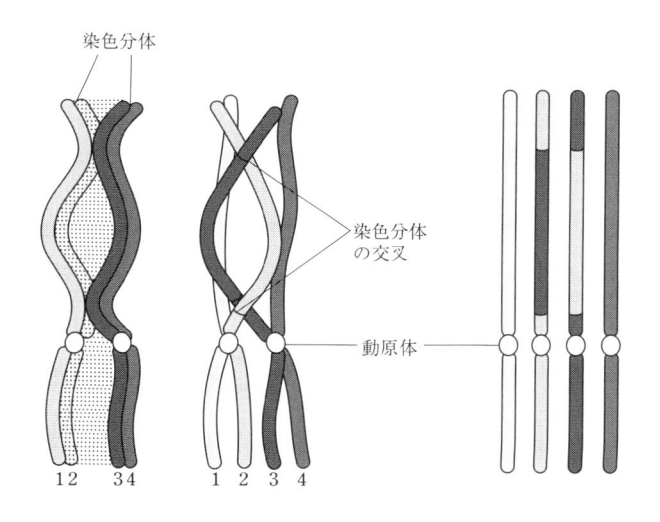

図3-2-8　染色体の乗換え

　さらに、それぞれの染色体では、**乗換え**という現象が起きる。同じ染色体上に存在する遺伝子は、減数分裂を経ても同じ染色体に乗っていることもあるが、実際には対合した相同染色体の2つの染色分体の間で乗換えが起きるので（図3-2-8）、この乗換えにともなって、遺伝子の組み合わせも変化する。このように、染色分体の乗換えによって、染色体の遺伝子の組み合わせが変化することを遺伝子の組換えという。

　遺伝子が組換えられることも考え合わせると、受精（接合）することによって生まれる子の遺伝子の組み合わせはほとんど無限といっていい。つまり、有性生殖によって生み出される個体はほとんどすべてが少しずつ異なる性質を持っているのだ。こうした遺伝的に多様な個体が生まれることが有性生殖の最も大きな特徴である。

また、有性生殖のために2セットの遺伝子を持っていることには別の利点があると考える研究者もいる。同じ遺伝子を2つ持てば、片方の遺伝子に異常が生じても、もう1つの遺伝子がその働きを補えるかもしれない。また、たとえ片方の遺伝子に損傷があっても、もう一方の個体由来の損傷のない遺伝子を鋳型にして、損傷を修復することができる。これに対して、無性生殖する半数体生物（染色体の数が半分しかない）では、1セットの遺伝子しかないので、遺伝子に損傷が生じた場合、それが深刻な影響を及ぼす可能性が高い。

　このように、有性生殖と無性生殖にはそれぞれ短所と長所がある。

　現在の地球上では、有性生殖をする生物、無性生殖をする生物、さらには状況に応じて両者を使い分けている生物など、さまざまな生物が共存している。こうしたことを考えると、どの生殖方法が有利かは、簡単に判断できるものではない。実際、この問題は進化生物学の研究課題として、多くの研究者が頭を悩ませている問題なのだ。

[解説]

有性生殖と無性生殖の定義

　日本の高校生物では有性生殖を「配偶子（卵や精子など）による生殖」、無性生殖を「配偶子によらない生殖」として教えてきた。これは、細胞学や発生学で使われて来た定義である。

　しかし、最近の生物学では有性生殖を「親個体とは遺伝子の組み合わせが異なる子をつくる生殖」、無性生殖を「親と同一の遺伝子を持つ子をつくる生殖」と定義するようになっており、本書もこれにしたがって説明している。

この定義では、遺伝子の組み合わせが変われば有性生殖、遺伝子の組み合わせが変わらなければ無性生殖と考える。そのため一部の生物では、従来は無性生殖として捉えられてきたものが、新しい定義では有性生殖になるようなケースも出てきている。

問いの答え 問1：①　　問2：③　　問3：②

3-3 発生のしくみ

> [問1] 精子はなぜ卵に向かって泳ぐことができるか。
> ①精子には光センサーがあるから
> ②精子には超音波センサーがあるから
> ③精子には化学物質センサーがあるから
> [問2] 初期発生過程での細胞の増え方は体細胞分裂と同じか。
> ①同じである　　②異なるところもある
> [問3] 細胞と細胞はどのような分子によって結びついているか。
> ①タンパク質　　②核酸　　③脂肪

1. 発生とは何か？

　本を読むために必要な目、文章を理解するための脳、ページをめくるための指など、私たちのからだを構成している細胞、組織、器官は、もとをたどれば受精卵という1つの細胞からつくり出されたものである。

　受精卵が分裂することにより細胞数を増やしつつ、次第に姿や形が変化して生物のからだを形づくっていく過程のことを**発生**という。

　詳しくは後述するが、脊椎動物の発生過程のおおまかな流れは、「配偶子の形成→受精（卵の活性化）→卵割（細胞数の増加）→三胚葉の形成→器官形成→個体の完成」と書き表すことができる。

　ここでは、脊椎動物の代表として、カエル（両生類）の発生

過程を追うことにしたい（図3-3-1、図3-3-2）。

2. カエルの発生

多くのカエルは春になると繁殖のために水辺に移動する。雄(おす)は求愛のための鳴き声を発するようになり、前肢の付け根には雌(めす)を抱きかかえるための「こぶ」が発達してくる。

産卵を終えた雌はすぐにその場を去ってしまうが、雄は次の雌を待つためその場にとどまるので、水辺では雌をめぐって雄どうしで争いが起こる。争いのすえに、カップルが成立すると、雄は雌を抱きかかえ、雌が産み出す卵に向かって精子を放出する。

(1) 受精

カエルに代表されるように、動物の大半は、精子と卵とを体外に放出し、そこで受精が行われる。これを**体外受精**という。一方、ヒトに代表される哺乳類のように陸上で活動する動物の多くは、交尾によって雄が精子を雌の体内に送り込む。これを**体内受精**という。

体内受精の場合も受精には水が必要である。それは、放出された精子が泳いで移動するためである。それにしてもなぜ精子は卵のある方向に泳いでいけるのだろうか？　最近の研究から、ヒトやラットなどの精子には、鼻の内部にあるにおい受容体（センサー）に似た、化学物質を検知する受容体が存在することが確認された。どうやら精子は、卵から放出される精子誘引物質に導かれているようである。

卵の中に精子が入ると、卵の核と精子の核が1つに融合する。この段階で染色体数は $n+n \rightarrow 2n$ となる（158ページ、「5. 有性生殖」参照）。核の融合までを含めて**受精**という。受精には、

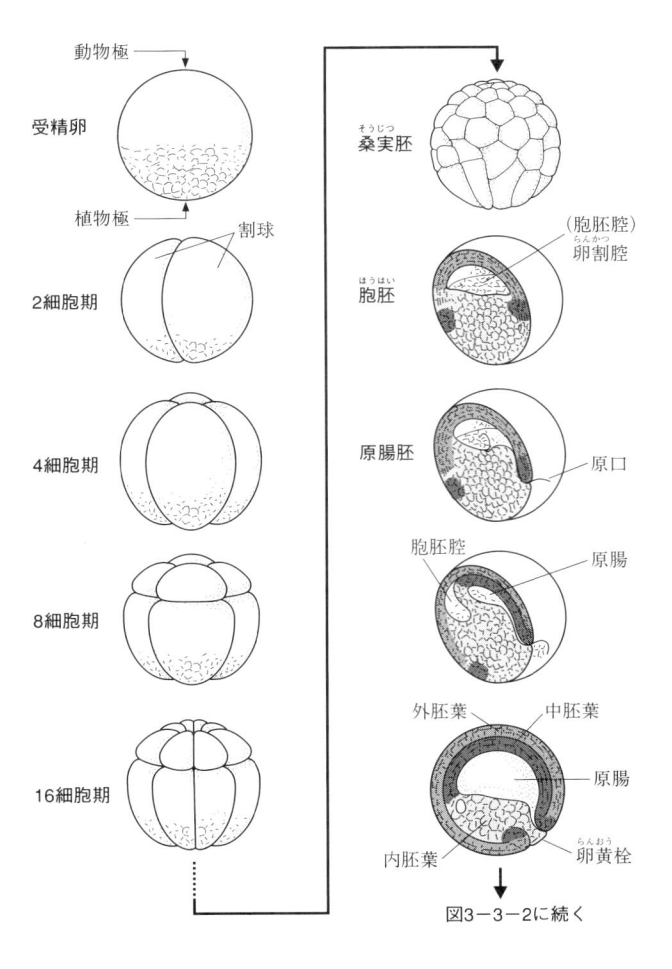

図3－3－1　カエルの発生過程（1）

これ以外にも、卵を活性化して発生過程を開始させるという重要な役割がある。

(2) 卵割

受精卵は、最初のうちは、成長することのない連続した細胞分裂を行うので、個々の細胞の体積は次第に小さくなっていく。そこでこの時期の細胞分裂は、通常の体細胞分裂とは区別して**卵割**（らんかつ）と呼ばれる。卵割で生じた個々の小さな細胞のことを**割球**（かっきゅう）という。

カエルの卵では、卵黄の多い下側を植物極、反対の上側を動物極と呼ぶ（図3-3-1）。8細胞期の図を見ると、上半分の割球のほうが小さくなっている。これは栄養分のかたまりである卵黄の分布と関係がある。卵黄はタンパク質、脂肪、無機質などを主成分とする粒状の物質で粘り気が強く、卵割の際に細胞質の分裂を妨げる。そのため、細胞分裂面が卵黄の少ない動物極よりにずれるため、下半分の割球のほうが大きくなるのである。

(3) 桑実胚から胞胚へ

卵割が進んで細胞数が増えると、**桑実胚**（そうじつはい）という段階になる。これは外見が桑の実に似ていることから名づけられた。

この時期になると胚の中心部には、割球と割球の間に**卵割腔**（らんかつこう）という隙間ができてくる。卵割腔は卵割の進行とともに次第に大きくなっていき、**胞胚腔**（ほうはいこう）という比較的大きな空間になる。この段階の胚を**胞胚**（ほうはい）という。

(4) 原腸の陥入と三胚葉の分化

胞胚からさらに発生が進むと、胚の表面の細胞層が、隣り合

図3-3-1より ↓

| 横断面図 | 胚外観 |

神経胚 — 外胚葉／中胚葉／原腸／内胚葉 — 断面／原口

神経板 — 外胚葉／中胚葉／内胚葉 — 神経褶

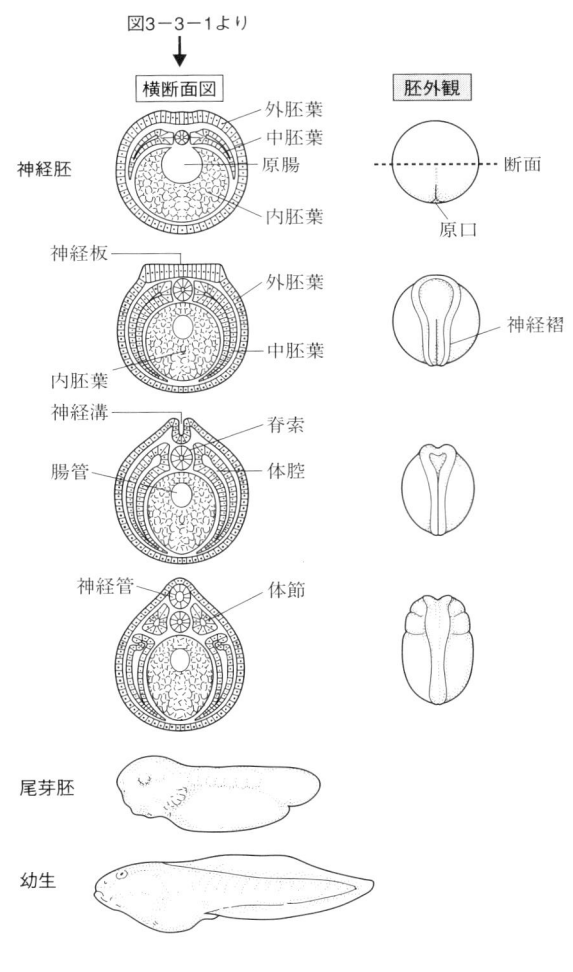

神経溝／腸管 — 脊索／体腔

神経管 — 体節

尾芽胚

幼生

図 3-3-2　カエルの発生過程 (2)

った細胞との結合を維持したまま、へこむように胚の内側に向かって落ち込んでいく。柔らかいゴムボールを指で押すことをイメージするとよいだろう。これを陥入といい、胚の内部に新しい空間をつくり出す管状の構造を**原腸**、その入り口のことを**原口**という。原腸は、胃腸や気管のもとになる。

　陥入を始めた胚のことを**原腸胚**（またはのう胚）という。この横断面図を見ると、胚が3つの細胞層（胚葉）から形成されていることがわかる。外側から内側に向かって、**外胚葉、中胚葉、内胚葉**という。

（5）神経胚

　原腸胚期を過ぎると、外胚葉の背中側（原口から動物極の部分）が平たくなってくる（図3-3-2）。平らな部分を**神経板**といい、以後の胚を神経胚という。神経板を囲む端は土手のように盛り上がっていく。この土手を**神経褶**という。このころ、神経板の下部には中胚葉からできる**脊索**という構造物が前後方向に走っている。脊索は、発生過程で一時的に生じる"仮設の背骨"のようなもので、後述するオーガナイザー（形成体）として働き、中枢神経などを誘導した後に退化して消えてしまう。後に同じ場所に中胚葉から脊椎骨ができるが、脊索からできるわけではない（注）。

　外胚葉では神経褶が盛り上がりながら中心部に寄ってきて融合し、管状の構造物になり、くびれ切れて内部に落ち込み**神経管**になる。神経管の前方は脳に、後方は脊髄になる（175ページ、図3-3-3）。

　神経褶の一部の細胞は、神経管から離れ、からだの内部に落ち込んでいって**神経冠細胞**（または**神経堤細胞**ともいう）になる（178ページ、図3-3-6）。神経冠細胞は胚のあちこちに移

動して、末梢神経、色素細胞、結合組織など、さまざまな細胞に分化する（神経冠細胞のことを"第四の胚葉"と呼ぶこともある）。

注. 脊索は、ホヤ類では幼生期にのみ見られるが、ナメクジウオと円口類のヤツメウナギなどでは終生存在する。

(6) 尾芽胚

　神経管が完成するころから胚は前後に長く伸びて、尾ができる。尾ができはじめてからふ化するまでの胚を尾芽胚という（図3-3-3）。この時期には、3つの胚葉から各種器官のもとになる原基が分化する（○○の原基とは、○○のもとになる部分という意味である）。

(7) 幼生から成体へ

　発生がさらに進行すると、それぞれの原基から器官が分化して**幼生**、つまり、オタマジャクシになる。そして後に変態して、**成体**のカエルになる。

3. 原基分布図とオーガナイザーの発見

　外胚葉、中胚葉、内胚葉からは、それぞれ決まった組織や器官が形成される（図3-3-3）。これは脊椎動物であれば、種によらずほぼ同じである。

(1) 原基分布図

　フォークト（ドイツ）は、イモリの胞胚や初期原腸胚を無害な色素で染めて、発生過程を追跡することで、胚の各部が将来どの部位になるのか調べた（1926年）。この図を「原基分布図（または予定運命図あるいは予定胚域図）」という（図3-3-4）。イモリとカエルの原基分布図はたがいにとてもよく似ている。

3-3 発生のしくみ

外観

頭側　尾側

外胚葉　中胚葉

脳　眼胞　耳胞　神経管　心臓になる部分　脊索　脊椎骨になる部分　前腎　体節

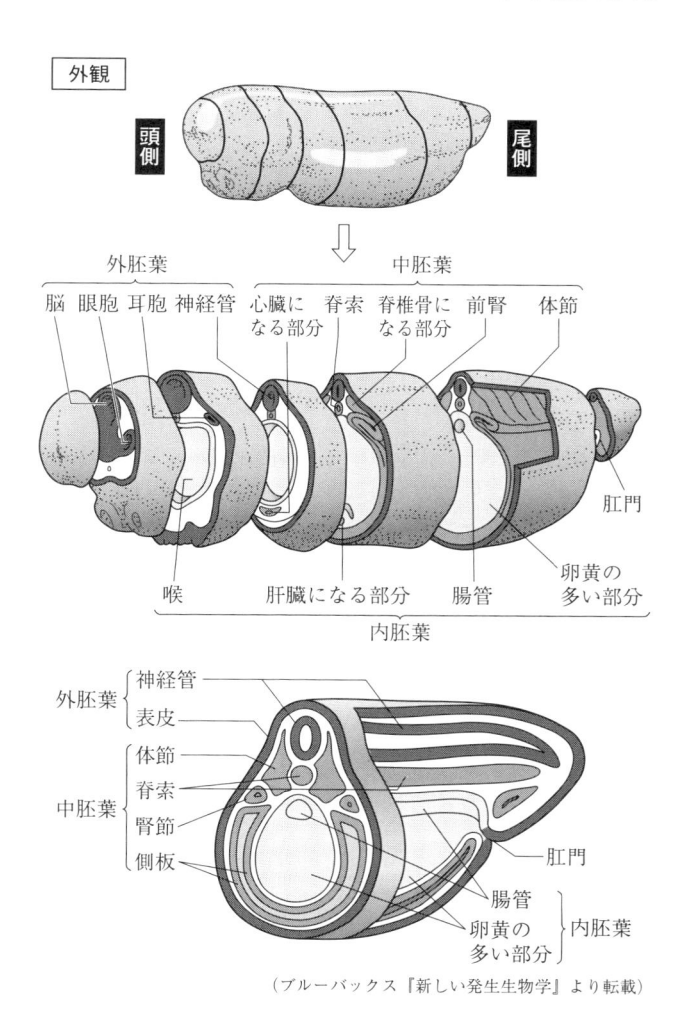

喉　肝臓になる部分　腸管　卵黄の多い部分　肛門

内胚葉

外胚葉
- 神経管
- 表皮

中胚葉
- 体節
- 脊索
- 腎節
- 側板

肛門
腸管
卵黄の多い部分 } 内胚葉

(ブルーバックス『新しい発生生物学』より転載)

図3-3-3　カエルの尾芽胚

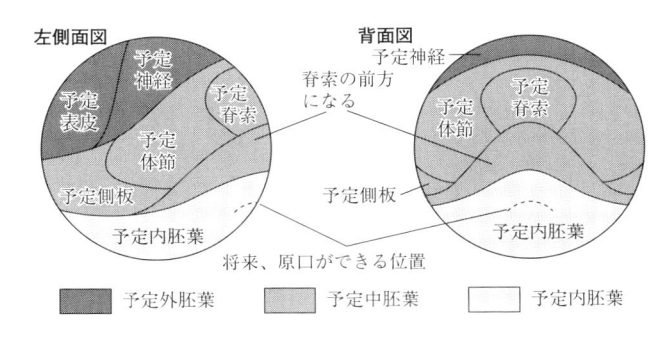

図3-3-4 イモリの初期胞胚の原基分布図

（2）原基分布の決定

シュペーマン（ドイツ）はイモリの胚を用いてさまざまな移植実験を行った。

実験①「初期原腸胚で予定神経域の一部と予定表皮域の一部を交換移植した」→「もとの予定表皮域は神経の一部に、もとの予定神経域は表皮になった」
実験②「後期原腸胚で①と同じ交換移植をした」→「①と同じ結果になったが、それぞれのもとの予定が変更されるまでの時間は長くなった」
実験③「初期神経胚で①と同じ交換移植をした」→「もとの予定は変更されることはなかった」

これらの実験結果から、イモリの外胚葉の予定運命は最初から決まっているわけではなく、後期原腸胚から初期神経胚の間に決まることが判明した。

（3）オーガナイザーの発見

シュペーマンとマンゴルト（ドイツ）は、胚の予定運命を決

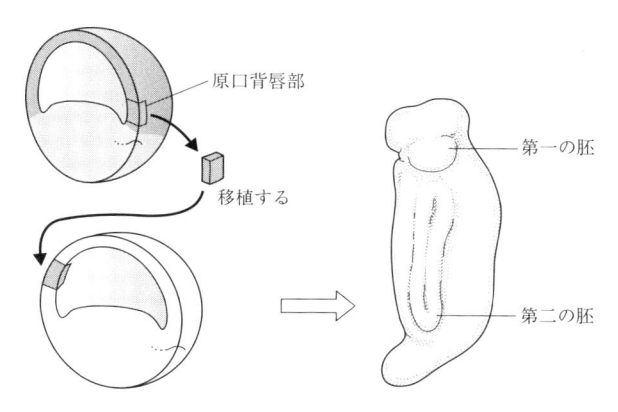

図3-3-5　オーガナイザーの移植による誘導

めるものは何かを調べるため、イモリの初期原腸胚を用いてさまざまな移植実験を行った。その結果、原口のやや背側の原口背唇部(はいしんぶ)をほかの胚の原口とは反対側の予定表皮域に移植すると、移植された胚に第二の胚が形成されることが判明した(1924年)(図3-3-5)。

原口背唇部は、第二の胚を形成(オーガナイズ)する能力があるとの意味から、「オーガナイザー(形成体)」と呼ばれるようになった(注)。オーガナイザーは、移植された胚の予定表皮域に働きかけて第二の胚の神経管などに分化させる作用がある。

このように、胚のある部分がほかの部分に働きかけて、特定の組織や器官に分化するように促すことを**誘導**という。

注. その後の研究で、シュペーマンらが発見したオーガナイザーよりも前に植物極側の細胞からの誘導によって、赤道域の細胞が中胚葉に分化することがわかっている。

4. 発生のしくみ

ここでは、発生のしくみの具体例として、神経管の形成過程を取り上げて紹介したい。

(1) 細胞接着分子

細胞と細胞は、細胞接着分子と呼ばれるタンパク質によって結びつけられる。1982年に京都大学の竹市雅俊（2006年現在、理化学研究所発生・再生科学総合研究センター長）によって発見された細胞接着分子は、カドヘリンと名付けられた。カドヘリンには複数の種類があるが、同じ種類の分子どうしが強く結合する性質を持つ。

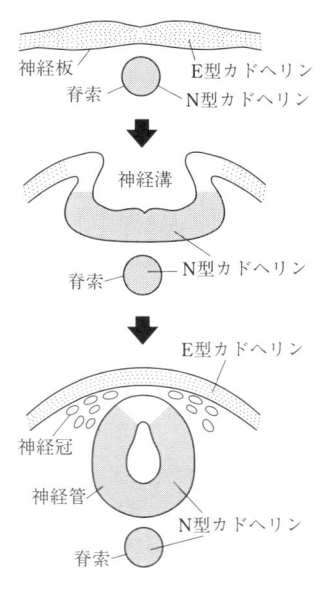

図3-3-6　カドヘリンの作用

原腸胚期には、予定神経域を含めた外胚葉全体にはE型カドヘリンが発現している（図3-3-6上）。ところが、神経褶が盛り上がるころになると、神経板の部分にはE型カドヘリンに代わってN型カドヘリンが発現するようになる（図中央）。N型カドヘリンを発現する細胞群はE型カドヘリンを発現している細胞とはくっついていられなくなる一方で、同じカドヘリンを持つ神経管をつくる細胞どうしが強く接着し合い、内側にくびれ出ることで神経管を形成するのである（図下）。

このように同じ種類の細胞接着分子を発現している細胞どうしが集まることにより、皮膚や脳などの器官の形成も進行して

いくものと考えられている。

(2) 発生過程と遺伝子のON/OFF

それぞれの細胞では、発生過程の進行に伴い、遺伝子のスイッチが次々と切り替えられていく。予定神経域では、最初、E型カドヘリン遺伝子のスイッチがONになっているが、原口背唇部からの誘導を受けると、E型カドヘリン遺伝子のスイッチがOFFになり、代わりにN型カドヘリン遺伝子のスイッチがONになるのである。

(3) 誘導による分化

脊髄は脊椎動物の中枢神経である。感覚神経は脊髄の背側と、運動神経は腹側とつながっている（213ページ、図4-2-4）。言い換えると、脊髄は背側と腹側で性質が異なっているということである。この違いをつくるために、神経板の左右両側から神経板に向けて背側化させる誘導物質が、また脊索からは神経板を腹側化させる誘導物質が、それぞれ分泌（放出）されることがわかった（図3-3-7）。これらの物質が特定の遺伝子のスイッチをON/OFFさせたり、さらにほかの物質に働きかけ

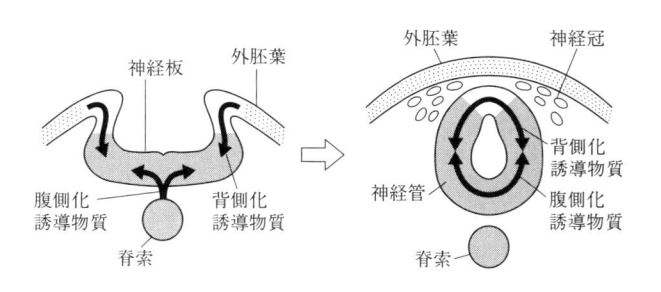

図3-3-7　誘導による背腹の決定

たりすることで脊髄の背側、腹側という性質の違いを生じさせるのである。

発生過程はこのような誘導の連鎖により進行していく。つまり発生は、「時刻表つきの設計図」に従って進んでいくのである。その"設計図"の分子的実体はもちろんDNAであるが、まだ、そのすべてが明らかにされているわけではない。

5. 発生のしくみを比較すると？

図3-3-8は脊椎動物の個体発生を比較したものである。図の上段は尾芽胚であるが、たがいによく似ていることがわかる。発生が進むと、外見は種類により変化するが、体内での三胚葉からの器官形成のしくみは、やはり、よく似ている。つまり、カエルの発生過程を学ぶということは、ヒトも含めて脊椎動物全般の発生過程のエッセンスを学ぶことになるのである。

それでは、脊椎動物とそれ以外の生物では発生のしくみは異なるのだろうか？

脊椎動物は、からだの内部に硬い骨（内骨格）を持ち、そのまわりに筋肉がついている。中枢神経（脳・脊髄）は、図3-3-7のように、背側の細胞が内部に落ち込むことで形成される。一方、昆虫は、からだの外部に硬い殻（外骨格）を持ち、その内側に筋肉がついている。また、中枢神経は、腹側の細胞が内部に落ち込むことで形成される。このように大きな違いがあるにもかかわらず、両者の発生過程ではよく似た遺伝子の働きが見られる。つまり、背腹は逆転しているものの、発生のしくみは似ているのである。

脊椎動物には目の形成を指令する「パックス-6（Pax-6）」という遺伝子が存在する。一方、昆虫のショウジョウバエにも目の形成を指令する「アイレス」という遺伝子が存在する（ア

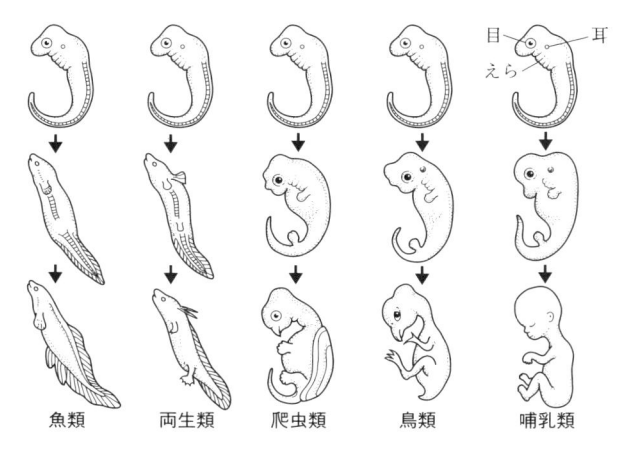

図 3-3-8 脊椎動物の発生の比較

イレス〈eyeless〉とは、目がないという意味だが、この遺伝子が働かなくなると、目ができなくなるので、この名がついた)。

この2つの遺伝子はその塩基配列がよく似ていて、同じ遺伝子を祖先に持つ「相同遺伝子」と呼ばれる親戚どうしだということがわかってきた。アイレス遺伝子を人為的にショウジョウバエの触角ができるところ（原基）で発現させると、触角の代わりに目が形成される。驚くべきことに、ショウジョウバエのアイレス遺伝子の代わりに脊椎動物であるラットのパックス-6遺伝子を発現させても同じ結果が得られるのである。パックス-6遺伝子からつくり出されるタンパク質が、ショウジョウバエの遺伝子のスイッチを操作することにより、ショウジョウバエの目（複眼）を形づくったのである。

遺伝子の働きに注目することにより、発生のしくみは、動物と動物の間だけでなく、動物と植物の間でさえ似ているものがある。ショウジョウバエの発生過程において体内の位置（座標）

を指し示すものとして、ホメオティック遺伝子と呼ばれる一群の遺伝子が発見されたが、その相同遺伝子は、ヒトを含む動物はもとより、植物からも発見されているのである。

問いの答え　問1：③　　問2：②　　問3：①

第4章

行動のしくみと進化

4-1 情報を受けて伝えるしくみ(感覚器と神経) - 184
4-2 脳はなにをしているのか ——— 208
4-3 筋肉のメカニズム ——— 226
4-4 動物のさまざまな行動 ——— 239
4-5 動物の生存戦略 ——— 255

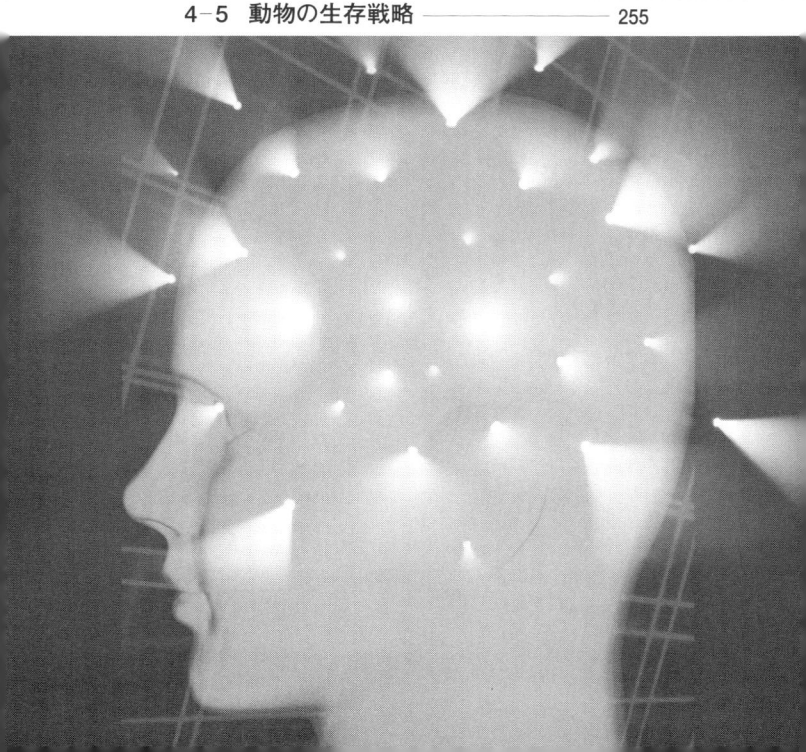

4-1 情報を受けて伝えるしくみ（感覚器と神経）

[問1] ヒトの目で、デジタルカメラのＣＣＤ（電荷結合素子：光を電気信号に変える部分）に相当する部分は何か。
　①瞳孔（どうこう）　②盲斑（もうはん）　③視細胞（網膜）

[問2] ヒトの神経細胞の長さは、最長でどれくらいか。
　①１cm　②10cm　③１m

[問3] 神経細胞の寿命はどれくらいか。
　①２年　②20年
　③長い場合で、生まれてから個体が死ぬまで

1. 五感を働かせるために

　私たちが外の世界と触れ合うときには、常に**感覚器**を仲立ちにしている。たとえば友人と話をするとき、相手の顔を見るためには目を、話を聞くためには耳を使わなければならない。私たちは日々の生活の中でさまざまな感覚器から生じる感覚を総動員して外界の情報を集めているのである。

　しかし、感覚器に受容されただけでは、まだ感覚ではない。受容された情報は、感覚神経によって脳に送られ、脳での適切な情報処理を経て、初めて感覚として認知されるのである。

　認知された感覚は、その後の反応を引き起こすための情報となる。たとえば歩いているときに障害物を発見したら、避けるであろう。このような反応は、危険を察知した脳が命令を出し、それが運動神経を経て筋肉に伝えられ、筋肉が収縮することで

4-1 情報を受けて伝えるしくみ（感覚器と神経）

```
感覚器 →感覚神経→ 脳・脊髄 →運動神経→ 筋肉
```

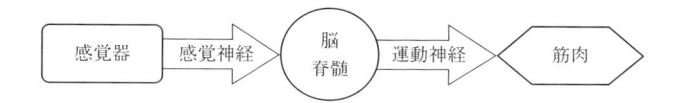

図4-1-1　情報の流れ

実際の行動となって現れるのである（図4-1-1）。

　この節の前半では、この一連の流れに焦点を当てる。まずは情報の入り口、感覚器について考えてみよう。

　感覚にはどのようなものがあるのだろう。俗に「五感を働かせる」というが、このときの5種類の感覚は、視覚・聴覚・嗅覚・味覚・触覚である。しかし私たちの感覚はこの5つだけではない。触覚と同じく、皮膚で感じるものに温覚や冷覚、痛覚などがあるし、からだの傾きを感じる平衡覚、空腹や吐き気などを感じる臓器覚などもある（図4-1-2）。

感覚器	感覚	受け入れる刺激
網膜（目）	視覚	光（波長380〜780nm）
うずまき管（耳）	聴覚	音波（16〜20000Hz）
前庭（耳）	平衡覚	体の傾き
半規管（耳）	回転覚	体の回転
嗅覚上皮（鼻）	嗅覚	化学物質（気体の状態）
味覚芽（舌）	味覚	化学物質（水に溶けた状態）
温点（皮膚）	温覚	温刺激
冷点（皮膚）	冷覚	冷刺激
痛点（皮膚）	痛覚	圧力・熱・化学物質など
触点（皮膚）	触覚	接触・圧力

図4-1-2　感覚の種類

私たちが受け入れることができる刺激の種類も、さまざまだ。目では光を受容するが、刺激の実体は、限られた波長の電磁波である。鼻と舌はともに化学物質を受容するが、においは気体分子に対する感覚であり、味は液体に溶けた分子に対する感覚だ。

2. デジカメと目のしくみ

　目は光を電気的な信号に変換する器官であるが、デジカメ（デジタルカメラ）やビデオカメラも、同様に光を電気信号に変換する。デジカメなどでは、光の入力に応じて蓄電容量が変化する半導体素子を用いたＣＣＤという装置がレンズの後ろにあって、光を電気信号に変換する。これに対して目の場合には、網膜に**視細胞**という光を受け取る細胞があり、ここで電気的な信号に変換している。

　視細胞は大きく分けて２種類あり、役割を分担している。**錐体細胞**（すいたいさいぼう）は明るいところだけで働き、色の区別ができる。すなわちＣＣＤにたとえればカラーだが弱い光は感じにくい素子と考えるとよい。**桿体細胞**（かんたいさいぼう）は薄暗いところで働き、明暗の区別ができる。すなわちモノクロだが高感度と考えればよいだろう。薄暗いところで色がわかりにくいのは、このためである。

　ヒトの錐体細胞には３種類あり、それぞれ赤・緑・青の光を吸収する色素を持つ。この光の３原色の組み合わせによってさまざまな色を感じることができるのだ。デジカメも同様の構造になっていて、ＣＣＤの前にフィルターを置き、赤専用、緑専用、青専用のＣＣＤをつくって３原色に分解し、色を検出している。テレビ画面をルーペで拡大して見ると、赤・緑・青の点が動いているのがわかる。私たちの目もこのような点の集合体として色や形を認識しているのである。

こういった視細胞は、全部で1億個以上あるといわれている。ひとつひとつの視細胞には軸索（神経細胞から伸びた長い突起、194ページ参照）がつながっているのだが、これらの繊維は、目の奥で1ヵ所でまとまり、脳に情報を伝えるために目の外に出て行く。神経繊維が束になって網膜を貫通し、外に出ているところが盲斑と呼ばれる場所だ（盲点ともいう）。盲斑には視細胞が存在しないので、その部分に映った像は見えない。

　桿体細胞が薄暗いところで光を感じるしくみを見てみよう。桿体細胞には感光性のタンパク質ロドプシンがある。ロドプシンは光を吸収すると、レチナールとタンパク質オプシンに分解される。このときに放出されるエネルギーにより生じた桿体細胞の状態変化（情報）が、視神経から脳へと伝達されて大脳で視覚が生じる。やがてロドプシンが不足してくると桿体細胞が興奮しなくなるが、錐体細胞が働くため物が見えなくなることはない。暗所では血液中からビタミンAが供給され、分解していたオプシンとレチナールが結合し、ロドプシンが合成される。しかし、ビタミンAが不足していると、このしくみが機能しないため、暗所でものが見えにくい夜盲症になる。

　夜、部屋の電気を消すと一瞬真っ暗で何も見えなくなるが、次第に目が慣れて見えるようになる。これは、最初はロドプシンが不足しているが、時間とともに補充されて感度が上がるからである。この過程は**暗順応**と呼ばれる。

　これに対し、暗い場所から明るい場所に急に移動すると、ロドプシンが急激に分解される結果、桿体細胞が過剰に興奮し、まぶしくて物が見えなくなる。しかし、桿体細胞の興奮が落ちつき、錐体細胞が機能するようになると、明るさに慣れて物が見えるようになる。これを**明順応**と呼ぶ。

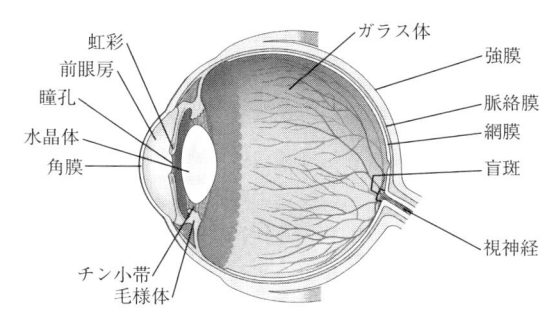

図4-1-3　ヒトの目の水平断面図

　目に入ってきた光は、
　　　　　角膜→瞳孔→水晶体→ガラス体→網膜
という順番で奥に進んでいく。

　眼の"くろめ"に相当する**虹彩**は瞳孔のまわりを囲んでいる。この虹彩はカメラや顕微鏡における「絞り」の役割を果たしていて、光の量を調節する（図4-1-3）。まぶしいときには虹彩を閉じて目に入る光の量を減少させ、暗ければ虹彩を開いて光の量を増加させるのである。

　水晶体は遠近調節、つまりピント（焦点）を合わせる部分である。レンズと呼ばれることもあるが、本来、レンズは光を屈折させるものだ。ヒトの目で光を屈折させる役割を担うのは主に**角膜**なので、水晶体をレンズと呼ぶにふさわしいかどうかは疑問である。むしろ水晶体はピントの調節のほうに重点が置かれている。水晶体は、その周囲を毛様体、チン小帯に同心円状に囲まれている。毛様体には毛様筋という筋肉があり、この筋肉が収縮、弛緩することにより水晶体の厚さを調節している（図4-1-4）。近くを見るときは、毛様筋が収縮し、チン小帯が緩む。チン小帯が緩むと、水晶体を引っ張る力が弱くなる。

4-1 情報を受けて伝えるしくみ（感覚器と神経）

遠くを見るとき
① 毛様筋が緩む
② 毛様体が後退する
③ チン小帯が引かれる
④ チン小帯に引っ張られて水晶体が薄くなる

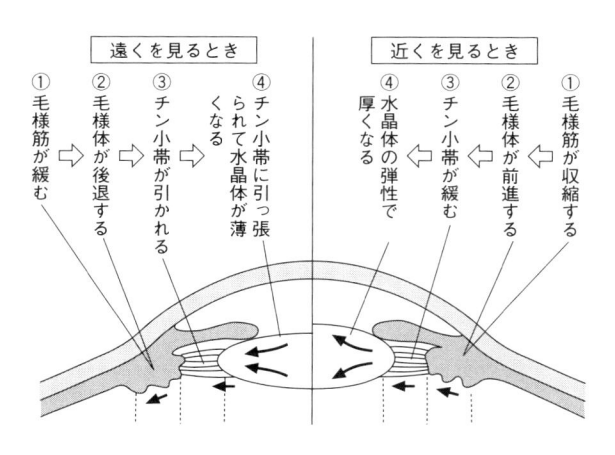

近くを見るとき
① 毛様筋が収縮する
② 毛様体が前進する
③ チン小帯が緩む
④ 水晶体の弾性で厚くなる

図4-1-4　ヒトの目の遠近調節のしくみ

水晶体は弾性が強く、力を加えないと厚みのある状態となり、近くにピントが合う。遠くを見るときは、毛様筋が弛緩し、チン小帯が引っ張られる。チン小帯に引っ張られると水晶体が薄くなり、遠くにピントが合う状態になる。

3.「目がまわる」は「耳がまわる」？

　目がまわるという現象には耳が深く関係していると聞くと驚くだろうか。実は、耳では音（聴覚）以外にもからだの傾き（平衡覚）と回転（回転覚）を受容しており、目がまわるという現象には回転覚が深くかかわっているのだ。

　回転覚を受容する**半規管**は、**内耳**に存在する半円形の管が3つ直角に交わった器官である（図4-1-5）。からだが動くと中の液体（リンパ）に慣性力が働き、流れが生じる。このリンパの流れが感覚細胞に生えている感覚毛をなびかせて刺激し、この刺激が脳に伝えられて、回転の感覚を生じる。

目がまわるという現象は、リンパの流れが動き出したり止まったりするのに時間がかかるため、視覚などから得られる情報と食い違うことによって生じる。回転が急に止まっても、リンパの流れは急に止まらないのだ。

　さてヒトなどでは半規管は管が3本あるので三半規管とも呼ばれるが、なぜ3本も必要なのだろうか。空間（3次元）の座標軸を思い出してほしい。それぞれの管がx軸・y軸・z軸に対応しているのだ。つまり縦・横・前後（奥行き）の3方向の回転をそれぞれが感知しているのである。

　また、目をつぶっていてもからだの傾きがわかるのは、平衡覚のおかげである。平衡覚を受容する**前庭**は半規管の下、内耳の中央に位置し、平衡石（耳石）という炭酸カルシウムの粒（図4-1-6）が入っている。からだが傾くと平衡石が一方に偏り、この圧力が感覚細胞の感覚毛を刺激する。

　残る聴覚についても見てみよう。空気の振動である音波は耳殻で集められ、**鼓膜**を振動させる（図4-1-5）。この振動は3つの**耳小骨**（つち骨、きぬた骨、あぶみ骨）に伝えられ、てこの原理により増幅される。続いて内耳に伝えられて液体（リ

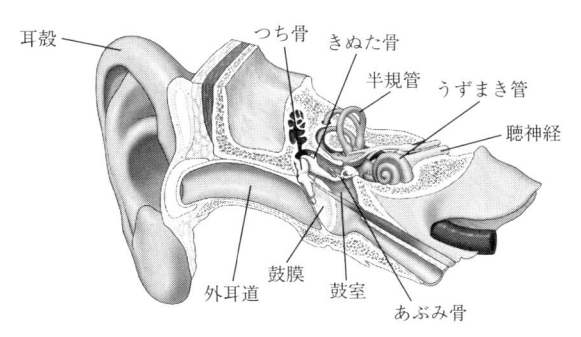

図4-1-5　ヒトの耳の構造

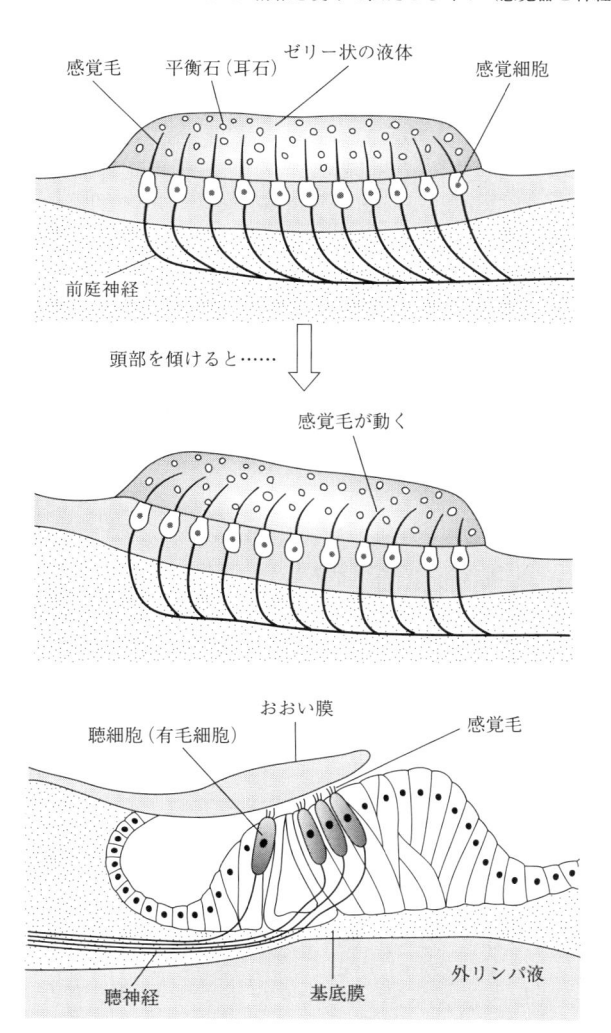

4-1 情報を受けて伝えるしくみ（感覚器と神経）

感覚毛　平衡石（耳石）　ゼリー状の液体　　感覚細胞

前庭神経

頭部を傾けると……

感覚毛が動く

おおい膜
聴細胞（有毛細胞）　　感覚毛

聴神経　　基底膜　　外リンパ液

図4-1-6　感覚毛と平衡覚・聴覚

ンパ）の振動となり、**うずまき管**の中にある基底膜を振動させる。この振動により**聴細胞**の感覚毛がおおい膜と接触して興奮が生じる（図4-1-6下）。

耳の感覚細胞には、いずれも感覚毛への刺激により興奮が生じるという共通点がある。

4. 細胞の対話のしかた

多細胞生物は、それぞれの細胞が専門的役割を持つように分化し、協調して活動するように進化して生まれたものだ。もし、分化した細胞が、がん細胞のように勝手に行動したら、個体は滅んでしまうだろう。人間社会でも、ルールを守らない人がいれば、社会全体を乱してしまう。多細胞生物の個体が生きていくために、細胞はたがいに対話しながら協力し、全体の調和を図る必要があるのだ。

細胞間の情報伝達の最も基本的な方法は、化学物質を信号としてやりとりする方法である。多細胞生物では、ホルモンが分泌され、血液（体液）によって全身に運ばれ、細胞内外にある受容体に結合して情報を伝える。この方法は、単細胞生物でも使われている。たとえば、接合しようとする酵母菌では、たがいに化学物質を体外に出し合い、接合の準備ができていることを確認してから接合する。

化学物質を使った情報伝達は、手紙にたとえることができる。商品の宣伝をしたいとしよう。郵便を使ったダイレクトメールでは、多少時間がかかるが、一度に多くの対象に情報を伝えることができる。これによく似ているのがホルモンという化学物質による情報伝達である。

一方、神経による情報伝達は、電話でセールスをするかのように、少数の細胞にしか情報を伝えられないが、リアルタイム

で瞬時に伝えることができる。

動物は外界からの刺激に対して、できるだけすばやく行動するほうが、生存に有利だろう。化学物質ではこうした迅速な情報伝達は難しい。そこで動物は細胞間のすばやい情報伝達を可能にする方法として、神経系を発達させたと考えられる。

5. ニューロンのネットワーク

音やにおい、光など感覚器で受容した刺激（信号）は神経を通じて短時間で脳に伝えられる。先に説明したとおり、感覚器で認知された情報は脳や脊髄などに伝わり、そこで判断された命令が運動器官に下されて反応を起こす（185ページ、図4-1-1）。一連の情報は、**ニューロン**（神経細胞）が連絡することで伝達されていく。

図4-1-7は、脊髄反射と呼ばれる比較的単純な反射経路（194ページ参照）を模式図で表したものだ。ニューロンは、図のように、核を含む**細胞体**とそこから伸びる細長い**突起**によって構成される。

細胞体から伸びた長い突起のことを、**軸索**という。最も長い軸索はヒトでは坐骨神経にあり、約1mにも達する。軸索の末端は少し太くなり、ごくわずかな隙間をおいて他の細胞と接しているが、この部分を**シナプス**という。ニューロンは、このシナプスを介して、他の細胞へ信号を伝えている。軸索以外の短い突起のことを**樹状突起**という。その名の通り、樹状突起は、細い突起が枝分かれしている。

感覚ニューロンの細胞体は小さく、2つに枝分かれした軸索を持っているのに対して、運動ニューロンの細胞体は大きく、1本の長い軸索と細かく分かれた樹状突起を持つ（感覚ニューロンは樹状突起を持たない）。

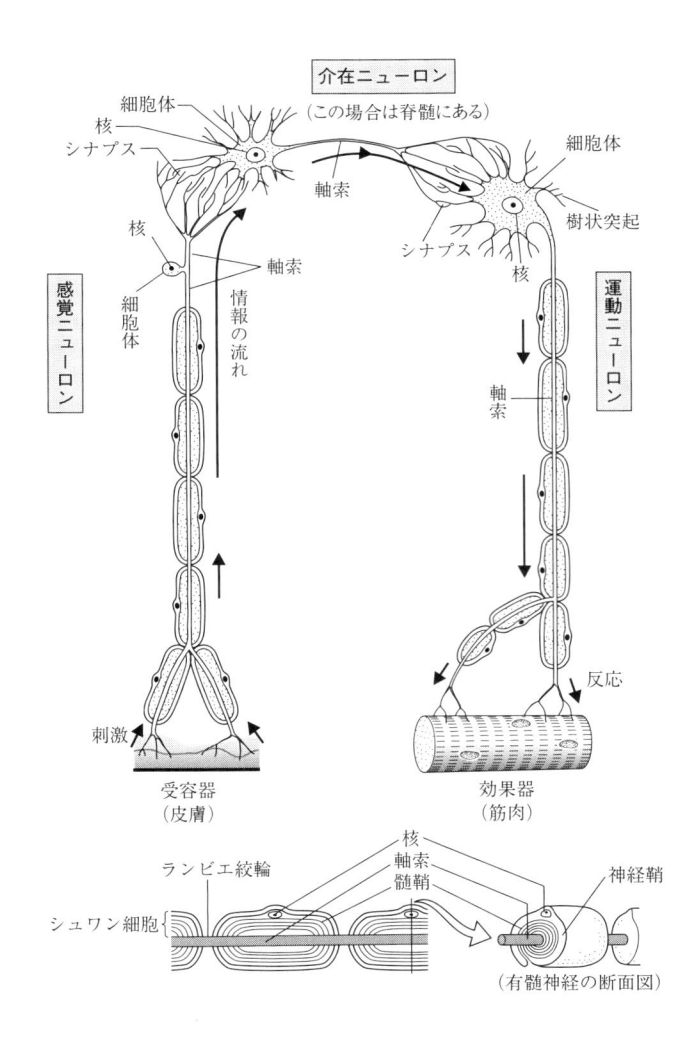

図 4-1-7　脊髄反射の伝達経路

4-1 情報を受けて伝えるしくみ（感覚器と神経）

　感覚器が刺激を感じると、電気信号が、感覚ニューロンを伝わり、脳や脊髄などの中枢神経にある介在ニューロンに伝わる。そして、中枢から発した電気信号が、今度は運動ニューロンに伝わり、筋肉などの作動体に伝達される。

　脊椎動物の感覚ニューロンや運動ニューロンの軸索には、シュワン細胞と呼ばれる細胞が何重にも巻きつき、電流を通さない脂質でできた髄鞘という特殊な被膜をつくるものがある（図4-1-7下）。1本の軸索には、いくつものシュワン細胞が巻きついているが、そのシュワン細胞どうしの間には隙間があり、この隙間をランビエ絞輪という。このような髄鞘で被われている神経を**有髄神経繊維**、髄鞘で被われていない神経を**無髄神経繊維**（注）という。無髄神経繊維はむき出しの電線、有髄神経繊維はビニールの被膜を持つ電線のように考えると良いだろう。ただし、有髄神経繊維の被膜はところどころ切れて、中の電線がむき出しになっている。

注. 無脊椎動物の神経や脊椎動物の交感神経（節後神経）は、無髄神経である。

　情報を伝えるというニューロンの大切な働きは、グリア細胞という細胞によってサポートされている。実は、髄鞘をつくるシュワン細胞もグリア細胞の一種である。脳には、ニューロンの10〜50倍ものグリア細胞があるといわれ、血管とニューロンの間を埋めて血液中の物質が直接ニューロンに入らないようにしたり（血液脳関門）、ニューロンの隙間を埋めて神経系の構造を維持したりしている。

　ヒトの脳にはニューロンが1000億個以上ある。この多数のニューロンのうち、毎日、約10万個が死滅するといわれる。この数を聞くと、脳のニューロンがどんどん減ってしまいそうであるが、計算すると一生で約2％程度の細胞が死ぬだけで、他は

生き残ることになる。このようにニューロンは、むしろ長生きして、記憶を長く保つのである。

　脳のニューロンは、他のニューロンと複雑に連結する。1つのニューロンは約1万ものニューロンから連絡を受けているといわれる。地球の人口の何十倍にも当たる数のニューロンが、それぞれ1万にも及ぶニューロンから連絡を受けている姿を想像できるだろうか。私たちの脳の中には、想像を絶するほど複雑なネットワークがつくられていて、その中にさまざまな情報が蓄えられていると考えられている。

　複雑なネットワークの基本は幼児期につくられる。胎児期には、遺伝情報に基づいて、まず、過剰なネットワークがつくられる。出生後、1年も経たない頃から、あまり使われなかったネットワークがなくなっていき、数年後、最も多い時期の半分ぐらいのネットワークに整理される。「三つ子の魂、百まで」といわれるが、幼児期の経験により、脳の中に残されるネットワークが変わってしまうのである。

6. 生命のデジタル素子、ニューロン

　ニューロンでは電気信号が伝わると説明したが、神経細胞はどのようにして電気をつくり出して、それを信号として伝達しているのだろうか。もう少し、掘り下げて考えてみよう。

　腰痛や筋肉痛のときに使う、低周波治療器を使って微弱な電気を筋肉に流すと、意志とは無関係に勝手に筋肉が収縮してしまう。実は、ニューロンの軸索で起こる速い情報伝達が電気を使っているために、このようなことが起こるのである。生物と電気は無関係のように感じるが、細胞は電気的変化をうまく使って情報を伝えている。この電気を使った速い情報伝達を**伝導**という。

4-1 情報を受けて伝えるしくみ（感覚器と神経）

　伝導のしくみは、イカが持つ巨大軸索を使った実験で調べられた。イカは太いもので直径1mmに達するほどの巨大軸索を持ち、電気的な抵抗を小さくして伝導速度を速めている。この巨大軸索に電極を差し込み、細胞膜内外の電位差（電圧）を測定する実験が行われた（図4-1-8）。刺激を受ける前の静止時には、細胞膜内が細胞膜外に対して負の電位（-60～-90mV）になっている。この電位を**静止電位**という。

　軸索に細い電極を差し込んで、弱い電流を流すと、刺激された部分では軸索内の電位が急上昇して正の値になり、細胞膜内外の電位が逆転する。しかし、わずか1000分の1秒後にはもとの静止電位に戻る。このような電位変化を**活動電位**といい、活動電位が発生することを**興奮**という。刺激された1ヵ所が興奮すると、この興奮部のすぐ隣の部分（隣接部）との間に電位差が生じ、電流が流れる。この電流を活動電流という。活動電流は隣接部を刺激することになるため、隣接部も興奮する。隣接部が興奮すると、さらにその隣接部に活動電流が流れ、その部分を興奮させる（図4-1-9上）。こうして、ドミノ倒しのよ

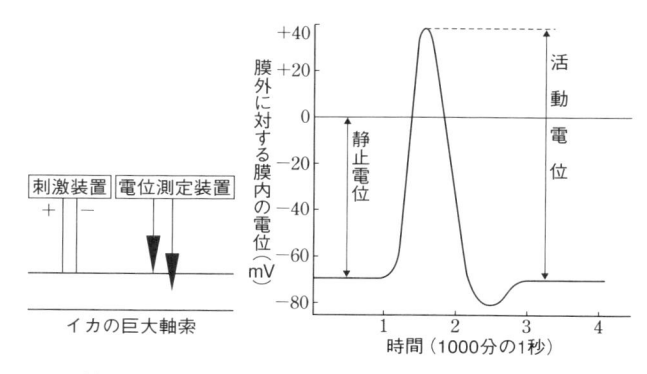

図4-1-8　イカの巨大軸索の電位測定実験と活動電位

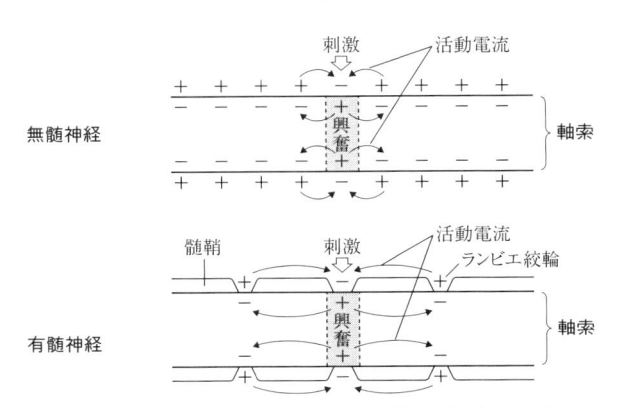

図4-1-9 無髄神経と有髄神経の活動電流

神経細胞が隣接部から信号(刺激)を受けとると、その部分の膜電位が瞬間的に入れ替わる。興奮は一時的なものでもとの電位に戻る(膜の外側は+、膜の内側が-)。

うに次々に隣接部が興奮し、興奮が伝わるのが伝導である。

　有髄神経では、髄鞘が電気を通さないため、髄鞘に包まれた部分は興奮しない。活動電流は髄鞘を飛び越えて、ランビエ絞輪から隣のランビエ絞輪まで興奮を伝える。これを**跳躍伝導**という(図4-1-9下)。

　一般に、軸索が太いほど伝導速度が速く、軸索が細いと伝導速度は遅い。しかし、有髄神経では跳躍伝導がおこるため軸索が細くても速い伝導速度を得られる。たとえば、有髄神経を持たないイカには前述した巨大軸索があり、伝導速度は35m/秒ほどである。これに対して、ネコの有髄神経は、イカにくらべて軸索が細いにもかかわらず、110m/秒もの伝導速度になる。

　ニューロンを刺激するとき、刺激の強さをある一定の強さ(閾値)より強くしないと、興奮は起こらない。ただし、刺激が閾値より強い場合、それ以上刺激をいくら強くしても、活動

電位の大きさは変わらない。すなわち興奮は、起こらないか（無）、起こるか（全）のいずれかなのである。このことを**全か無かの法則**という。コンピュータは、電気回路に電流を流したり、流さなかったりすることで、情報をデジタル信号として処理している。ニューロンもこれと同じように、情報をデジタル信号で処理し、刺激が強いときには、ニューロンが続けて興奮し、興奮の頻度で刺激の大きさの情報を伝えている。

7. 細胞膜の透過性の変化と活動電位

　興奮の伝導には、細胞膜の持つ選択的透過性を生み出している膜タンパク質が関係している。選択的透過性とは生体活動に必要な特定の物質を膜の内外に移動させることをいう。ある溶液内に溶質の濃度の高いところと低いところがあると（これを濃度勾配があるという）、溶質は濃度の高いほうから低いほうへ自然に流れようとする。このことを**拡散**という。細胞膜の内側と外側に溶質の濃度勾配があり、溶質が細胞膜を透過するときに、拡散は起こる。このような拡散により物質を輸送することを**受動輸送**という。受動輸送で選択的に物質を輸送するタンパク質でできた出し入れ口を**チャネル**という。

　しかし、受動輸送だけで、細胞に必要な物質すべての輸送はできない。たとえば、細胞外にあるグルコースが細胞内よりも低濃度の場合でも、細胞はグルコースを積極的に取り込む。このような輸送を**能動輸送**という。能動輸送は拡散という自然現象に逆らう方向に物質を運ぶため、エネルギーを必要とする。これはちょうど、地上にある物体を、上から下へ運ぶときにはほとんどエネルギーを必要としないのに、下から上へ運ぶときにはエネルギーが必要となるのと同じである。

　細胞膜には、こうした能動輸送に関係している**ポンプ**という

膜タンパク質もある。機械のポンプは、圧力や気体を用いて、液体や気体を吸い上げるが、生体内のポンプは、ＡＴＰのエネルギーを用いて、物質を濃度勾配に逆らって、低濃度側から高濃度側に輸送している。

ニューロンには、Na^+（ナトリウムイオン）を受動輸送する**ナトリウムチャネル**とK^+（カリウムイオン）を受動輸送する**カリウムチャネル**、そして、ＡＴＰを用いて能動輸送する**ナトリウムポンプ**がある。こうした膜タンパク質を使って、Na^+、K^+を出し入れすることによって、先に説明した活動電位をつくり出し、「興奮」を起こしているのだ。

図4-1-10を見ながら説明しよう。神経が興奮していない静止状態（①）では、細胞膜を隔てて、細胞の外側にNa^+が多く、細胞の内側にはK^+が多くなっている。

静止状態では、ナトリウムチャネルは閉じているため、細胞外側にあるNa^+は細胞内に入ってくることはできない。一方、カリウムチャネルは常時少しだけ開いている。そのため、K^+は少しずつ拡散して、細胞外にしみだしている。しかし、K^+の流出は途中で止まり、細胞膜の内側はK^+が多い状態が維持される。これは、K^+が細胞の外側に移動すればするほど、細胞膜の内側が相対的にマイナスになるので、プラスの電気を持つK^+が引きつけられ外に出て行けなくなるからだ。

このようにして生じる膜内外の電位差が、197ページで説明した静止電位（-60～-90mV）である。

次に、軸索が刺激を受けると（②）、それまで閉じていたナトリウムチャネルが一瞬開く。Na^+は、細胞膜の外側は高濃度で、細胞の内側では低濃度なので、その濃度勾配にしたがって、細胞膜の外側にあるNa^+が細胞内に一気に流入し、30～40mVの正の電位が発生する。これが興奮である。前述の静止電位と

4-1 情報を受けて伝えるしくみ（感覚器と神経）

① 静止状態

- K^+（低濃度）
- Na^+（高濃度）

$Na^+ \longleftrightarrow K^+$

- K^+（高濃度）
- Na^+（低濃度）

ナトリウムポンプ
ナトリウムチャネル
細胞膜
カリウムチャネル
K^+
（細胞外）（細胞内）

② 興奮したとき

Na^+ ナトリウムチャネルが一瞬開き、すぐ閉じる

（細胞外）（細胞内）

③ 興奮直後

カリウムチャネルからK^+が流出する K^+

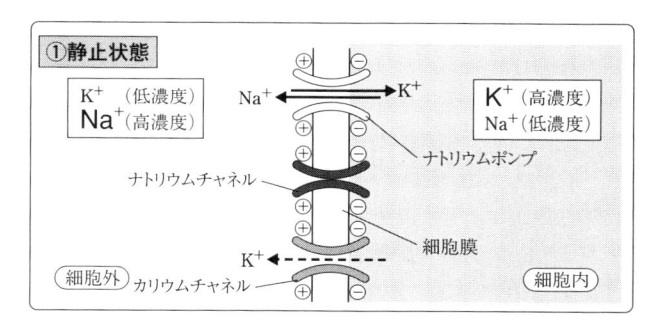

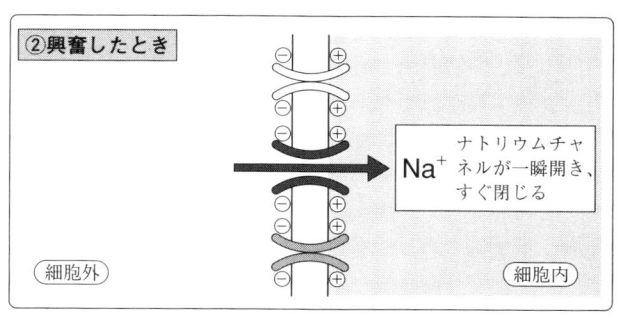

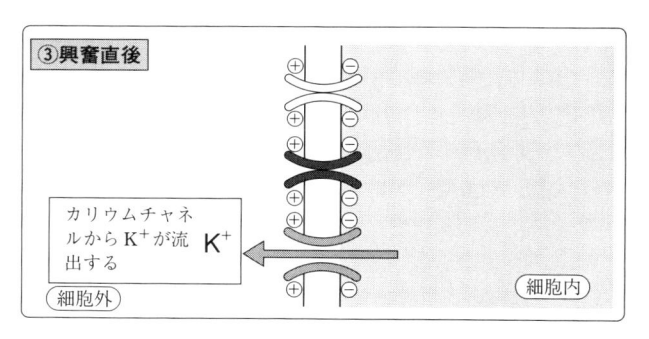

（細胞外）（細胞内）

図 4 - 1 - 10　細胞膜のタンパク質と活動電位の発生

このときの電位の差が、図4-1-8の**活動電位**である。細胞内にNa⁺が流入した直後に、ナトリウムチャネルは閉じられる。

一方、Na⁺が細胞内に流入すると細胞膜の内側がプラスになり、K⁺がその濃度勾配にしたがって再び細胞外に出て行く（③）。K⁺はプラスのイオンであるため、細胞内の電位は下がり、細胞内はマイナスになってもとの静止電位を回復する。もっとも、電位はもとの状態になるが、イオンは移動したままだ。Na⁺は細胞内に移動し、反対にK⁺は細胞外に移動したので、このままでは受動輸送を生み出す濃度勾配が生まれない。

そこで、興奮後にナトリウムポンプが働いて（①）、細胞内に流入したNa⁺を細胞外にくみ出し、細胞外に流出したK⁺を細胞内にくみ入れて、イオンの濃度勾配をもとの状態に戻す。以上が興奮の前後に、細胞膜の内外で起こっているイオンの変化のあらましだ。

活動電位を発生させるために、ナトリウムイオンが用いられたのは、おそらく、生物にとってそれが最も使いやすいイオンだったからだと思われる。生命は海から生まれたといわれ、そのまわりにはふんだんにナトリウムイオンが存在した。身近にある、ありふれた物質を使って、伝導という精緻なシステムをつくりあげる生命の奥深さには、いまさらながらに驚かされる。

8. シナプスの情報を統合するニューロン

神経細胞は活動電位という電気変化を用いて情報を伝えることができると説明したが、神経回路は電気回路とは違って、軸索の末端と、信号を伝達する細胞との間には、**シナプス間隙**というわずかな隙間が空いている。電気回路であれば、このような隙間があれば、電気を流すことはできない。生物はどのようにして、シナプス間隙の前後で情報を伝達しているのだろうか。

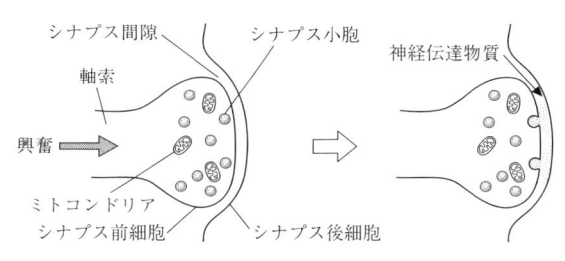

図4-1-11 シナプスと伝達

　実は、シナプスで神経細胞から神経細胞へ信号を伝えるときには、化学物質が使われている。このような情報の伝え方を**伝達**という。伝達は、先に説明した「伝導」(活動電位が神経繊維を流れていくこと)と言葉が似ているため混同しやすいので、注意してほしい。

　シナプスは神経回路と神経回路を乗り継ぐ「乗換え駅」のような役割を果たしている。軸索側の細胞をシナプス前細胞、情報を受け取る側の細胞をシナプス後細胞という。軸索の末端には、アセチルコリンやノルアドレナリンなどの何種類かの神経伝達物質を含んだ袋、シナプス小胞が多数存在する。

　軸索の興奮が末端まで伝わると、シナプス小胞が移動してシナプス前細胞の細胞膜に接し、そこから、シナプス間隙へ小胞内にある神経伝達物質を放出する。シナプス間隙は大変狭いため、神経伝達物質は即座にシナプス後細胞の細胞膜に到達し、細胞膜に埋め込まれた受容体タンパク質に結合する(図4-1-11)。

　シナプス後細胞では、神経伝達物質を受け取って**シナプス電位**という微小な電位を発生する。しかしシナプス電位は小さいため、1つのシナプス電位だけではシナプス後細胞に情報を伝達することはできない。また、放出される神経伝達物質の種類

によって、シナプスにはシナプス後細胞を興奮させる興奮性シナプスと、反対に興奮を抑制する抑制性シナプスがある。シナプス後細胞は、興奮性シナプスと抑制性シナプスから伝えられた情報を統合したシナプス電位が、一定値よりも大きくなったときだけ、活動電位を発生して情報を伝える。このようにして伝達が起こるため、シナプスで興奮が伝わる方向は、シナプス前細胞からシナプス後細胞に向けてだけであり、反対方向に伝わることはない。動物では、こうして電気信号と化学信号を交互に使いながら、刺激を伝えていくのである。

9. 記憶・学習とニューロン

脳のしくみは複雑で、とくに**記憶・学習**については詳しくわかっていないが、多くの科学者が精力的に研究し、少しずつ解き明かされてきている。

脳にはニューロンが複雑に結びついた**ネットワーク（神経回路）**がつくられていることはすでに述べたが、脳が何かを記憶するとき、その前と後では、このネットワークに何らかの変化が生じて、その変化に記憶が蓄えられていると考えられている。すなわち、記憶とはネットワークの変化に他ならない。

この変化を脳の**可塑性**という。可塑性とは、固体が大きな力を加えられて変形したとき、その力を取り除いても変形したままになっている性質を意味するが、脳でも、あるきっかけでネットワークが変化すると、そのきっかけがなくなってもその変化を保ち続ける。

最近、この脳の可塑性は、シナプスの可塑性、すなわち、シナプスの伝達効率の向上によって生まれることがわかってきた。脳のシナプスでは、アミノ酸の一種であるグルタミン酸が、神経伝達物質として多く使われている。哺乳類の海馬（222ペ

ージ参照）を使った実験から、ニューロンがシナプスから何度も刺激を受けると、このグルタミン酸に対する感受性が高まり、刺激を取り除いてもこの感受性は高いままであることがわかった。

　つまり、一度シナプスが刺激を受けると、ニューロンからニューロンへのシナプス伝達効率が変化し、刺激がなくなってもそのままこの変化が残る。この「伝達効率の変化」に、さまざまな記憶が保存されるのである。

　さらに、近年の研究で、こうしたシナプスの伝達効率の変化は、グルタミン酸受容体の増加によって起きることがわかってきた。刺激を受ける前には、細胞の細胞質にあって使われていなかったグルタミン酸受容体が、刺激を受けることによって、細胞膜に移動して埋め込まれるようになる。これによって、シナプス後細胞で働くことのできるグルタミン酸受容体の数が、刺激を受ける前にくらべて増えた結果、シナプスの伝達効率が向上するというのだ。

10. 無意識のうちに働く神経

　恥ずかしい思いをしたときには顔が赤くなり、驚いたときには顔が青くなる。顔が赤くなるのは血管が拡張するためであり、青くなるのは血管が収縮するためだ。このとき顔の末梢血管を調節するのは、**自律神経系**である。

　自律神経系は直接的には大脳の支配を受けておらず、意志とは無関係に自律的に働いている。たとえば、自分で意識していなくても、たえず呼吸をしているし、心臓も動いている。こういった調節をするのが自律神経の役目だ。

　大脳の支配を受けていないにもかかわらず、恥ずかしかったり驚いたりという大脳で生じた感情が影響するのはなぜだろ

器官・組織	交感神経の働き	副交感神経の働き
虹彩	瞳孔拡張	瞳孔収縮
涙腺（涙の分泌）	軽度の促進	促進
呼吸運動	速く浅くなる	遅く深くなる
心臓の拍動	促進	抑制
立毛筋（鳥肌を立てる）	収縮	（分布しない）
汗腺（汗の分泌）	促進	（分布しない）
皮膚の血管	収縮	（分布しない）
血圧	上昇	低下
胃・小腸・大腸（運動・消化液分泌）	抑制	促進
すい臓ランゲルハンス島（インスリン分泌）	抑制	促進
副腎髄質（アドレナリン分泌）	促進	（分布しない）
子宮	収縮	拡張

図4-1-12　自律神経の働きの例

う。実はこれらの感情は、間脳を通して自律神経系に影響を与えているのだ。

　一般に怒りや不安、緊張、精神的ショックなどの強い感情の変化が自律神経系から各器官に伝えられる（脳の機能分担については、「4-2 脳はなにをしているのか」で説明する）。

　自律神経系は**交感神経系**と**副交感神経系**からなり、心臓・胃・瞳孔などの器官には両方が分布してたがいに対抗的（拮抗的）に働いている。たとえば、激しい運動をしているときに心拍が速くなるのは、交感神経が拍動を促進するからだ。逆に休息しているときには、副交感神経が働いて拍動を抑制する。

　交感神経は脊髄の中ほどの胸髄と腰髄から、副交感神経は中脳・延髄そして脊髄の下部の仙髄から出ている。多くは途中に神経節を持ち、そこで別のニューロンにつながり、からだの各器官に分布する。自律神経から各器官へ興奮を伝達する際に用

4-1 情報を受けて伝えるしくみ（感覚器と神経）

いられる神経伝達物質はアセチルコリンまたはノルアドレナリンである。

> **やってみよう！　盲斑を検出しよう**　　　　　　　実　験
> 図4-1-13のように＋と●を書いた紙を用意する。＋と●の間は約8cmあける。左目を閉じて右目だけで＋を正面からじっと見つめる。顔と紙の間の距離を、10cmからスタートしてだんだん遠ざけていくと、●が見えなくなる位置がある。このとき●が盲斑の位置に像を結んでいることになる。

図4-1-13　盲斑の検出

問いの答え　問1：③　　問2：③　　問3：③

4-2 脳はなにをしているのか

[問1] ヒトの脳のうち、思考や言語など高度な精神作用に関係するのはどこか。
①大脳　②中脳　③小脳

[問2] 熱いものに手が触れたとき、思わず手を引っこめる反応はなんと呼ばれるか。
①学習　②条件反射　③反射

[問3] 次のうち依存症の程度が最も軽く、多くの場合自分の意志でやめられるのはどれか。
①たばこ　②コーヒー　③アルコール

1. コンピュータと脳

　私たち人間がつくり出した機械の中で、コンピュータは脳に最も似ているものだろう。ここではヒトの脳を理解するための手がかりとして、コンピュータと脳を比較することから始めたい。

　コンピュータと脳はかなりよく似た構造を持っている。たとえば情報を入力するための機器であるキーボードやマウスは私たちの感覚器に相当し、情報を出力するためのプリンタやモニタは筋肉などの作動体にあたる。入力機器や出力機器は本体とケーブルで結ばれているが、これは神経に相当する。このように我々の脳はさまざまな"周辺機器"とつながっており、入力された情報を処理して出力するという基本的な動作はコンピュータと共通している。

　現代のコンピュータは、チェスの世界チャンピオンに勝つことができるまでになった。しかし同じチェスというゲームを戦

っていても、その思考過程はまったく異なったものである。人間のチャンピオンは経験から導かれる直感を頼りにゲームを進める。いくつかの選択肢が頭に思い浮かんだとしてもその数は知れている。ところがコンピュータはすべての手を調べていく。あらゆる可能性を検討していき、最後に最も勝つ可能性が高い選択肢を選ぶのである。このことは脳とコンピュータの情報処理の方法の違いをよく表している。

2. 分業する脳

(1) ヒトらしく生きるために——大脳皮質

大脳は哺乳類でよく発達しているが、その中でもヒトは群を抜いている。大脳の外側の部分を**大脳皮質**といい、ここには神経細胞体が集まっている。内側は**髄質**で、大脳皮質から伸びた神経繊維（軸索）が集まっている。

大脳皮質は、進化的にみて原始的な脊椎動物にもある古い皮質（古〈旧〉皮質、原皮質）と、新しく進化した**新皮質**という2つの部分に分けられる（図4-2-1）。ヒトで最も発達しているのは新皮質で、思考や推理、学習、言語など高度な精神活動や、各種の感覚の形成、意思による運動の中枢でもある。原

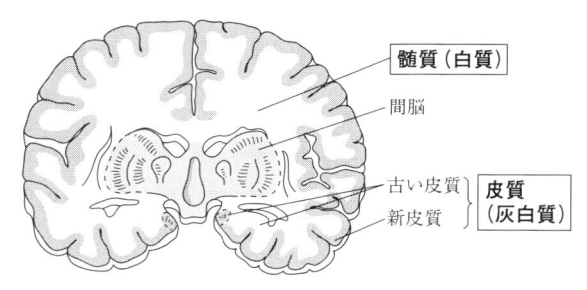

図4-2-1　ヒトの大脳の垂直断面図

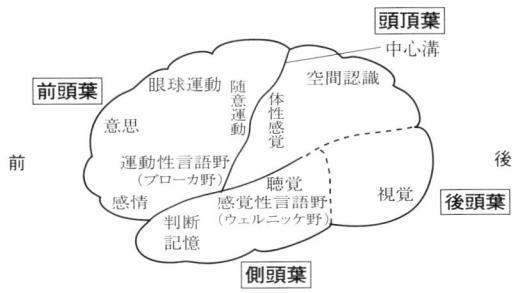

図4-2-2 ヒトの大脳皮質の機能分担

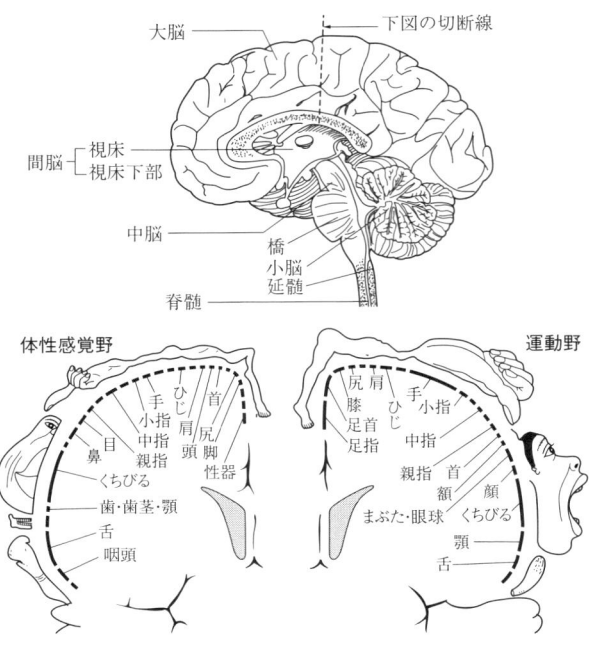

注．実線は脳にある溝を表す。破線は後頭葉、頭頂葉、側頭葉の境界を示す

図4-2-3 大脳断面図（上）とペンフィールドのホムンクルス（下）

皮質と古皮質は本能や感情による行動を支配している。

　大脳新皮質は溝により、4つに仕切られており、それぞれ**前頭葉、後頭葉、頭頂葉、側頭葉**と呼ばれる（図4-2-2）。前頭葉と頭頂葉の間の溝を中心溝といい、感覚情報を処理する部分（体性感覚野）が存在するのは頭頂葉の中心溝に沿った場所である。また、全身の筋肉に命令を出す部分（運動野）はちょうど対岸、前頭葉の中心溝に沿った場所に存在する。

　図4-2-3の下図は中心溝で脳を切った断面図で、ペンフィールドのホムンクルス（小人）という。図の外側の顔や手足などの絵は、情報を処理する神経細胞の数に対応している。舌やくちびる、手などが大きな面積を占めているのがわかるだろう。これは精密な運動をする部分や感覚の鋭い部分ほど多くの神経細胞が必要なためである。

　前頭葉、側頭葉、頭頂葉にはいくつもの情報を組み合わせて、総合的に働く部分（連合野）が存在しており、大きな役割を担っている。たとえば前頭葉の連合野ではすべての感覚情報やほかの連合野の情報などを集めて総合的に判断し、計画を立て、行動を決定し、新しいものを創造するといった活動を行っている。つまり人間らしい活動の多くはこの前頭葉の連合野で行われているのだ。実際に前頭葉の連合野が破壊されてしまうと計画性がなくなったり、新しいものを生み出す創造性が失われたりする。側頭葉の連合野は聴覚野や視覚野からの情報を受け取り、言語や色、形などの情報処理を行っている。頭頂葉の連合野は視覚野などからの感覚情報をもとに、立体感覚を組み立て、自分の周囲を認識する。

（2）動物として生きるために──脳幹

　ヒトという生き物はもちろん動物の一種でもあり、呼吸もす

れば、くしゃみもする。こうした最低限必要な機能を維持できなければ、動物は生きることはできない。このような機能は脳のどの部位でコントロールされているのだろうか。

　それは、**間脳、中脳、延髄、橋**などを含む**脳幹**と呼ばれる部分である（210ページ、図4-2-3）。これらは生命の維持に直接関係する機能を持ち、自律神経系や内分泌系の働きを調節している。たとえば、お腹がすいたり眠くなったりするのは、間脳の視床下部の働きである。ここでは、食欲や睡眠、生殖など本能的な活動の調節を行う。また、自律神経系の中枢があり、内臓の働きなどを調節する。さらに視床下部の先端にある脳下垂体は内分泌系の働きを調節している。

　一定の姿勢を保てるのは、中脳のおかげだ。中脳は眼球運動や虹彩の収縮の中枢もあるなど視覚との関係が深い。

　くしゃみや咳は延髄の働きだ。ここには生命維持に必要な機能が集中している。呼吸運動、心臓の拍動と血管運動の中枢があるほか、くしゃみ、咳、かむこと、飲み込むこと、消化液の分泌など**延髄反射**の中枢でもある。

(3) 運動を調節――小脳

　複雑な運動をスムーズに行えるよう調節するのが**小脳**の役目だ。ここには随意運動といわれる自分の思い通りにできる運動を無意識のうちに調節したり、からだの平衡を保ったりする反射中枢がある。新しい運動を学習したり、リズムに合わせて踊ったりできるのも小脳の運動調節機能のおかげである。

(4) 「思わず」の反応――脊髄

　脊椎骨はいわゆる背骨のことである。脊椎骨の中心にあって上下に長い円柱形をしているのが**脊髄**だ。脊髄の外側は髄鞘が

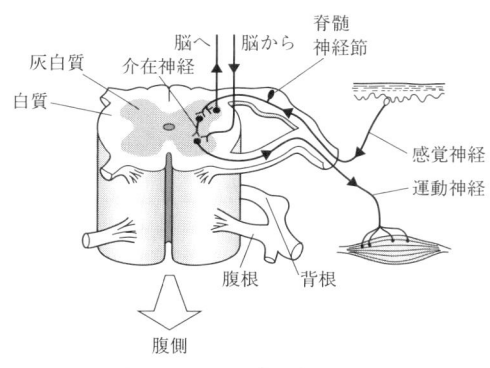

図4-2-4　屈筋反射の経路

多く白く見える白質であるのに対して、内側は、神経細胞の細胞体が集まっている、灰白色をした灰白質になっている。これは外側が灰白質、内側が白質の大脳とは逆である。脊髄の腹側からは運動神経の軸索の束である腹根（前根）が出ており、筋肉を動かすための刺激を中枢から筋肉に伝える。背側からは感覚神経の軸索の束である背根（後根）が出ており、受容体が受けた刺激を脳に伝える（図4-2-4）。腹根と背根は先で1つの束となってからだの各部に分布する。脊髄は**脊髄反射**の中枢でもある。

熱いものに手が触れたとき、思わず手を引っこめた経験は誰でも持っているだろう。こうした「思わず」の反応はまったく無意識に行われる。それによって、火傷が最小限ですむのだ。このような反応を**反射**という。大脳を経由せず脊髄や中脳や延髄から作動体に直接指令が伝わるので、反応がすばやい。

興奮は次のように伝わっていく。

　　受容器→感覚神経→反射中枢→運動神経→作動体

熱いものに手を触れて、思わず手を引っこめる動作のように、屈筋が反射的に収縮することを**屈筋反射**という（屈筋については227ページ参照）。反射を起こす興奮の経路を**反射弓**という。屈筋反射の反射弓は下記のようになる。

　熱刺激→手の表面にある感覚点→感覚神経→脊髄（背根→灰白質→介在神経→腹根）→運動神経→屈筋の収縮→手を引っこめる

　図4-2-4にあるとおり、屈筋反射では、脊髄の中にある介在神経を通して興奮が伝わる。これに対して、しつがい腱反射（図4-2-5）の反射弓には、介在神経は関与しない。

　いすに座って足をぶらぶらさせた状態で、ひざの骨（いわゆるお皿）の少し下を軽くたたかれると、思わず足が上がる。以前は脚気（注）の検査として有名であったこの反応も、脊髄反射の一例である。たたいたところにあるのがしつがい腱で、これに続く大腿四頭筋が無理やり引き伸ばされることで筋肉の中にある受容器が興奮する。この興奮が感覚神経を通って反射中

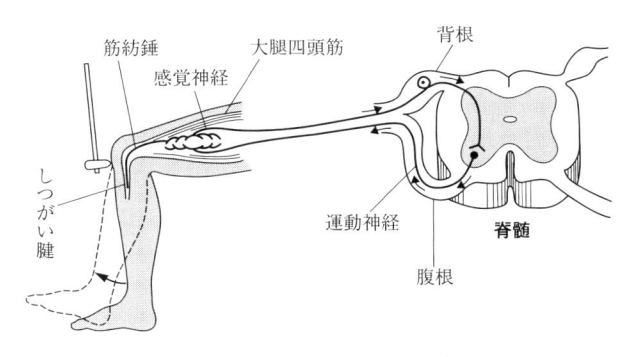

図4-2-5　しつがい腱反射の反射弓

枢である脊髄に到着し、すぐに大腿四頭筋につながる運動神経に伝えられ、大腿四頭筋が収縮する。このような反射のことを**しつがい腱反射**という。しつがい腱反射の反射弓は、運動神経と感覚神経が直接つながっている（図4-2-5）。

しつがい腱反射が起こるとき、脊髄に到着した興奮は大脳にも伝えられる。だが反射の反応は大変速いので、大脳が感知するのは反応後になる。つまり、何かが触れたと感じたときには、足は上がった後なのだ。反射は、そのくらい反応が速い。

反射の命令を出すのは、しつがい腱反射や屈筋反射では脊髄だが、光の量が増えたとき瞳孔を閉じる反射は中脳であり、唾液の分泌は延髄で行われる。

注. ビタミンB_1の欠乏により起こる栄養失調症の一種。末梢神経が冒されて、足がしびれたり、むくんだりする。

コラム　脳死と植物状態

医学の進歩により、他人の臓器を移植する臓器移植が行われるようになった。骨髄のように生体間の移植が可能な臓器もあるが、心臓、肺、肝臓などの臓器の移植は「死体」から「生きた」臓器を取り出すことが必要で、この矛盾を解決するために、脳死判定というものが必要になる（298ページ、「2. 脳死と臓器移植」参照）。

これまでの医学の世界では、呼吸停止、心拍停止、瞳孔散大・対光反射消失（瞳孔〈ひとみ〉が開いてしまって、光を当てても収縮しない状態を指す）の3つ、いわゆる「死の三兆候」をもって判定基準としてきた。

これに対して、「脳死」は医学的なコンセンサスを得られておらず、その定義は各国の法律やガイドラインによっ

ても異なる（日本では臓器移植法によって、「脳死」が定められているが、その定義についてはさまざまな議論がある）。大脳、小脳、脳幹の機能が失われた状態（全脳死）を脳死とする国が多い一方で、イギリスのように生命維持の機能をつかさどる脳幹（間脳＋中脳＋橋＋延髄）死をもって脳死と定義する国もある。

　脳死の判定も簡単ではない。脳が機能しているかどうかは直接調べられないので、からだの反応によって判定される。たとえば自発呼吸（注1）の消失や瞳孔の固定、深い昏睡（注2）、脳波が平坦であることなどである。この状態が6時間以上変化しないなどの判定基準がある。

　脳死になっても心臓は動いている（注3）。心臓の拍動には自動性があるからだ。心臓が動いている以上、死と認めたくない人たちの心情も理解できる。だがこのとき、脳は心臓の拍動をコントロールしていないのもまた事実である。

　脳死と紛らわしいのが植物状態だ。植物状態は、大脳の機能のうち少なくとも一部、多くの場合は大部分が損なわれており、意思の疎通ができない状態である。しかし、延髄や間脳など脳幹は働いていて、自発呼吸や瞳孔の反射などは機能している。つまり個体としての最小限の生命活動は維持しているので、この状態は脳死とは区別される。

注1．脳死判定を受ける患者は機械によって呼吸を維持していることが多い。自発呼吸とは機械に頼らず呼吸できるということである。
注2．意識が消失して、呼んでも目覚めない状態。
注3．脳死状態でも、ほとんどの細胞は生きていることが多い。

3. 脳はどこまでわかってきたか

21世紀は脳の世紀といわれ、近年の脳の研究はめざましい成果をあげている。これにはいくつかの要因がある。技術の進歩により生きた脳の活動の様子をそのまま映像化する技術が発達してきたことも大きな要因の1つである。

ＰＥＴ（陽電子放射断層撮影）やｆＭＲＩ（機能的磁気共鳴断層撮影）と呼ばれる装置では、大脳新皮質のどの部分に血液の流れが集中しているかを映像として見ることができる。脳のある一部分が活発に活動しているときには、必要な酸素や栄養分を得るためにその部分の血流量が増えるのである。また、ＭＥＧ（脳磁図計測法）という方法を用いると、神経の活動によって生じた微小な電流そのものを測定することもできる。これらの技術により、たとえば音楽を聴いているときに大脳新皮質のどの部分が使われているかといったことを調べることが可能になった。

これは技術の進歩のほんの一例にすぎないが、さまざまな脳の謎は最新のテクノロジーを駆使して解明されつつある。

(1) 視覚と脳

目や耳で受け入れた外界の情報は電気的な信号に変換され、感覚神経を経て脳に伝えられる。脳の中ではこれらの情報がどのように処理されていくのだろうか。

目から送られてきた映像情報は、大脳後部の後頭葉で処理される。ここでは映像情報が流れ作業的に処理されていくことがわかっている。これらの作業は5つに分けて別々の場所で分担処理されており、それぞれにＶ１からＶ５までの名前が与えられている（図4-2-6）。まずＶ１に入った情報はＶ２へと移動する。この2つでは色や輪郭、方位などの基本的な情報を検

知する。ここから情報は2つに分かれる。1つはV3、V5を経て頭頂連合野に向かう位置や運動を認識する経路、もう1つはV4から側頭連合野に向かう色彩や形を認識する経路である。これらの情報は最終的には前頭葉に集められ統合されて、視覚情報が完成すると考えられる。

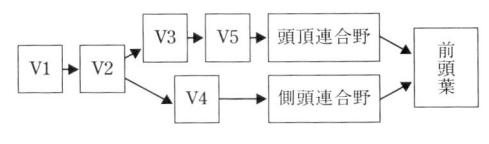

```
                ┌─V3─V5─頭頂連合野─┐
  V1─V2─┤                          ├─前頭葉
                └─V4────側頭連合野─┘
```

図4-2-6　視覚情報の流れ

(2) 言葉と脳

言葉と脳の関係は、19世紀に失語症を研究した2人の医学者、ブローカとウェルニッケまでさかのぼる。ブローカの研究した失語症は、話す言葉が少数の単語を並べただけのようになってしまうものだった。ブローカが患者の脳を調べてみると、運動性言語野（ブローカ野）と呼ばれる筋肉に指令を出して話したり書いたりさせるための部位に損傷を受けていることがわかった。一方、ウェルニッケが研究した失語症患者は流暢にしゃべるが、話している内容に意味がなかったり間違っていたりしていた。この患者の脳は、感覚性言語野（ウェルニッケ野、音の意味を理解するための領域）に損傷を受けていた。こうした研究から、言語を話すという行為は、脳の特定の部位がたがいに影響しあって行われることが明らかになった。

さて、私たちが会話をするときの情報の流れを考えてみよう（図4-2-7）。音声情報はまず側頭葉の聴覚野に入り、音として認識される（①）。そして隣接するウェルニッケ野に送られて意味が理解される（②）。それに対して返事をするときには

4-2 脳はなにをしているのか

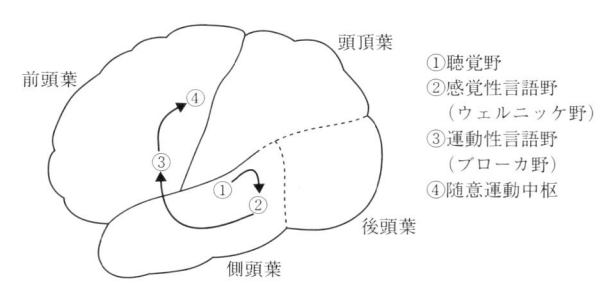

```
前頭葉　　頭頂葉
　　　　　　　　　①聴覚野
　　　　　　　　　②感覚性言語野
　　　　　　　　　　（ウェルニッケ野）
　　　　　　　　　③運動性言語野
　　　　　　　　　　（ブローカ野）
　　　　　　　　　④随意運動中枢
　　　　後頭葉
側頭葉
```

注．実線は脳にある溝を表す。破線は後頭葉、頭頂葉、側頭葉の境界を示す

図4-2-7　言葉を聞いてから行動を起こすまでの情報の流れ

前頭葉のブローカ野に指令が行き、そこで舌や顎などの筋肉を動かすための命令が出される（③）。さらに隣接する随意運動中枢（運動野）に入って声の大きさを調節して発声することになる（④）。

(3) 神経伝達物質と脳

　先に説明したとおり、脳の中には1000億個以上の神経細胞があり、たがいにつながってネットワークを組んでいる。この中で細胞と細胞の間の情報伝達を担っているのは、神経伝達物質である。脳内のシナプスで神経間の伝達に使われている物質は、確認されているだけで二十数種類あり、実際には100種類以上あるだろうともいわれている。末梢神経の神経伝達物質でもあるノルアドレナリンやアセチルコリンのほか、ドーパミン、ＧＡＢＡ（γ-アミノ酪酸）などの物質が代表的なものだ。

　ドーパミンやノルアドレナリン、アセチルコリンなどは神経を興奮させるが、ＧＡＢＡは興奮を抑制する働きがある。この相反する作用は車のアクセルとブレーキにもたとえられる（図

アミノ酸		◎グルタミン酸…記憶にも関与 ▼タウリン…伝達物質を調整 ▼GABA…興奮を落ち着かせる
生理活性アミン	カテコールアミン類	◎ドーパミン…快感ホルモン ◎ノルアドレナリン…怒りと覚醒
	インドールアミン類	◎セロトニン…生体リズムや情動 ▼メラトニン…生体リズム
	コリン類	◎アセチルコリン…記憶や生体リズム
神経ペプチド		◎エンドルフィン類…痛みを緩和

(◎は興奮性　▼は抑制性)

図4-2-8　主な脳内神経伝達物質

4-2-8)。

　これらの神経伝達物質のバランスが崩れることによって、さまざまな病気が引き起こされることが知られている。

　うつ病は、気分が落ち込み無気力な状態が続く心の病で、重い場合には自殺にまで至る。この病気には、セロトニンとノルアドレナリンが深くかかわっていることがわかっている。これらの興奮性伝達物質は、意欲や活力を伝達する働きをしていて、不足すると、うつ病特有の症状が現れるのだ。現在、うつ病の人には、シナプス内のセロトニン濃度を上げる薬などによる治療がなされている。

　パーキンソン病は手足が震えて筋肉がこわばり、からだを動かしにくくなる病気である。この病気は、主にドーパミンの不足が引き起こすと考えられる。ドーパミンは神経を興奮させる作用を持つが、大脳では、アセチルコリンが引き起こす興奮をドーパミンが抑える働きをしている。しかし発病時には中脳の一部の神経が減少してドーパミンの分泌量が減少してしまい、アセチルコリンの増加を抑えることができず、神経が興奮しす

ぎた状態になるのだ。こうしてパーキンソン病の症状が現れる。現在ではドーパミンを補う薬によって症状を一時的に改善することができるようになった。

(4) 体外の物質と脳

次に体外から入って脳に作用する物質について見てみよう。

私たちがよく飲む、コーヒー、紅茶、緑茶、コーラなどにはカフェインが含まれている。カフェインは脳を刺激して興奮させる働きがあり、カフェインを含んだ食品を摂ると、眠気や疲れが感じられにくくなる。また、気分が向上し、集中力が高まるため、仕事の能率が上がる。これはカフェインが、ドーパミンやノルアドレナリンを感知して、その生産を抑える働きを持つ受容体をふさいでしまうため、ドーパミンやノルアドレナリンの生産が止まらず神経細胞が興奮するからだ。カフェインは体内には蓄積されず、短時間で排泄されるため、その効果は一時的である。

普段からコーヒーを飲んでいる人が一時的に飲めない状態に置かれると、落ち着きがなくなりいらいらする場合がある。これは軽度の依存症であるが、ニコチンやアルコールにくらべて問題ないくらい軽く、ほとんどの場合、自分の意志で摂取をやめることができる。

では麻薬のコカインや、鎮痛剤のモルヒネはどうだろう。コカインは前頭葉の一部のシナプスに対して働き、神経伝達に使用されたドーパミンの回収を阻害する。そのためドーパミンが蓄積して神経が興奮し続けることになる。

モルヒネの場合は、神経にモルヒネの受容体があり、まるで神経伝達物質であるかのように受容されてしまう。しかも受容体は脳だけでなく全身の神経に存在し、強い鎮痛効果があるの

で、鎮痛剤としても用いられることがある。モルヒネの受容体が発見されたことから、体内にもモルヒネに似た物質が存在していることがわかった。この1つがエンドルフィンの一種であるβ-エンドルフィンで、マラソンランナーが長い距離を走る途中で苦しさが消え、爽快な気分になるランナーズハイ（runner's high）という状態も、このβ-エンドルフィンによりもたらされるといわれる。またβ-エンドルフィンは、出産時にも分泌されて、陣痛の苦痛を和らげる。

コカインやモルヒネは強い依存性があるので、一度はまり込んでしまうと中毒になり、自分の意志だけではやめることができなくなってしまう。

(5) 記憶と脳

記憶には**長期記憶**と**短期記憶**の2種類があることが、すでに19世紀に指摘されていた。現在ではさらに、ワーキングメモリなど数種類の記憶に分類して記憶をとらえるようになっている。

テストの前夜に必死になって暗記をした経験のある人は多いだろう。しかし一夜漬けで覚えたことがらは、試験が終わればきれいに忘れていることが多い。このような記憶を短期記憶といい、短ければ数秒、長くても数日間しか保持されない。短期記憶で記憶できることはそれほど多くなく、たとえば7桁の郵便番号や市外局番のない電話番号は比較的暗記しやすいが、10桁になると間違える確率が急に高くなる。

忘れなかった短期記憶はやがて長期記憶に移し替えられる。短期記憶と長期記憶では、記憶に携わる部分が変わってくる。この「記憶の移し替え」には、大脳の海馬という部分が大いに関与していることがわかっている。海馬というのはもともとはタツノオトシゴのことで、脳のこの部分がタツノオトシゴの形

に似ていることからつけられた名前である。

　事故などで、この海馬の機能が損なわれてしまうと、短期記憶が長期記憶に移し替えられなくなる。かつて、てんかんの治療のために海馬を切除された人がいた。この人は手術の日以来新しいことを覚えることができず、手術の2年前から後の記憶もなくなってしまった。会った人の顔もすぐ忘れてしまい、直前まで話をしていた人にもう一度あいさつをしたり、同じ会話を繰り返したりといった行動をとった。しかし手術の2年前以前の記憶は残っていて、自分が誰であるかもわかっているので、長期記憶そのものが損なわれたわけではない。このことから海馬には1～2年間記憶が蓄積されて、その後、長期記憶の保管されている場所に移し替えられることが推測される。

　長期記憶にも2種類ある。1つは意識して思い出せる記憶で、エピソードの記憶や意味の記憶がそれにあたる。もう1つは半ば自動的に再生される記憶で、たとえば箸の使い方がそれにあたる。箸が使えるようになるまではかなりの練習を要するが、一度使えるようになってしまうと、いちいち手順を思い出す必要はなく、ほかのことに意識をとられていても使うことができる。これは箸を操るための自動化されたプログラムが脳の中にできあがっているからだ。このような記憶のことを「手続き記憶」という。手続き記憶は、意識せずにできる反面、やり方を頭の中で思い出そうとしてもわからなかったりする。この種の記憶は意識して思い出せないことが多いのだ。

　私たちは、長期記憶と短期記憶を実際にうまく組み合わせながら、いろいろな作業を行っている。必要に応じて長期記憶から情報を取り出し、その情報をもとになにかつくったり、加工したりする。こうした作業をする際に、使われるのがワーキングメモリである。

ワーキングメモリは日本語で作動記憶と呼ばれる。仕事に必要な情報を短い間記憶するもので、いま行っている作業に必要な情報を一時的に蓄えておくためのものである。たとえば料理をしている最中に電話がかかってきたとする。もしワーキングメモリが働いていれば、電話をしていても鍋(なべ)が火にかかっていることを頭の片隅(かたすみ)で覚えていることができる。もしワーキングメモリのようなしくみがなければ、あるいはうまく働いていなければ、料理のことはすっかり忘れて、鍋を焦がしてしまうことになるだろう。ワーキングメモリの容量が大きければ大きいほど、より効率的な作業が行えるが、残念ながら記憶できる量が限られている。

(6) 心と脳
　そもそも心はどこにあるのだろうか。感情が働くと、心拍に変化が生じ、ドキドキすることがある。このことからかつては「心は心臓にある」と考える人も多かった。しかし実際には、心は、もちろん脳の働きによってつくり出されている。
　では心の働きについて詳しく考えてみよう。感情、自意識、意思、情動、思考、認知、注意、記憶、学習などが心の働きといえるのではないだろうか。これらの働きがすべて集まることにより心が形成されていると考えてはどうだろう。このうち自意識、意思は、ほかの動物にはあまり見られず、人間の心について考えるときに重要な働きである。しかしこれらは測定が難しいので、なかなか科学的に解析するのが難しい。
　感情や情動に深くかかわっている脳の部分は、古皮質や原皮質である。これは間脳を取り巻く古い大脳皮質で、進化の途中段階ではまず古皮質が現れ、爬虫類(はちゅうるい)などで嗅覚(きゅうかく)にかかわる部分として発達した。次いで現れた原皮質は有袋類など下等な哺乳

4-2 脳はなにをしているのか

図4-2-9 感情の生じるしくみ

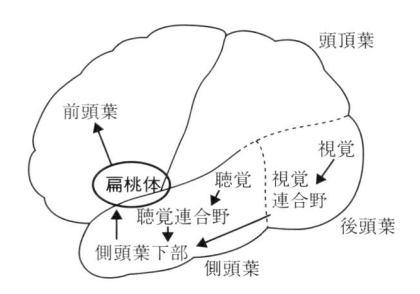

注．実線は脳にある溝を表す。破線は後頭葉、頭頂葉、側頭葉の境界を示す

類で発達した。ヒトでは、扁桃体は古皮質に、海馬は原皮質に含まれる。

　感覚器から集められてきた情報は、これまで見てきたように、まず新皮質で処理されて連合野に達する。その後、側頭葉下部に集められ、扁桃体などに入り判断が下される。この判断により感情情報が発生し、最終的には前頭葉で処理されると考えられる（図4-2-9）。生まれつき扁桃体に障害がある人は、不安や恐れといった感情のコントロールができないことが知られている。

　感情の中心が、人間らしい活動の中心である大脳新皮質ではなくて、古い脳である古皮質や原皮質であるのは非常に興味深いことである。

問いの答え　問1：①　　問2：③　　問3：②

4-3 筋肉のメカニズム

> [問1] 筋肉が収縮するしくみは、次の中のどれか。
> ①バネのように伸び縮みするタンパク質により収縮する
> ②2種類の細いタンパク質の束があり、たがいの隙間にすべり込んで収縮する
> ③糸のようなタンパク質を糸巻きのようなタンパク質が巻き取って収縮する
>
> [問2] 筋原繊維が収縮するには、あるイオンが刺激となることが知られている。どのイオンか。
> ①ナトリウムイオン　②塩化物イオン
> ③カルシウムイオン
>
> [問3] 筋肉はタンパク質の働きで動いているが、このタンパク質と同じタンパク質が働いて動いているものは、次の中のどれか。
> ①原形質流動　②細胞分裂時の染色体の動き
> ③精子のべん毛の動き

1. 筋肉の運動と動物の行動

　陸上競技の選手の腕や脚を見ると、同じ人間とは思えないほど、強く美しい筋肉が発達している。一方、宇宙飛行士が、無重力状態を数週間経験すると、地球に戻ったとき、立っていられないほど筋肉が衰えてしまう。筋肉は与えられた刺激が多いと発達するが、刺激が少ないと、思いもかけないほど短期間で衰えてしまうのである。そのため、宇宙飛行士たちは、無重力

4-3 筋肉のメカニズム

状態で定期的に運動することで筋肉低下を予防している。

あまり意識していないが、私たちは筋肉の長さを変えることで、歩いたり、物を持ち上げたりすることができる。動かすことのできる筋肉に対して命令を出しているのが脳や脊髄などの中枢神経系である。私たちが、筋肉を動かしたいと思うと、脳から命令が出て、運動神経を経由して筋肉に届き、その命令に従って筋肉が収縮したり、弛緩(しかん)したりする。

腕や脚の筋肉の両端には、白い光沢のある強靱(きょうじん)な腱(けん)があり、筋肉と骨とを結びつけている。腱は、関節を挟んで別々の骨格と結びついているため、筋肉が収縮すると骨格が動き、腕や脚も動くようになっている。このように骨格に結びついてからだを動かす筋肉を**骨格筋**という。骨格筋による関節の動きは、一般に屈筋と伸筋が協調して起こる。図4-3-1は腕の運動に関係する筋肉を示している。腕を曲げるときに収縮する筋肉を屈筋といい、そのときに弛緩する腕の反対側にある筋肉を伸筋という。反対に腕を伸ばすときには、屈筋が弛緩し、伸筋が収縮する。

運動神経により伝えられた興奮は、筋細胞との間にあるシナプスに到達し、神経伝達物質のアセチルコリンを分泌させる。

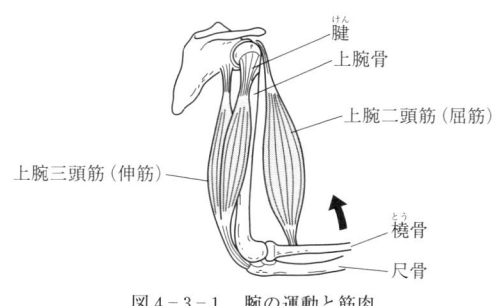

図4-3-1 腕の運動と筋肉

筋細胞にある細胞膜がアセチルコリンを受容すると、ニューロンと同じようにナトリウムイオンが流入することで興奮が伝導し、筋細胞全体に興奮が伝わり、筋細胞の収縮が起こる。

このことは、筋肉に電気刺激を与える実験によっても確認できる。骨格筋に短時間の電気刺激を与えると、筋肉はぴくりと動く。このとき筋肉は、わずか0.1秒の間に収縮し、すぐに弛緩する。このぴくりという動きが、筋収縮の基本となる**単収縮**である。しかし、単収縮では大きな動きを起こすことはできない。

筋肉を大きく動かすには、電気刺激を短い間隔で繰り返し与えなければならない。このとき、単収縮は重なり、持続的に強く収縮するようになる。これを**強縮**という。動物の行動を可能にするのは、この強縮である。ヒトのからだの多様な運動は、200本以上の骨と、400にのぼる骨格筋の強縮・弛緩が組み合わされたものなのである。

ヒトの筋肉には骨格筋のほかに、心臓を動かす心筋と、心臓以外の内臓を動かす内臓筋がある（注）。骨格筋と心筋を顕微鏡で観察すると、縞模様が観察されるため、これらの筋肉を**横紋筋**という。一方、その他の内臓筋にはこのような縞模様が観察されないため、**平滑筋**といわれる。横紋筋の収縮速度は平滑筋の約10倍といわれる。一方、平滑筋には長時間収縮を繰り返しても疲労しにくいという特徴がある。また、骨格筋は意志によって収縮を調節できるが、心筋やその他の内臓筋は意志では調節できないという違いもある。

注．ただし、皮膚の立毛筋や血管平滑筋は、内臓筋とはいわない。

ホタテガイの貝柱の観察　観察
刺身用として売られているホタテガイの貝柱を観察

し、横紋筋と平滑筋を見分けてみよう。まず、貝柱をほぐしてなるべく細い繊維にする。この繊維をメチレンブルー溶液で染色すると顕微鏡で観察することができる。

ホタテガイの貝柱はほとんどが横紋筋であるが、よく見ると小柱といわれる三日月形の平滑筋がある。ホタテガイはこの2種類の筋肉をうまく使い分けている。ホタテガイは、貝殻を開閉させて泳ぐことができる。この際、すばやく収縮できる横紋筋を使う。これに対し、長時間貝殻を閉じたままでいるときには、疲労の少ない平滑筋を使っている。

2. 火事場の馬鹿力は本当か？

　筋肉にはいくつかの種類があるが、ここでは動物の行動と関係の深い骨格筋について、その構造を示そう。骨格筋の構造は複雑なので、230ページの図4-3-2を見ながら、じっくり読んでもらいたい。

　骨格筋をほぐすと、直径1mm、長さ数cm以上もある巨大な筋細胞（筋繊維ともいわれる）が束になっていることがわかる（長いもので20cm以上に及ぶ）。筋細胞の両端は直接腱につながり、腱は骨格につながっている。すなわち、筋細胞の長さは、その筋肉の長さと同じであり、一般の細胞とくらべるとかなり大きい。

　この巨大な細胞は、発生の過程で、もとになる小さな細胞が数百個も融合してできたもので、核はそのまま残るため、筋細胞の中には核が数百個ある。筋細胞の中には太さ約1μm、長さ約2.5μmのサルコメア（筋節）という収縮の基本単位がある。サルコメアの内部には、顕微鏡で観察すると暗く見える**暗帯**

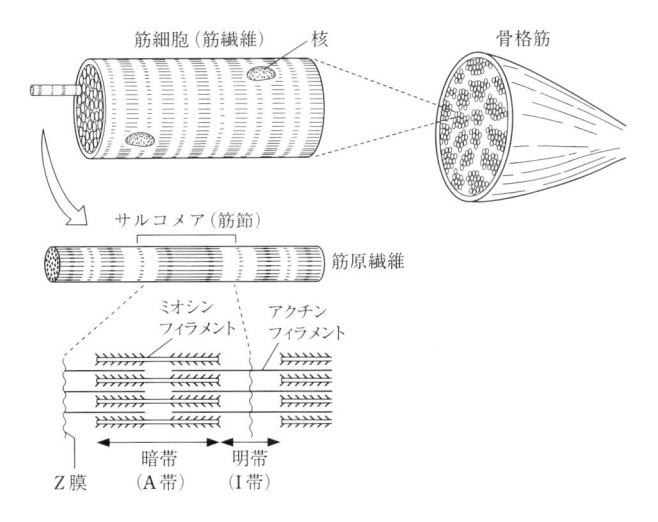

図4-3-2　骨格筋の構造

（A帯）が中央にあり、その周囲には明るく見える**明帯**（I帯）がある。また、サルコメアの両側にはZ膜という丈夫な膜があるため、サルコメアは縦方向にいくつもつながることができる。こうしてできる長い繊維が**筋原繊維**である。筋細胞の中にはこのような筋原繊維が数多くある。また、Z膜は横方向にたがいに結びついている。このため、暗帯と明帯が整然と並び、横紋筋の縞模様が見えるのである。

　次に、図4-3-3を参照しながらサルコメアの収縮のしくみを説明しよう。サルコメアの収縮は、**ミオシン**と**アクチン**というタンパク質が相互作用して起こる。

　ミオシンは分子量50万という巨大なタンパク質で、2個の頭と尾を持つオタマジャクシのような形をしている（**A**）。ミオシン分子は全長で約150nm。これに対して、アクチンは分子

4-3 筋肉のメカニズム

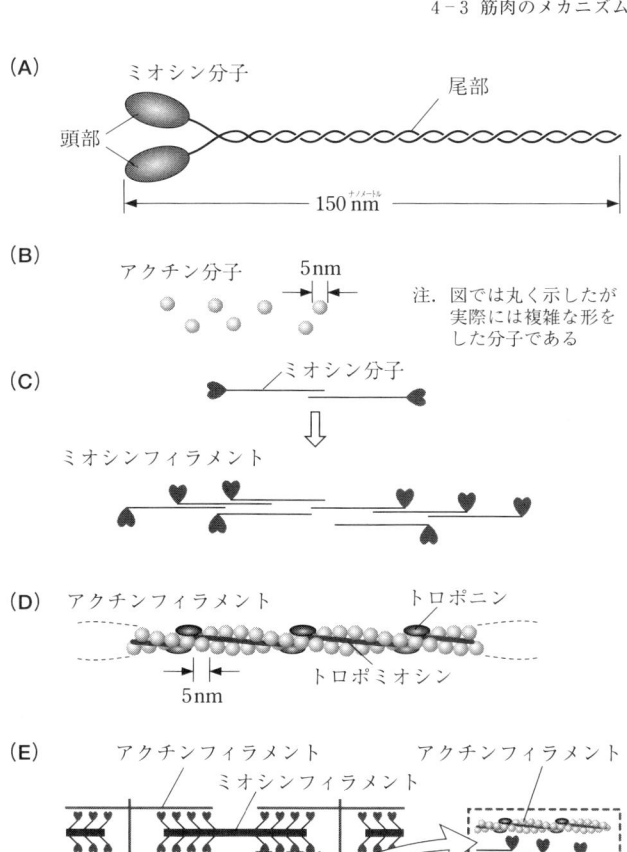

(A) ミオシン分子　　　　　尾部
　　頭部
　　　　　　　← 150 nm →

(B) アクチン分子　→5nm←
　　　　　　　　　　　　　注．図では丸く示したが
　　　　　　　　　　　　　　実際には複雑な形を
　　　　　　　　　　　　　　した分子である

(C) 　　ミオシン分子

　　　ミオシンフィラメント

(D) アクチンフィラメント　　　　トロポニン
　　　　　　　　　　　　　　　　トロポミオシン
　　　→5nm←

(E) アクチンフィラメント　　　　　アクチンフィラメント
　　　　　ミオシンフィラメント
　　　Z膜　　　　　Z膜
　　　　　筋節
　　　　　　　　　　　　　　　　ミオシンフィラメント
（ブルーバックス『筋肉はふしぎ』より転載。一部内容を改変）

図 4-3-3　筋フィラメントの構造

量4万の球形のタンパク質で、その直径は5 nmと、かなり小さい（B）。

　ミオシンもアクチンも自然に集まって、フィラメントという連続した長い繊維になっている。ミオシン分子は、その尾が束になって集まり、ミオシンフィラメントになる（C）。一方、球形のアクチン分子は数珠状に結合して2本のフィラメントになり、さらに、それらがせん状の構造になったアクチンフィラメントになっている。アクチンフィラメントには、トロポミオシンという細長い分子とトロポニンという分子が付着する（D）。

　アクチンフィラメントとミオシンフィラメントは（E）のように、ほぼ平行に交互に並び、両方のフィラメントの一部が重なり合った構造をしている。ミオシンフィラメントは密度が高いため、ミオシンフィラメントがある部分が暗く見えて、暗帯（A帯）になり、それ以外の部分が明るく見えて、明帯（I帯）になるのである。

　筋肉の収縮は、両方のフィラメントがたがいにすべりあって起こるという「すべり説」で説明されている。アクチンフィラメントがミオシンフィラメントの間に入り込んで、明帯を短くするのである（図4-3-4）。

　ミオシンには外に突き出した頭部が2つあるが、この頭部が、アクチンとぶつかったときにＡＴＰを分解し、そのエネルギーを使って、アクチンフィラメントをサルコメアの中心の方向へすべらせると考えられている。

　筋肉は、いくつものサルコメアが縦方向につながっているので、収縮すると、筋細胞は一方向に非常に大きな力を発生させることができる。この力は1 cm^{2}の断面あたり5 kgもあり、出力を単位重量（1 kg）あたりで換算すると、自動車のエンジンの70％もの力を出していることになる。この力はあまりにも

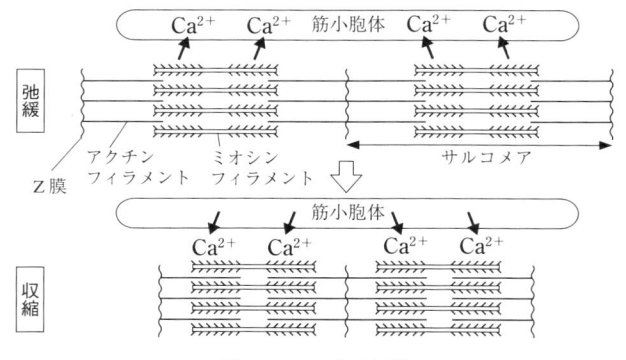

図4-3-4　すべり説

　大きいため、骨格筋が力を最大限に発揮すると、筋肉をつないでいる腱や骨を傷つけたり、筋肉自体を傷めたりする可能性がある。そこで、普段は最大でも70％程度の力しか発生させないように、神経系が調節している。しかし、火事に出くわしたような緊急時には、持てる力をそれ以上に発揮することがあり、とても信じられないような重いものを持ち上げることがある。これが「火事場の馬鹿力」といわれるものの正体である。

　大きな力を発生させるためには、多くのエネルギーを必要とする。そのため、各筋原繊維の周囲には、エネルギー源となるATPを製造する細胞小器官ミトコンドリアや呼吸に関係するさまざまな酵素がある。また、筋原繊維の周囲には、収縮の調節のため、筋小胞体という複雑に枝分かれした膜構造が発達している。

3. 筋肉は調節もすばやい

　神経系の興奮がシナプスを経て筋細胞を興奮させたのち、どのようにして筋原繊維の収縮が引き起こされるのだろうか。

筋収縮の調節には、筋原繊維を取り囲む筋小胞体が関係していることはすでに述べた。筋小胞体の膜には、筋原繊維からカルシウムイオン（Ca^{2+}）を能動輸送で取り込むカルシウムポンプがある。このポンプは筋肉が弛緩しているときに、カルシウムイオンを筋小胞体に取り込み、周囲よりも極めて高いカルシウム濃度の差をつくっている（図4-3-4）。筋細胞に収縮の命令が届くと、その興奮は細胞膜から筋小胞体に伝わり、筋小胞体の膜にあるカルシウムチャネル（カルシウムを拡散により受動輸送するタンパク質）を開かせる。大きな濃度差のため、筋小胞体内のカルシウムイオンが筋原繊維に向かって勢いよく放出される。このカルシウムイオンが収縮の信号となって、サルコメアの収縮が始まるのである。反対に、カルシウムイオンを筋小胞体に取り込んでカルシウムイオン濃度がもとに戻ると、筋肉は弛緩する。

カルシウムの信号作用とトロポニン　解説

　カルシウムイオンによる筋収縮調節に関係するのは、図4-3-5のようにアクチンフィラメントに結びついているトロポニンとトロポミオシンというタンパク質である。カルシウムと強く結合する性質を持つトロポニンは、カルシウムイオンが結合していないと、トロポミオシンと協同してミオシンとアクチンの接触を妨げるように作用する。その結果、筋肉は収縮できずに弛緩した状態になる。ところが、トロポニンに、カルシウムイオンが結合すると、ミオシンとアクチンが接触できるようになり、筋収縮が始まるのである。カルシウムによる信号作用は、その後の研究で、さまざまなところで働いていることが知られるように

なり、たくさんのカルシウム結合性調節タンパク質が見つかっている。

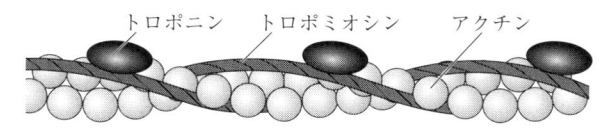

図 4-3-5　トロポニンとトロポミオシンの配置

4. モータータンパク質と細胞運動

　筋肉の収縮に働くアクチンフィラメントは、筋肉以外のすべての細胞内にも存在し、細胞骨格として働いている（「2-1 生命の最小単位＝細胞」参照）。しかもそれらの細胞の細胞質には、ミオシンも含まれている。筋細胞と同じように、ここでも、アクチンとミオシンは相互作用して動く。アクチンフィラメントには方向性があり、図4-3-6のようにミオシン分子はアクチンフィラメントをレールとして、それに沿って一方向に走る。このようにして、アクチンとミオシンは原形質流動、アメーバ運動、細胞質分裂などの細胞運動を起こしているのである。どうやら動物は、もともとどんな細胞にもあったアクチンとミオ

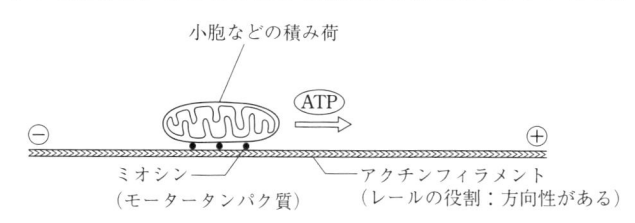

ATPを分解しながらミオシンはアクチンの上を走る

図 4-3-6　アクチン、ミオシンと細胞運動

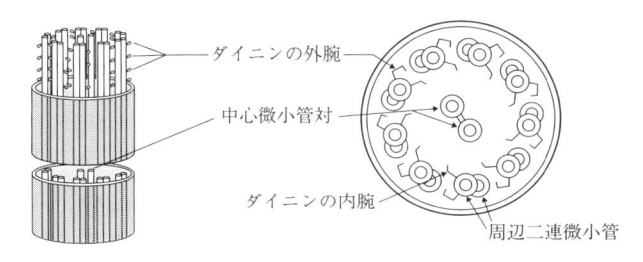

図 4-3-7　ゾウリムシの繊毛に見られる微小管とダイニン（断面図）

シンの量を増やして、筋肉をつくったようである。

　ミオシンのように、細胞骨格をレールとして動くタンパク質を**モータータンパク質**という。モータータンパク質は何種類かあるが、ミオシン以外で代表的なモータータンパク質に、ダイニンとキネシンがある。ミオシンはアクチンと相互作用して動いていたが、ダイニンとキネシンは、細胞骨格の微小管を形成しているチューブリンという球状タンパク質と相互作用して動く（微小管は細胞分裂のときにも使われる）。チューブリンは重合して微小管をつくっているが、アクチンフィラメントに方向性があったのと同じように微小管にも方向性がある。そして、ミオシンがアクチン上で動く方向が決まっていたのと同じように、ダイニンとキネシンの動く方向も微小管上で決まっていて、それぞれの動く方向は微小管上で反対である。精子のべん毛やゾウリムシの繊毛には、図 4-3-7 のように微小管があり、ダイニンと相互作用して、べん毛や繊毛の動きをつくる。

発電する生物、発光する生物　　コラム

ヒトの代表的な作動体（動物などが外界に対して能動的に働きかけるための器官）は筋肉だが、それだけではない。からだの内部環境を一定に保つ働きをするホルモンを分泌する器官（内分泌腺）や消化液を分泌する器官（外分泌腺）も作動体である。梅干しを見ると唾液が出るのは、視覚的な刺激に対する反応の1つだ（条件反射　254ページ、コラム「パブロフのイヌ」参照）。単細胞生物では、ゾウリムシの繊毛、ミドリムシのべん毛なども作動体である。また、デンキウナギ（シビレウナギ）などの発電器官、ホタルなどの発光器官も作動体だ。

日本近海に見られるシビレエイやアマゾン川に棲息するデンキウナギ、アフリカの河川に分布するデンキナマズ（シビレナマズ）は、発電のための特別な器官を持っている。シビレエイで約40V、デンキナマズで約400V、デンキウナギでは約800Vの電圧を発生する。

シビレエイの発電器官を調べてみると、発電板と呼ばれる板状の細胞が何枚も積み重なった構造になっている。これらの発電板は筋肉に由来するものなので、1枚の発電板が発生する電圧は150mV程度と横紋筋の活動電流の電圧（数十mV）の5倍程度しかない。しかし直列に多数積み重なっているために、瞬間的ではあるが大きな電圧を発生させることができる。

昆虫のホタルや甲殻類のウミホタル、軟体動物のホタルイカ、原生動物のヤコウチュウは、体内に発光のためのしくみを持っている。ホタルでは腹部に発光器官があり、発光物質ルシフェリンが酸化されるときに放出するエネルギ

ーと、ＡＴＰのエネルギーを用いて発光する。このとき化学エネルギーから光エネルギーへの転換効率は約88％と非常に高く、熱の発生はほとんどない。

ルシフェリン＋酸素＋ＡＴＰ
→　酸化ルシフェリン＋水＋ＡＭＰ＋光エネルギー
↑ルシフェラーゼ（酵素）

問いの答え　問１：②　　問２：③　　問３：①

4-4 動物のさまざまな行動

> [問1] 渡り鳥はどのようにして、目的地への移動方向を決めるのだろうか。
> ①その日吹く風の向きで決める
> ②太陽や星などの位置をもとに決める
> ③天気のよさそうな方向を判断して決める
>
> [問2] ミツバチはどのようにして仲間へ花のありかを伝えるのだろうか。
> ①ダンスをして伝える
> ②仲間を直接連れていく
> ③帰り道に花粉を少しずつ目印につけておく
>
> [問3] 働きバチが育てるのはどれだろうか。
> ①自分の子
> ②妹と弟
> ③血のつながりのないミツバチ

1. 動物の行動は、損得で決まる？

カラスが大きな貝を割って食べているのを見たとき、私たちはそれが偶然に生じているように思う。また、雄ライオンが子ライオンを殺すという話を聞くと、なんと残酷なことをするのかと思う。しかし、よく考えてみると、それらの行動は生存と生殖の面からきちんとした合理的な説明がつくものであり、私たちを驚かせることも多い。

動物が何らかの利益を得るために行動するときにはコスト（時間やエネルギー）がかかる。たとえば、エサをとるために

は動き回って時間とエネルギーを消費しなくてはならないが、エサを食べることができればエネルギー（利得）を得ることができる。動物が生きていくためには利得とコストの差し引き（利得－コスト）、すなわち利益がプラスでなければならない。プラスが多ければ多いほど、最終的に自分の子孫（遺伝子）をたくさん残すことができる確率が高まる。

　たとえば、海辺のカラス（ヒメコバシガラス）は、エサの貝（バイガイ）を上空から何度か落として貝殻を割り、中身を食べる。観察によると、いつも最も大きな貝を選んで約5mの高さから落とすという。カナダの科学者ザッハはこのときのカラスのコストと利益を計算してみた。

　一般に大きな貝ほどカロリーが大きく、しかも落としたときたやすく割れるので、大きな貝ほどコストが抑えられ利益も大きい。ザッハの研究ではコストにあたる総飛行高度（貝は1回の落下で割れるとは限らないので、貝が割れるまでに落とす高さと落とした回数をかけ合わせたもの）を求めると約5mのときに最小になった。つまりカラスが実際にやっているように最も大きな貝を選んで約5mの高さから落とすと、コストが最小で利益が最大になるのである。動物の行動が常に利益が最大化されるようになっていると断定することはできないが、その行

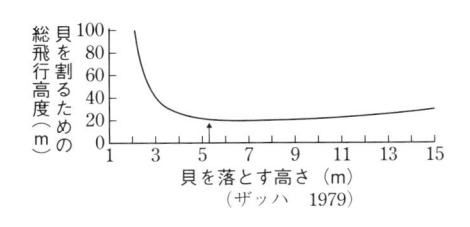

注. 5m以上の高さでも総飛行高度はほとんど同じだが、貝がバウンドして見失ってしまう、くだけて飛び散ってしまうなどの不利益が生じてくる

図4-4-1　貝を落とす高さと総飛行高度の比較

動に重大な影響を与えていることは間違いないだろう。

　現在、マクロ（集団や個体の観察）とミクロ（遺伝子などの分子レベルの解析）の両側面から、動物の行動の解明が進められている。ここでは、こうした成果をふまえて、動物の行動をさまざまな側面から見てみよう。

2. 雄と雌の出会いと家族
（1）赤いお腹が鍵となる

　イトヨ（トゲウオの一種）は雄が巣づくりと子育てをする。雄は日照時間が長くなる春（繁殖期）になると、縄張り（防衛された空間）の川底に水草や藻で巣をつくる。この巣のまわりに腹の膨れた雌が近づいてくる。するとどうだろう。雄はジグザグダンスと呼ばれる特殊な泳ぎを始める（図4-4-2）。雌が上向きの姿勢をとると、雄が雌を巣に誘導して巣の入り口を示す。雌が巣に入ると雄は口先で雌の尾部をつつき、この刺激で雌が産卵する。雌が巣を出ると、雄が巣に入り卵に精子をかけて受精させる。イトヨのこのような連続した行動は、刺激に対する反応の連鎖からなっていることがわかっている。たとえば雌の膨れた腹は、刺激となって雄にジグザグダンスを引き起こし、さらに雄のジグザグダンスは雌の上向き姿勢を引き起こす。

　このように特定の刺激によって引き起こされる、生まれつき備わっている行動を本能行動といい、その行動を引き起こす鍵となる刺激はリリーサー（信号刺激、鍵刺激）と呼ぶ。

　イトヨの雄はこの後さらに数匹の雌に対して同じ行動をとり、卵を確保する。その後は卵を守り、ふ化するまで胸びれを使って巣に新鮮な水を送り続け子育てをする。

　では、巣のまわりに雄が近づいたときはどうだろう。縄張りを防衛するため、縄張り雄は巣に近づいたほかの雄を攻撃する。

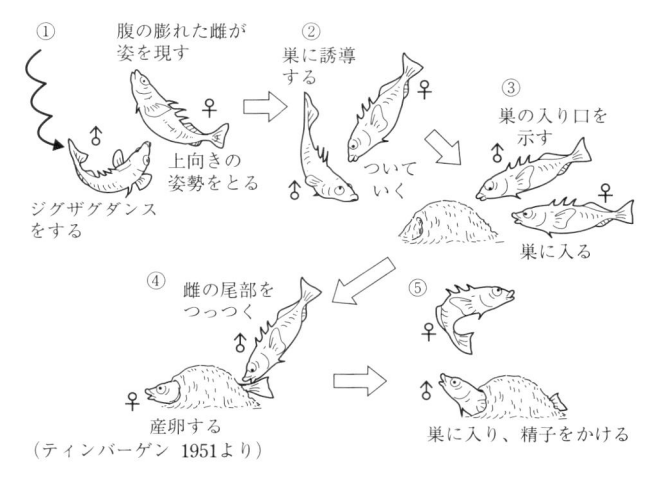

① ジグザグダンスをする / 腹の膨れた雌が姿を現す / 上向きの姿勢をとる
② 巣に誘導する / ついていく
③ 巣の入り口を示す / 巣に入る
④ 雌の尾部をつっつく / 産卵する
⑤ 巣に入り、精子をかける
（ティンバーゲン　1951より）

図4-4-2　イトヨの産卵行動

生殖時期の雄は腹部が赤い婚姻色をしている。ティンバーゲン（オランダ生まれのイギリスの動物学者。1973年度ノーベル医学・生理学賞受賞）による実験の結果、縄張り雄は、形が雄に似ていても腹を赤く塗っていない模型は攻撃しないが、形が魚と違っても腹にあたる下半分を赤く塗った模型には攻撃することがわかった。雄は腹部が赤いということをリリーサーとして、攻撃行動をとっているのである。

マンボウは卵を海水中にばらまき、メダカは卵を水草に付着させ、アユは卵を川底に産みつける。このように魚は産卵後、卵を放置するものが多い。しかし、イトヨのように子育てをする魚もいる。一方で、親が子育ての労力を省き、ほかの種の魚に子育てをまかせてしまう托卵をするものもある。またバラタナゴなどタナゴ類の魚は、ドブガイなどの貝に卵を産みつける。親に守られたり、ほかの生物に守られたりすることで、稚魚の

生存率は上がる。

(2) プロポーズ中に羽づくろい？

ツクシガモの雄は、雌を目の前にした求愛中にくちばしで丁寧に羽づくろいを始める。プロポーズの最中に羽づくろいとはどういうことなのだろう。これは、「早く雌に近づきたい」が「あわてては雌に逃げられるかもしれないので距離をおこう」という相反する気持ちの葛藤から生じるものらしい。この雄の緊張が求愛の気持ちとして雌に伝わるのだろう。

同じカモの仲間であるオシドリの雄は、風切羽が変化した飾り羽を持つ。雄が雌に求愛するときには、この飾り羽に軽くくちばしで触れる。これも、もともとはツクシガモと同じように羽づくろいの動作だが、まるで雌に羽の美しさを自慢しているかのような見せかけの羽づくろいである。オシドリの雄の鮮やかな羽は、よりはっきりと求愛の気持ちを雌に伝えるように進化してきたらしい。

(3) 他人のためか、自分のためか

ミツバチは1匹の女王バチと数万匹の働きバチ（雌）、そして繁殖期に現れる雄バチの大家族で生活しており、それぞれ分業体制の整った1つの社会をつくっている。

ミツバチは、ヒトとはまったく違うしくみで、生殖を行っている。ミツバチの場合、受精卵から生まれるものはすべて雌である。雌の体細胞は、父方、母方からそれぞれ染色体を受け継ぎ、2本ずつ対になった相同染色体を持つ。相同染色体の対の数をnで表すと、雌の体細胞の染色体数は$2n$となり、$2n$の染色体を持つ個体は二倍体と呼ばれる。

一方、雄バチは未受精卵から発生するので、体細胞の染色体

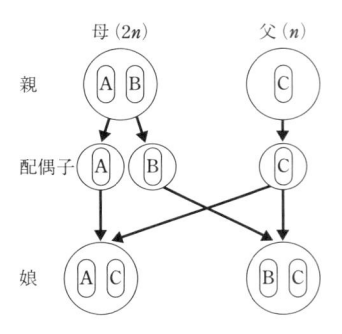

```
                母(2n)      父(n)
親           ( A  B )      (  C  )

配偶子        (A) (B)      (C)

娘          (A  C)        (B  C)
```

図4-4-3　ミツバチの遺伝

数は雌バチの半分のnとなり、一倍体（半数体ともいう）になる（図4-4-3）。女王バチと働きバチはどちらも雌であるが、そのうち、ローヤルゼリーという特別なエサを与えられたものだけが女王バチに成長する。また、女王バチは女王物質と呼ばれるフェロモンを分泌しており、これを受け取った働きバチは生殖能力がなくなり、産卵は女王バチだけが行う。

　働きバチは巣の清掃、育児、女王バチの世話、門番、蜜や花粉集めなどの仕事を行う。つまり働きバチは、自分では子を産まずに自分の多数の妹と少数の弟を育てていることになる。私たちの感覚では、利他的（自分のことより他人のことに一所懸命）なこの行動を不思議に思う。イギリスのハミルトンはこの行動を自分の遺伝子を残すという意味で有利であることを見事に説明した。彼は母子間と姉妹間でそれぞれ同じ遺伝子（コピー遺伝子）を持つ確率（血縁度）を考えてみた。

　ある特定の遺伝子に着目して考えよう。私たちヒトは受精により父と母の両方から染色体を受け継ぐので、体細胞に対をなす相同染色体が2本ずつ含まれている。だから、どの子も親から減数分裂でできた卵（または精子）によって50％の確率で、

4-4 動物のさまざまな行動

パターン1 姉の持つ遺伝子が母親由来だった場合

パターン2 姉の持つ遺伝子が父親由来だった場合

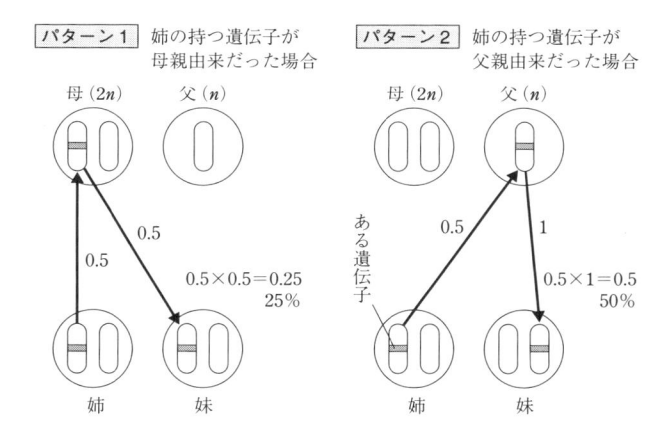

図4-4-4 ミツバチの血縁度の考え方

特定の遺伝子をもらう。この場合の血縁度は50%であるという。

次にヒトの姉妹間での確率を考えてみる。姉が持つある遺伝子に注目する。この遺伝子が母から由来する可能性は50%で、母が妹にその遺伝子を伝えている確率(血縁度)も50%なので、姉妹間で母由来の同じ遺伝子を持つ確率は0.5×0.5＝0.25で25%となる。また父由来の遺伝子の場合についても同様のことがいえるので、結局姉妹間では0.25+0.25＝0.5で血縁度は50%と考える。つまり、ヒトの場合、親子間、姉妹間で同じ遺伝子を持つ確率はともに50%だ。

ではミツバチの場合はというと、母子間ではやはり血縁度は50%である。しかし姉妹間になると少し違う。

少々ややこしい話なので、図4-4-4を見ながら説明しよう。姉の染色体上にある遺伝子に注目する。この遺伝子が母親由来である可能性は50%である（もちろん、残りの50%は父親由来である可能性だ）。この遺伝子が母親から妹に伝わっている可

能性は50%である。つまり、姉のある遺伝子が母親由来であり、かつそれが妹に伝わっている可能性は、0.5×0.5＝0.25で25％となる（パターン１）。これはヒトの場合と同じである。

　しかし、姉の染色体上にある遺伝子が父親由来だった場合は、ヒトと違った結果になる。ある遺伝子が父親由来である可能性は50%である。この遺伝子が父親の染色体にあれば、妹にも必ず伝わる（100%の確率で伝わる）。なぜなら、雄バチはその母親（姉妹からみれば祖母）からのみ染色体を受け継ぐ。二倍体の雌バチと違って、雄の細胞の染色体は対をなさない一倍体である。つまり、父親の持っている遺伝子は、すべて子に伝わる。よって、姉のある遺伝子が父親由来であり、なおかつ妹にも伝わる可能性は、0.5×1＝0.5で50％となり（パターン２）、結局姉妹間の血縁度は0.25＋0.5＝0.75で75％となる。つまり母子間（50%）より姉妹間（75%）のほうが、ある特定の遺伝子を共有する確率が高いのだ。つまり自分の遺伝子を残すということを考えると、自分で卵を産んで子を育てるよりも妹を育てるほうがより確実に自分と共通する遺伝子を残せるのである。

　鳥類や哺乳類、魚類ではヘルパーという仲間の繁殖を手助けする個体が知られている。この手伝い行動の理由も、自分の血縁者を助けることで自分の遺伝子を残すのと同じ意味が生じるからだといわれている。このように、動物に見られるさまざまな利他的に見える行動も、自分の遺伝子を残すという意味においては「利己的（他人のことより自分のことに一所懸命）」なものであると説明できることが多い。

（4）雄と雌のかけひき

　動物の雄と雌の間には、自分の子孫（遺伝子）を残すためにさまざまなかけひきが行われている。卵をつくるためには、精

子をつくるよりも多くのコストがかかる。そのため雌は生殖の機会が少なくなるので、慎重に雄を選ぶ。たとえば、ガガンボモドキという昆虫は、雄が交尾の前に雌にハエなどのエサをプレゼントするが、雌へのプレゼントが大きいほど、雄は長く交尾を続けることが許されるのである。また、クジャクの雄が鮮やかで美しい飾り羽を持っていたり、小鳥が複雑なさえずりのレパートリーを持っていたりするのも、雌に選ばれるためだといわれている。

　ライオンは群れで生活している。群れは、普通1頭から数頭の雄、その倍くらいの雌、それに子から成り立っている。雌の子は成長しても群れに残ることが多いが、雄の子は3歳くらいで群れを出て、5歳くらいでほかの群れの乗っ取りに挑戦する。そして、乗っ取りが成功すると、その群れにいる前夫の子を殺す。雌は小さな子を抱えていると発情しない。子を殺すことで雌を発情させ、自分が父親になる日を早めることができる。

　子を殺すことは種にとっては損失だと感じられるが、子殺しは雄にとって自らの子孫をより多く残すことにつながるのである。

利己的遺伝子とは？　　コラム

　働きバチは自分の子を産まずに女王バチの産んだ子を育てる。イギリスのハミルトンは同じ遺伝子を持つ確率（血縁度）を計算することで、この利他的な行動も自分の遺伝子を残すことから考えると自分の子を育てるよりも得であることを説明した。では、ヒトの場合はどうだろうか。ここで、血縁者を助ける行動にかかわる遺伝子について考えてみよう。自らの持つ遺伝子をいかに効率的に子孫に受

け渡していくかという観点で考えると、血縁者を助ける行動による利得が、その行動により自分自身が受けるコストより大きな場合、その遺伝子は集団の中に増えていくと考えられる。極端な例をあげると、私たち（ヒト）の兄弟姉妹で同じ遺伝子を持つ確率が50％であるので、兄弟姉妹を2人（50×2＝100％）助けることと自分（もちろん100％同じ遺伝子）の命を投げ出すことは同じ意味を持ち、さらに兄弟姉妹を3人以上（50×3＝150％以上）助けるなら、なおさら自分の命を投げ出す行動をとる遺伝子はその集団内で増えていくことになるのである。

　1976年、イギリスのドーキンスはこれを発展させ、「利己的遺伝子」の考えを発表した。それは「遺伝子は自分自身を増やそうとするものであり、生物はそのための乗り物にすぎない」というものである。しかし、遺伝子に自分自身を増やそうという利己的な感情があるのではない。生物のさまざまな性質を生み出す遺伝子が、結果的に自分のコピーを増やすことのできる存在だったということを意味している。つまり、利己的遺伝子とは「生物のさまざまな性質は、それを表現する遺伝子が増えるのに有利であったために進化してきた」という彼の考えの比喩的な表現なのだ。

3. 時間と方向をはかる

（1）からだの中の時計

　動物は、光や温度などを一定に保ち、外界の変化の手がかりをなくした条件のもとでも、ほぼ1日周期の活動リズムを示す。この活動周期を**サーカディアン**（概日＝ほぼ1日という意味）**リズム**という。このリズムは、概日時計（生物時計ともいう）

と呼ばれる生物のからだの中にある時間を測るしくみによって起こると考えられており、哺乳類では間脳の視床下部にある視交叉上核が時計の中心となっている。サーカディアンリズムは、シアノバクテリアからヒトにまで存在し、むしろサーカディアンリズムがない生物のほうがめずらしい。

　私たちは海外旅行で時差ぼけを経験することがある。これも概日時計が現地時間とずれているために生じる。概日時計はおもに光の刺激でリセットされるので、時差ぼけも次第に解消される。ところが、現代では人工光のもとでの不規則な生活などで睡眠障害などのからだの不調を起こすことがある。

(2) コンパスで迷わず目的地へ

　遠く離れた場所から自分の巣に帰るとき、あるいは何千、何万kmにも及ぶ鳥の渡りや魚の回遊において、動物たちは何を手がかりにして目的地への移動方向を決めているのだろうか。

　ハトの場合、太陽が見えるときには太陽を、曇りのときには地磁気をコンパスとして用いているらしい。太陽コンパスを用いているなら、時間に伴って動く太陽を基準点にするために、太陽の動きを概日時計によって補正しているはずである。実際に概日時計を1時間ずらしたハトは、太陽の1時間分の動きに相当する15°ずれた方向に飛び立つ。

　また、渡りをする鳥も太陽の位置を利用して渡りの方位を維持する。夜間に渡りをする鳥では、太陽コンパス以外にも星座コンパスを使っているし、また地磁気のコンパスや地表の目標物（地図）を利用するものもいる。しかし、これらのコンパスはその向かう方位を決める（定位）ためだけに用いられているようで、鳥がどのようにして自分の現在位置を割り出しているかはよくわかっていない。

エサ場が近いとき　　エサ場が50〜100m以上
　　　　　　　　　　離れているとき

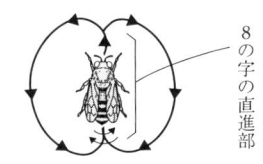

円形ダンスを繰り返す　8の字の直進部でブンブンと
　　　　　　　　　　羽音をたてて尻を振る

8の字の直進部

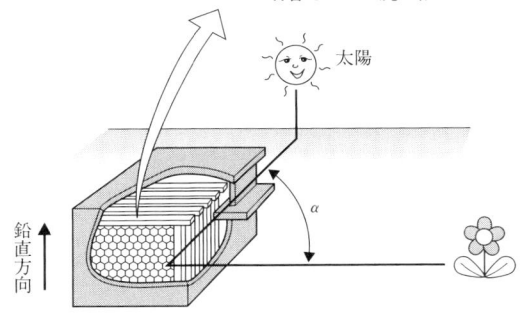

太陽

鉛直方向

図4-4-5　ミツバチのダンス

(3) ダンスで情報伝達

　ミツバチは仲間とのコミュニケーション手段の1つとして独特のダンスを使う。要するにダンスが言葉なのだ。フリッシュ（1886〜1982）の実験によると、花の蜜や花粉を持ちかえった働きバチは、エサ場が近いときには円形ダンスを繰り返すが、エサ場が50〜100m離れると8の字を描くダンスに切り替える（図4-4-5）。ミツバチは、8の字の直進部でブンブンと羽音をたてて尻を振る。

　8の字ダンスではエサ場の距離と方向が伝えられる。ダンスの速さはエサ場までの距離を伝える。エサ場までの距離が遠い

(a) エサ場は太陽の方向　　(b) エサ場は太陽の60°左

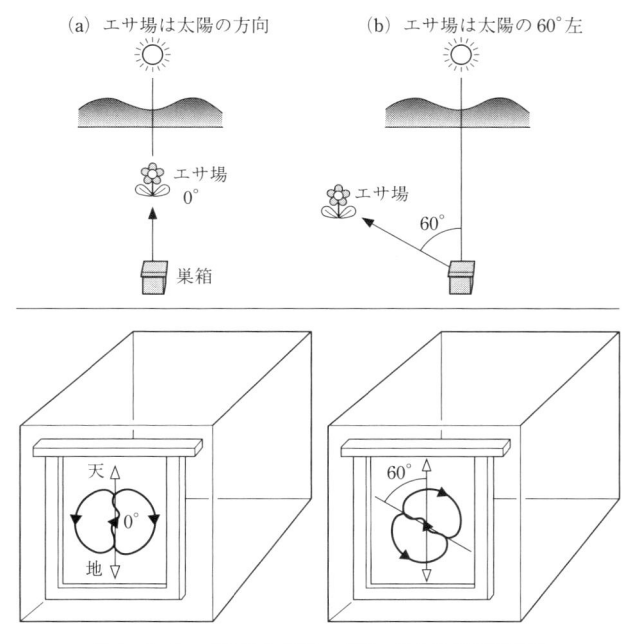

図4-4-6　ダンスと巣箱、太陽、エサ場の位置関係

ほど1回転のスピードが遅く、時間あたりの回転数も少なくなる。また、8の字ダンスの直進方向はエサ場に向かって飛んだときに見た太陽の方向を基準にしてエサ場の方向を示す。つまり、太陽コンパスによってエサ場の方向を伝えている。太陽コンパスは概日時計に合わせて太陽の位置が補正されるらしい。

　通常、巣箱の中では巣板が垂直に並んでいるので、巣を見つけたミツバチは直接仲間に方向を指し示すことはできない。そこで、太陽の方向を鉛直方向に置き換えてダンスする。たとえば、図4-4-6では、(a) エサ場が太陽の方向にあれば8の

字ダンスの直進方向は鉛直方向となり、（b）エサ場が太陽の60°左であれば尻振りダンスの直進方向は鉛直方向の60°左となる。

> **コラム**
>
> **昆虫がひきつけられる光と化学物質**
>
> 夜、特に夏場は街灯などによく虫が集まる。夜も営業しているコンビニエンスストアなどでは、ガなどの夜行性の昆虫が店の中に入ってきやすい。そこで、よく見かけるのが電撃殺虫器である。昆虫が集まりやすい波長の光を出すランプに集まってきたところを、高電圧で一瞬のうちに感電死させる。このようにガなどの昆虫は光という刺激に対して近づく行動をとる。これを正の光走性という。また、フェロモンという体外に分泌される情報伝達のための化学物質が知られている。カイコガでは、雌の尾部から雄を引き寄せる性フェロモンが分泌されていて、雄は雌の出す性フェロモンに近づく正の化学走性を示す。

4. 経験によって行動は変わる

繁殖行動などの動物の行動は、生まれつき備わっている行動によるものが多いが、生まれつき備わっている行動が経験を通して変化していくこともある。

軟体動物のアメフラシは、水管から海水を取り入れてえら呼吸をしているが、水管に刺激を受けると自己防衛の反射で水管とえらを引っこめる。だが、刺激を繰り返すと、やがてほとんど反応しなくなる。これは筋肉の疲労などではなく、水管側の感覚ニューロンと、えら側の運動ニューロンのシナプスでの神経伝達物質の放出が減少するために起こる。このような反応の

減少または消滅を**慣れ**という。動物はたえず環境からさまざまな刺激を受けている。慣れは最も簡単な学習だが、慣れによって動物はありふれた無害な刺激に対する反応をやめ、新たな刺激に対応することができるのである。

1列に並んで歩くカルガモの親子の姿はほほえましい。カルガモ、アヒル、ガンなどのひなは、ふ化して間もないときに見た動くものを親として認識し、親の後を追う。この生後の限られた時期に起こる特殊な学習を**刷り込み**という。ひながふ化後初めて目にする動くものは、通常親であるので、この学習はその後のひなの生存に都合がよい。また、親以外のものも刷り込みの対象となる。たとえば、ある種の鳥では将来の配偶者の刷り込みが行われることがわかっている。また、サケは川で産まれ、稚魚のときにその川（母川）のにおいを刷り込みによって学習している。その後、海を回遊するが、繁殖期に母川の沿岸に戻ってくると、そのにおいで母川を認識し、さかのぼることができる。

空腹状態のラットを、レバーを押すとエサが出てくる仕掛けのある箱に入れる。はじめは偶然レバーを押してエサを手に入れるが、これを繰り返すうちにだんだん速くレバーを押してエサを手に入れることができるようになる。この行動を**試行錯誤**といい、ほうび（エサ）や罰で学習の効果が上がることがわかっている。イルカやチンパンジーなどの動物の芸は学習の結果である。

神経系が複雑な動物ほど、行動にも複雑さが見られる。たとえば、脳の発達した霊長類のチンパンジーは高い知能を持っており、かなり複雑なことができる。野生のチンパンジーでは、石をハンマーと台の代わりにして硬い種子をたたき割る、アリの巣の中に棒を入れてアリを釣って食べる、葉を使って水を飲

む、といった道具を使う行動が知られている。また、京都大学霊長類研究所にいるチンパンジーの「アイ」たちは数字や文字などを学んでいる。アイは0から9までの数字を理解し、11色の色を図形文字と漢字の両方で表現できるという。

> **コラム**
>
> ### パブロフのイヌ
>
> イヌにエサ（肉の粉）を与えると唾液が分泌されるのはひとりでに起こる反射である。ロシアの生理学者パブロフは、イヌのほおに外科的手術をして、唾液の分泌を外から観察できるようにした。そしてイヌに、メトロノームの音をエサを与える直前あるいはエサを与えながら聞かせることを何度か繰り返した。するとイヌは、エサを与えられなくてもメトロノームの音を聞くだけで唾液を分泌するようになったのである。これを**条件反射**という。メトロノームの音と唾液を分泌させるエサという、本来は無関係の２つの刺激が結びつけられ、イヌはメトロノームの音とエサとの関連を学習したのである。この条件反射の研究は心理学者たちにも影響を与え、行動研究の流れをつくることになった。梅干しを見ただけで唾液が出るのも条件反射だ。

問いの答え　問1：②　問2：①　問3：②

4-5 動物の生存戦略

> [問1] ホンソメワケベラという魚の性はどのように変化していくのだろうか。
> ①雌から雄へ　②雄から雌へ
> ③生まれたときから同じ
>
> [問2] 縄張りに関する記述で次のうち正しいものはどれか。
> ①縄張りが大きければ大きいほど、縄張り所有者の利益は大きくなる
> ②縄張りの最適サイズとは利益が最大化されるときの大きさをいう
> ③個体群の密度と縄張りの間には直接関係がない

1. 同じ種の生物との関係

(1) 争いと助け合い

　昼休みのチャイムが鳴った。食堂に急がなくては好物のカレーライスが売り切れてしまう。Aが友人Bと一緒に食堂に行くと、カレーライスは大人気のため、あと1皿しか残っていない。友人Bもカレーライスが食べたいようだ。そのとき、Aのとる行動は「自分1人で食べる」「Bに譲る」「仲良く2人で分ける」などいくつか考えられる。またあるときには、Aの持ち物をBが持ち、身軽なAがBの分と合わせて2人分の食券を買いに走るかもしれない。ヒトは日々、競争や協力をしあって生きているが、ほかの動物の社会ではどのような関係が見られるのだろうか。

たとえば、同じ食物が欲しい、あるいは同じ場所に住みたい、あるいは特定の異性を独占したいなど、望むことが同じ場合は、競争が起こるだろう。同種の個体は、同じような場所で生活し、同じ時間に活動する。また、同じエサを食べ、同じ生物（捕食者）に食べられる。ある地域の生態系（すべての生物とそのまわりの環境）において同じ地位（ニッチまたは生態的地位と呼ぶ）を占めるのである。だから、同じ種の生物どうしであれば競争が起こる可能性が高い。

　しかし、繁殖のためにつがいになったり、子育てや狩り、身を守る防衛のために群れをつくったり、同じ種の生物個体がたがいに協力しあうことも多い。また、ミツバチやアリなどの昆虫では社会性が発達していて、2世代以上が一緒に暮らし、生殖を受け持つ個体とそれ以外の役割を受け持つ個体に分かれ、共同で育児をするものもいる。

(2) 群れと縄張り

　イワシ、スズメ、シマウマなど多くの動物は一時的あるいは永続的に群れをなして生きている。群れの有利な点は何だろう。1つに捕食者（敵）に対する警戒能力が増すことが考えられる。被食者にとっては、エサを食べているときも捕食者からの警戒を怠ることはできない。だが群れが大きくなれば、警戒時間を分担できるので、1個体ごとが警戒に使う時間は減り、逆にエサを食べることに専念できる時間は増えて、群れ全体としての警戒能力も増す。また集団をつくり大きくなれば、まとまって敵に立ち向かうことができる。もっと利己的に考えれば、敵に襲われたとき、1匹なら必ず自分が狙われるが、100匹なら狙われる確率は100分の1になる。さらに敵は多くの獲物がいると目移りしてしまうので、群れをばらばらに分散させれば、狩

りの成功率を下げることができるかもしれない。

　また捕食者としても、集団化には利点がある。共同で狩りができるので、狩りの成功率を上げ、自分より大きな獲物を捕まえることができる。雌雄が集まることで、繁殖の機会が増すことも考えられる。

　では、群れをつくることで生じる不利な点は何だろうか。たとえば、敵から発見されやすくなることや、食物をめぐる争いが起こることなどである。群れが大きくなるほど争いが起こり、そのための時間がとられる。このような理由で、群れの大きさはこの利得とコストの差し引きの結果で決まるといわれている。

　アユは石に付着するエサ（藻類）を得るための縄張りを持つ魚である。**縄張り**とは、個体や群れがほかの個体や群れから防衛する一定の空間のことである。アユの友釣りは有名であるが、これは縄張りに入った侵入者を攻撃する縄張りアユが、おとりアユの近くに仕掛けられた釣り鉤(ばり)に引っかかることを利用している。だが、すべてのアユが縄張りを持てるわけではなく、縄張りを持てなかった群れアユもいる。

　群れアユにくらべ、縄張りアユはエサをよく食べられるので成長も速くなる。しかし、アユの数が増えてくると、群れアユが縄張りに侵入する回数が増える。すると縄張りアユは、縄張りの防衛のために侵入者を追い払わなければならないので、ゆっくりとエサを食べられない。それでアユは、ある程度以上の密度になると、縄張りを捨てて群れをつくる。このように縄張りは、利得がコストより大きいときにのみ成立する。さらに縄張りの大きさとの関係を考えてみると、縄張りが大きくなるほど、利得は増加するがやがて上限に達するのに対し、コストは侵入してくる個体数に比例して増え続ける。そのため縄張りは、

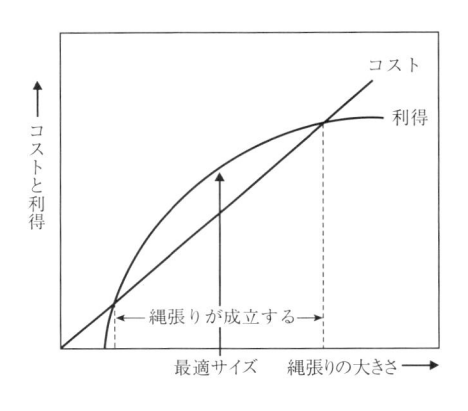

図4-5-1　縄張りの大きさと、コストおよび利得の相関

ある範囲の大きさで成立することになる（図4-5-1）。

　私たちにとって身近なペットのイヌ。そのイヌの祖先はオオカミであることが、ＤＮＡ分析でも明らかになっている。しかし、祖先がオオカミであったことは、イヌの行動を見ても推測できる。オオカミは複数の個体で群れをつくって生活し、そこには優位のもの（雌雄ペア）から劣位のものまでの順位が見られる。これで群れの中の秩序が保たれて、狩りなども効率的に行えるのである。

　イヌの場合、劣位だと認めたものは、姿勢を低くして伏せるか仰向けになるか、あるいは相手（優位のもの）の口元をなめる。また、優位の確認は、優位のものが劣位のものの上に乗りかかったり、足を置いたりするマウンティングで行われる。飼いイヌは飼い主一家と自分を群れとみなして順位づけをする。だから、もしイヌがある人物を自分（イヌのこと）より順位の低いものと決めると、その人物には従わない「わがままイヌ」になる。

オオカミの群れは縄張りを持つ。同様にイヌも縄張り意識を持ち、家のまわりや散歩コースで出合ったほかのイヌやヒトを威嚇する。さらにイヌは散歩途中であちこちかぎまわり、電柱などに次々と尿をかけていく。これをマーキングというが、自分のにおいを残して縄張りを宣言しているのである。ウグイスなどの鳥のさえずりもイヌのマーキングと同じように、ほかの雄へ縄張りを宣言し、防衛するための１つの手段なのである。

(3) 忍び寄って大成功

　一般に生存競争では、からだのサイズが大きかったり、群れの中の上位にある雄が、繁殖でも優位に立つことが多いが、からだの小さな雄や劣位な雄も次のような行動をとって繁殖のチャンスを得ている。ゾウアザラシは雄どうしが雌をめぐって争い、勝ち残った雄は多くの雌とハレムをつくる。だが、そのハレムの中に雌のふりをしてまぎれ込み、繁殖の機会をうかがう、若い雄がいるらしい。

　また、サケ科のイワナの仲間では、すべての雌とほとんどの雄はいったん海で生活し、大きく成長して産卵のために川に戻ってくる。しかし、一部の雄は川に残ったまま（残留型）小さなからだで成熟する。産卵時には大きな雄が雌とペアになり、からだの小さな残留型の雄が雌とペアになることはまずない。そこでからだの小さな残留型の雄は石の陰などに身を潜めていて、ペアが産卵・放精し始めるとさっと飛び出してそこへ放精するのである。忍び寄って大成功というわけである。

(4) 雌から雄へ性転換

　ホンソメワケベラは小さなときには雌、大きくなれば雄に性転換する魚である。この魚は１匹の大きな雄が縄張りを持ち、

数匹の雌とハレムをつくる。小さな雄は大きな雄には勝てないので、子を残すことは難しい。しかし、雌なら小さくても自分で卵をつくり、ハレムの雄と子をつくることができる。だから、からだが小さなときは雌のほうが有利である。大きくなれば雌でいるよりも、雄になったほうがたくさんの雌との間でより多くの子を残すことができる。このような理由で、雌から雄に性転換するらしい。

クマノミは、逆に雄から雌に性転換する。クマノミは一夫一妻で、雌のサイズが大きいほど卵をたくさん産むことができ、子をたくさん残せる。そのため、小さいものが雄、大きいものが雌のほうが都合がよいらしい。ペアの雌が死んだりすると、それまでの雄が雌になり、近くの小さな未成魚が雄になる。

2. 異なる種の生物との関係

(1) 食う・食われるの関係

動物は生きていくためにほかの生物を食べてエネルギーを手に入れる。だから、食う者と食われる者が存在する。そこで、身を守ったり、なるべく多くの食物をとることができるようにさまざまな戦略をとっている。

身を守るためには、ただ逃げるだけでなく、硬い甲羅などで身を包む、物陰に身を潜めて隠れる、背景に紛れるような体色や形で見つからないようにする、目玉模様や膨らませたからだで脅す、死んだふりをする、群れを形成するなど、さまざまな方法がとられる。カメレオンやヒラメや冬のライチョウなどは、体色やそのパターンを背景に似せて居場所に溶け込むし、シャクトリムシはからだを伸ばして木の枝のふりをする。見つからないようにカムフラージュしているのである。

また、毒を持つハチやヤドクガエル、悪臭を放つカメムシな

どは、逆に目立つ体色で捕食者に警告している。さらにハチに似たハナアブ、フグに似ている無毒の魚など毒のない動物が、毒のある動物に外見を似せて（ベイツ型擬態という）捕食をまぬがれることもある。

また、黄と黒の縞模様が特徴的なハチの仲間のように毒やまずい味を持つものどうしが似ている（ミュラー型擬態という）こともある。これは、敵である捕食者に種を問わずなるべく少ない回数で毒やまずい味を持つことを学習してもらい、犠牲を少なくする効果があるからといわれている。

捕食者も、忍び寄り、群れの形成、待ち伏せなどの戦略をとる。待ち伏せの場合、捕食者にもカムフラージュが見られる。

たとえば、ハナカマキリはランの花などに見えるように装うし、アンコウは自分のからだの一部をエサのように見せかけて、獲物である小魚をおびき寄せる。

（2）好みが同じ生物たち

異なる種の生物であっても、同じような食物や生活場所を求めれば（同じニッチを占めていれば）、それらをめぐって競争が起こる。ニッチがほとんど同じであれば、激しい競争の結果、負けたほうの種はついにはその地域から消滅してしまう。しかし、ニッチがある程度異なれば、共存することも可能である。

イワナとヤマメはどちらも河川に棲息する魚である。同じ河川に棲息している場合、上流にはイワナが、下流にはヤマメが棲息し、大きく重なり合うことは少なく、棲み分けをしている。ただし、イワナしかいない河川ではもっと下流にもイワナは棲息しているし、ヤマメしかいない河川ではもっと上流にもヤマメは棲息していることから、種間競争が起こっていると考えられる。棲息域の境界付近ではイワナとヤマメの競争が起きるが、

水温などの関係で境界より上流と下流でその順位が変わるらしい。ニッチが似ているために競争が起こったが、ニッチのわずかな差によって結果として棲みわけできたのである。

　また、ニッチが似ていて同じ場所に棲息するが、異なる食物を食いわけしている動物たちもいる。

(3) 一緒に暮らす生物たち

　ニッチが異なる種が、一緒に生活することもある。

　たとえば、ノミやダニはヒトのからだの表面に棲み着き、サナダムシやカイチュウは体内に入り、ヒトから栄養分を吸収してヒトと一緒に暮らしている。ノミ、ダニ、サナダムシ、カイチュウには利益があるが、ヒトには迷惑なものである。このように一緒に生活していても、一方にとっては利益があるが、もう一方は不利益を被るような関係を**寄生**という。多くの場合、寄生する側の寄生者は寄生される側（宿主(しゅくしゅ)）を殺さない。

　また、自分の子をほかの動物に育てさせるという寄生もある。これを托卵という。托卵は魚でも見つかっているが、カッコウやホトトギスといった鳥類で広く知られている。

　カッコウの雌は、産卵が始まった宿主になる鳥（オオヨシキリ、モズ、オナガなど）を見つけると、その鳥の卵を1個抜き取った後、自分の卵を1個産みこむ。その後、カッコウの卵は宿主によって温められ、宿主の卵より早くふ化したひなは、巣の中に残っている宿主の卵を背中のくぼみをうまく使って巣の外に放り出してしまう。これで親鳥が運んでくれるエサを独占できるのである。しかし、托卵により不利益を被る宿主も放ってはおかず、托卵された卵を自分の卵と見分けて取り除いたり、カッコウの親を攻撃したりと対抗手段をとっている。一方、カッコウも宿主の卵に自分の卵の色や模様を似せるように進化さ

せるなど、巧妙な手段をとっている。

　両者がともに利益を得る関係もある。これを**相利共生**という。ウシなどの草食動物やシロアリは植物の硬い繊維質を食べるので、これを分解してくれる腸内細菌がいないと生きていけないし、腸内細菌はこうした動物と共生すれば、エサのあふれている棲みかを手に入れることができる。

　また、掃除魚として知られるホンソメワケベラはクエなどの魚につく寄生虫をエサとし、クエなどの魚はホンソメワケベラに寄生虫駆除をしてもらう。しかし、これは自分自身を犠牲にして助け合っているわけではなく、利己的な行動の結果なのである。ホンソメワケベラは寄生虫だけでなく、クエなどの魚自身の粘液や鱗も食べているらしい。食べられる魚にとっては迷惑だが、寄生虫を駆除してもらい、健康でいられることの利益のほうが大きいのだろう。

問いの答え　問1：①　問2：②

第5章

ヒトのからだと病気・医療

 5-1 からだの中の恒常性 —— 266
 5-2 ヒトはどうして病気になるのか —— 284
 5-3 先端医療とヒトの生き方 —— 296

5-1 からだの中の恒常性

[問1] 寒いとき、震えたり鳥肌が立ったりするのはなぜか？　正しいものをすべて選べ。
　①筋肉を運動させて熱をつくり出しているから
　②皮膚と衣服をこすり合わせて熱を出しているから
　③体表から熱を逃がさないようにしているから
　④血液の流れを速めて、からだの隅々まで温めようとしているから

[問2] からだの中にある細胞は、それぞれが同じ遺伝子を持っているか？
　①種類の異なる細胞でも、同じ遺伝子を持っている
　②細胞の種類によって、少しずつ違う遺伝子を持っている
　③ほとんどの細胞は同じ遺伝子を持っているが、例外もある
　④どんな細胞も、必要な遺伝子以外は持っていない

[問3] ヒトの親子の間で、確実に成功する臓器移植はどれか？
　①親から子
　②子から親
　③どちらも成功する
　④たいていの場合、どちらもうまくいかない

1. 細胞が生きるためのゆりかごとしてのからだ

　私たちのからだはたくさんの細胞が集まってできている。ほとんどの動物のからだは皮膚および粘膜によって、外の世界とはっきりと隔てられている（図5-1-1）。

　からだの内部にある細胞は、環境の変化にきわめて弱い。動物の細胞を取り出して蒸留水の中に入れると、大量の水を吸いたちまち破裂して死んでしまう。このようにデリケートな細胞を取り出し、からだの中にいるときと同じように生かし続け培養するためには特別の注意がいる。動物細胞の培養液は、体液とほぼ同じイオン組成・浸透圧・pHを持つだけではなく、エネルギー源としての糖（グルコース）、さらにタンパク質の材料としてアミノ酸などが加えられている。しかし、それでも完璧なものではないので、培養液にはウシ胎児血清（血液が凝固したときに残る液体）などを加えることで未知の必要成分を補っている。

　古くから細胞を培養しようとする研究者を最も悩ませてきたものは、細菌など微生物の混入である。動物の腸の中には腸内細菌がいるから、細胞は細菌に強いと思われるかもしれない。しかし、細菌が共生している腸は外界と直結しているので、体内ではなく体外である（図5-1-1）。腸の粘膜には細菌が体内に入り込まないような防止機構が働いていて、健康な動物の体内は細菌のない無菌状態に保たれている。したがって、細菌が腸の防止機構をくぐり抜けて体内に入り込むときわめてやっかいな事態

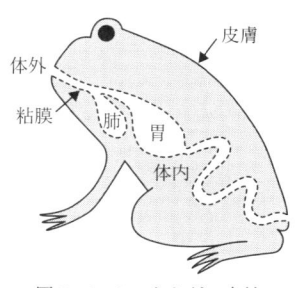

図5-1-1　からだの内外

になる。

　細菌の増殖するスピードは驚くほど速い。37℃に保温された培養液中では、大腸菌は約20分に1回分裂する。これに対し、最も速いものでも、ヒトの細胞ではせいぜい24時間に1回しか分裂しない。同じ1個から始めても、培養後24時間経ってもせいぜい2個にしかならないヒトの細胞に対して、大腸菌は4.7×10^{21}個にもなる。大腸菌だらけの培養液の中では、環境が悪化してヒトの細胞は生きてはいけなくなる。少数の細菌なら抗生物質の働きで増殖を抑えることもできるが、数が多いと抗生物質も有効ではない。

　このように、細胞をからだの外に取り出して生かし続けるには、なるべく体液に近い組成の培養液を用意し、細菌の混入を防ぐだけではなく、適切な温度を保つこと、酸素を供給し二酸化炭素を取り除くこと、栄養を供給し老廃物を除去すること、pHを一定に保つことなどの注意が必要になり、管理は大変である。一方、からだの内部ではこれらすべてのことがスムーズに行われ、安定した状態が保たれている。

2. 血液は細胞の培養液

　動物のからだの中で、細胞を浸している液を体液という。体液は、天然の細胞培養液である。脊椎動物の体液は血液・リンパ液・組織液の3種類に分類されているが、液体の化学的な成分はどれも基本的には同じものである。

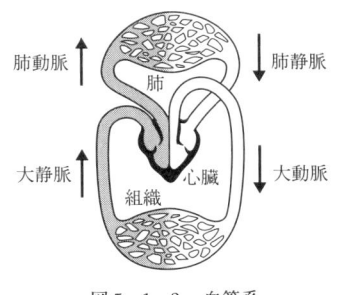

図5-1-2　血管系

このことは、からだを循環する**血液**の流れを追ってみるとよくわかる（図5-1-2）。心臓から大動脈へと送り出された血液は、枝分かれしながら細くなる動脈を通って、最後には赤血球がようやく通れるくらいの太さの毛細血管へと入る。

しかし、からだ中のすべての細胞が毛細血管と直接接触しているわけではない。そこで、毛細血管と接していない細胞にも酸素と栄養を供給するために、毛細血管から血液の液体成分（血漿）だけがしみ出し、周辺に広がる。このしみ出した液を**組織液**という（図5-1-3）。毛細血管は心臓へ戻る静脈へと続いていく。老廃物や二酸化炭素を含んだ組織液は、静脈の少し手前で、出てきたときと逆に毛細血管へしみこみ、血液中に戻っていく。細い静脈は合流し太い静脈となり、最終的には大静脈となって心臓へ戻る。全身から戻ってきた静脈血は心臓から肺に送られ、酸素をたっぷりと含んで心臓に戻り、動脈血となって再び全身へと送られる。

からだの中には血管のほかにも体液（リンパ液）を運ぶリンパ管と呼ばれる管がある。血管と異なりリンパ管には液を送り込む動脈はなく、毛細血管の近くにある末端のふさがった毛細リンパ管がリンパ液の流れの出発点である。組織液のうち、血

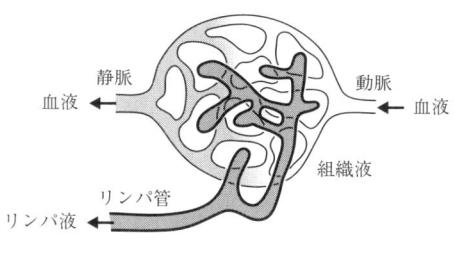

図5-1-3　血管とリンパ管

管へ戻らなかったものの一部が浸透によって毛細リンパ管へと入り**リンパ液**となる（図5-1-3）。つまり、リンパ液はリンパ管に回収された組織液である。リンパ液には細胞成分としてリンパ球が含まれている。細いリンパ管は合流してだんだんと太くなり、最終的に1本の太いリンパ管となった後に静脈へと合流し、リンパ液は静脈血の一部となる。リンパ管と静脈には、液の逆流を防ぐ弁があるなどの共通した性質が見られる。

血液の中にある細胞 [解説]

血液の中にある細胞を血球という。昔、顕微鏡の性能があまりよくない時代に発見された。そのため細胞が粒にしか見えなかったため、「血液中にある粒」という意味の名前（Blood corpuscle）がつけられた。その日本語訳が、血球である。最近は血液細胞と呼ばれることが多い。血球には赤血球と白血球、リンパ球、血小板がある。赤血球以外の細胞はすべて白血球に分類されることもあるが、それぞれの細胞の働きがはっきりとわかってきたので、細かく分けることが多くなってきた。酸素を運ぶヘモグロビンを持つ赤血球、無脊椎動物にも見られる食作用（細胞が周囲にある大型の固形粒子を取り込む活動）などの基本的な生体防御を担当する白血球（顆粒球と単球）、脊椎動物にだけある「進化した生体防御」である免疫を担当するリンパ球、それに血液を固まらせる働きを持つ血小板に分類できる。驚くべきことに、これらすべての細胞が、造血幹細胞からつくられる（図5-1-4参照）。

5−1 からだの中の恒常性

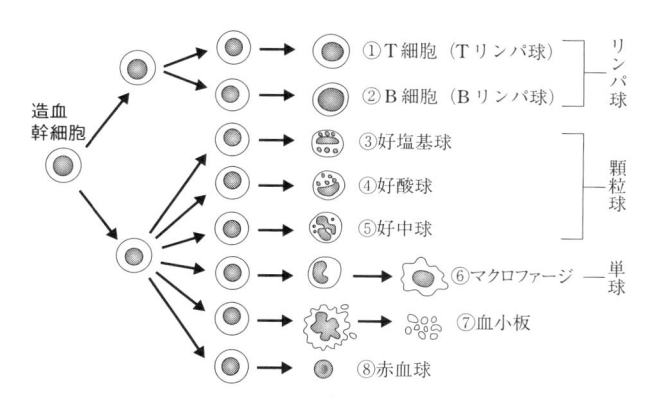

```
                          ┌─→ ○ → ①T細胞（Tリンパ球）┐ リンパ
              ┌─→ ○ ──────┤                          │  球
              │           └─→ ○ → ②B細胞（Bリンパ球）┘
              │
              │     ┌─→ ③好塩基球 ┐
造血          │     │               │
幹細胞 ○ ─────┼─────┼─→ ④好酸球    │ 顆粒球
              │     │               │
              │     ├─→ ⑤好中球   ┘
              └─→ ○─┤
                    ├─→ ⑥マクロファージ ── 単球
                    │
                    ├─→ ⑦血小板
                    │
                    └─→ ⑧赤血球
```

①T細胞（Tリンパ球）……骨髄で作られた幹細胞が、胸腺（Thymus）に移動し、そこで分化するリンパ球。免疫反応を調節する指令を出すヘルパーT細胞、非自己細胞を攻撃するキラーT細胞などがある。

②B細胞（Bリンパ球）……胸腺を通過せずに、分化するリンパ球で、ひ臓やリンパ節で働く。免疫グロブリン（抗体）をつくる。

③好塩基球……細胞質内に塩基性色素で染まる顆粒（微小な粒子）を含む顆粒白血球の一種。顆粒中にアレルギー反応の原因となるヒスタミンを含み、抗原と結びついた免疫グロブリンが結合すると、顆粒が放出され、アレルギー反応などを引き起こすと考えられている。

④好酸球……酸性色素で染まる顆粒を含む顆粒白血球。顆粒から特殊なタンパク質を放出して寄生虫やその卵を攻撃したり、ぜんそくや薬物に対するアレルギー反応に関係しているといわれる。

⑤好中球……中性の色素で染まる顆粒を持った顆粒白血球。細菌などの異物を貪食（食細胞による食作用）し、生体を外敵から防ぐ働きをする。

⑥マクロファージ……大食細胞ともいう。好中球と同様に、体内に入ってきた細菌やウイルスを貪食する。

⑦血小板……骨髄にある巨核球（巨大核細胞）の細胞質がちぎれて、血液中に入った小さな細胞質のかけらである。出血部位に集まり血液凝固因子を放出して、血液中にあるフィブリンを凝固し、止血する。

⑧赤血球……呼吸色素タンパク質のヘモグロビンを含み、酸素を運搬する。

図5−1−4　血液細胞の分化（哺乳類）

3. 体液の状態は一定に保たれている

　生物は体液の状態がほんの少し変わるだけで、すぐにからだに変調をきたす。そのため生物は、さまざまな方法を用いて、体液が最適な状態になるように管理している。体温調節を例に、体液の状態を一定に維持するしくみを考えてみよう。

　恒温動物の細胞を培養するときには、細胞を入れた容器ごと温度調節器のついた保温器に入れて温度を一定に保たなければならない。鳥類や哺乳類などの恒温動物の脳（視床下部）には、体温を感知し体温を上げたり下げたりするように命令を出す中枢があり、体温を調節している。体温中枢には、設定温度を適切に変えることのできる温度調節器の働きがある。通常は体温を36℃くらい（35～37℃）に維持するようにセットされているが、風邪をひいたときには病原体であるウイルスを排除するために、設定温度を高く変える（284ページ、「1. 病気とは何か」参照）。

　動物は寒いと思ったら暖かいところへ移動し、暑いと思ったら涼しいところに移動する。同時に、組織や細胞も体温中枢からの指令によりさまざまに反応する。1つは放熱の調節である。暑いときには、皮膚の毛細血管を拡張させ血流を盛んにし、さらに汗を出しその蒸発による気化熱によって、積極的に皮膚から放熱する。逆に寒いときには、毛細血管を収縮させ熱を逃がさないようにする。寒いときに鳥肌が立つのは、ヒトがまだ毛皮に被われていたころの名残りであり、体表にたくさん生えている毛が立つと毛と毛の間には空気がたっぷりと含まれ、断熱材として働くからである。

　もう1つは熱の発生の調節である。肝臓や筋肉で行われる好気呼吸が主な熱の発生源である。呼吸によりグルコース（ブドウ糖）が分解され、ＡＴＰがつくられるとともに大量の熱が出

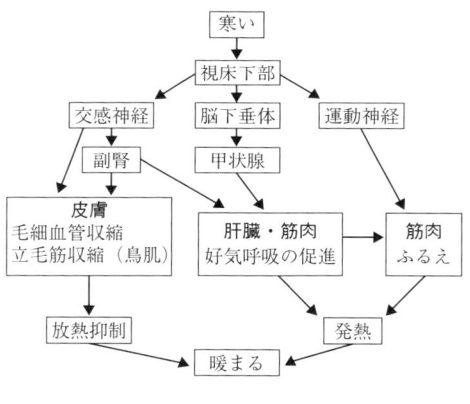

```
                    ┌──────┐
                    │ 寒い │
                    └──┬───┘
                       ↓
                  ┌────────┐
                  │ 視床下部 │
                  └────────┘
        ┌──────────┼──────────┐
        ↓          ↓          ↓
   ┌────────┐ ┌────────┐ ┌────────┐
   │ 交感神経 │ │脳下垂体│ │ 運動神経 │
   └────────┘ └────────┘ └────────┘
        ↓          ↓          
     ┌────┐    ┌──────┐      
     │ 副腎 │   │ 甲状腺 │      
     └────┘    └──────┘      
        ↓          ↓          ↓
```

図5-1-5 体温調節

る。寒いときに起こる震えは、ＡＴＰ合成を活発にさせ、熱を出すための筋肉運動である。

　体温中枢から全身に向かって発せられるさまざまな指令はホルモンと自律神経（交感神経・副交感神経）によって伝えられている（図5-1-5）。

　体液の無機物の組成が変わると、浸透によって細胞内の水分が失われたり、反対に大量の水分が細胞内に流入したりして、生命活動に重大な支障が出る。

　浸透を起こさせる力を、その溶液の**浸透圧**という。そこで浸透が起こらないように、生物はさまざまな手段を講じて体液の浸透圧を一定にするようにしている。たとえば、腎臓では水やナトリウム、塩化物イオンの排出を調節している。塩辛いものを食べたときには血液中のイオンが増えて浸透圧が上がるので、それを感知した視床下部の浸透圧調節中枢からの抗利尿ホルモンによる指令で、腎臓では一度つくった尿（原尿）から水を再吸収して体液を薄める。一方、体液中のカルシウムイオン

濃度も副甲状腺とそのホルモンの働きで厳密に調節されており、足りなくなると骨を溶かして供給される。

　血糖と呼ばれる体液中のグルコース量は、血液100mlあたり100mgくらいになるように調節されており、食後などに一時的に血糖値が上がると、視床下部にある血糖量調節中枢の指令により、すい臓からインスリン（インシュリン）というホルモンが出される。インスリンの働きで、肝臓の細胞がグルコースを積極的に取り込み、長くつなぎ合わせてグリコーゲンとして蓄えたり、呼吸を盛んにしてグルコースを分解したりする。逆に、血糖値が下がったときには、副腎からのアドレナリンやすい臓から分泌されるグルカゴンなどの働きでグリコーゲンやタンパク質の分解が促進されて、グルコースを供給する。

　血中の酸素濃度が低下すると、腎臓からエリトロポエチン（エリスロポエチン）というホルモンが出され、骨髄に働きかけて赤血球数を増加させる。オリンピック選手などが試合前に行う高地トレーニングは、このしくみを利用して酸素の薄い高地で練習することにより、一時的に赤血球を増やす方法である。その結果、平地での試合のときにはからだの各組織に普段よりたくさんの酸素を供給できることになる。

　すべての恒常性維持には正と負の調節機構があり、反応が行き過ぎると引き戻す**フィードバック**と呼ばれるシステムによって調節されている。このようなしくみでからだの内部環境を一定に保つしくみを**ホメオスタシス**（恒常性）と呼ぶ。

4. 細胞社会を守る免疫機構

　有性生殖でつくられた多細胞生物の個体は、卵と精子という生殖細胞が融合してできた1個の細胞（受精卵）からつくられる。そして、次の世代の卵や精子をつくる生殖細胞以外の細胞

（体細胞）は、個体とともに死んでしまうが、生殖細胞は子孫をつくることによって世代を超えて生き延びる。

からだの外では生きていけない生殖細胞が、次世代の子をつくることができるのは、体内環境を維持している体細胞のおかげである。体細胞と生殖細胞とはひとつの受精卵から生じる。つまり、生殖細胞から次世代の個体がつくられれば、たとえ体細胞は死んでもそのもととなる受精卵の持つ遺伝子は次世代に受け継がれることになる（図5-1-6）。

しかし、もしその体内環境を利用してほかの生物の子がつくられたら、どうなるだろう。体細胞は、自分以外の遺伝子を残すために働かされることになる。このようにして体細胞を利用するものが寄生生物である。寄生生物には、肉眼でも容易に見えるいわゆる寄生虫から、単細胞のアメーバや細菌、さらには細胞内寄生をするもっと小さなウイルスまでさまざまなものがいる。

からだに侵入した寄生生物は増殖し、からだの中によそ者が存在するという「乱れ」を生む。その乱れを感知し、侵入してきた寄生生物を排除し、よそ者のいないもとの状態に戻す働きを**生体防御**と呼ぶ。生体防御は植物や無脊椎動物にも見られる

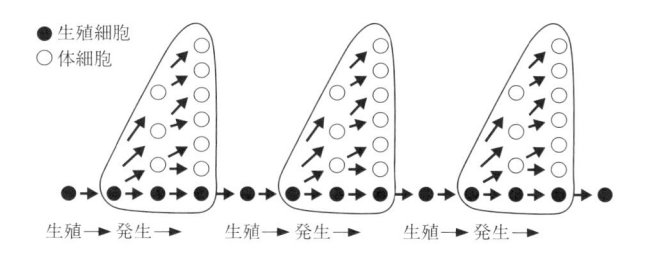

図5-1-6　生殖細胞の連続性と使い捨てられる体細胞（模式図）

が、脊椎動物で特に発達し、記憶を持つようになったものを**免疫**（注）と呼ぶ。免疫も、動物のからだの内部環境を一定に保つホメオスタシスと考えることができる。

　細胞培養のところでふれたように、体内に入った細菌はまたたく間に増殖する。そのため皮膚や粘膜によるバリアが破れて、からだの中に入られてしまった場合は、できるだけ速やかに排除しなければならない。無脊椎動物では、食細胞による食作用（貪食）という生体防御が見られる。食細胞は異物を見つけると、アメーバがエサを食べるのと同じ方法で、それを取り込んで分解する（40ページ、コラム「エンドサイトーシス」参照）。ただし、食細胞が相手を取り込むかどうかを決める手がかりはおおまかなので、寄生する相手である宿主細胞に偽装するように進化した寄生生物は見逃してしまう。そこで登場するのが、脊椎動物で免疫の働きを担っているリンパ球である。脊椎動物は250種類以上といわれるさまざまな性質を持つ細胞からつくられている。そこへ侵入者が入ってきたとしても、リンパ球は侵入してきた「よそ者」だけを適確に識別して、それに対応したタンパク質をつくり、異物の働きを抑えてくれる。

注. 免疫（immunity）という言葉には、同じ感染症（疫）には二度とかからない記憶が成立するという意味がある。

5. 無数の侵入者を見分けるツール

　リンパ球が「侵入者」と「仲間」を見分けるしくみは、ホルモンが特定の受容体にしか結合しないしくみとよく似ている。さまざまなホルモンはそれぞれ特定の受容体としか結合しないので、作用する細胞が限定される。同様に、リンパ球も特定の物質（抗原）にしか結合しない受容体タンパク質を持っていて、結合が起こったときにだけ免疫反応が起こる。このとき、「抗

原が認識された」という。

抗原として認識されるものの多くは、タンパク質や多糖類などの生体高分子であるが、受容体タンパク質と結合して認識されるのは分子全体ではなく、分子の表面の特定の小さな部分である。このように、受容体タンパク質と結合する部分、つまり抗原として認識される部分のことを**抗原決定基**（エピトープ）と呼ぶ。

図5-1-7①と②は、抗原と抗原決定基の関係を二次元の模式図で示したものだ。実線部分全体は抗原（生体高分子）を、破線内は抗原決定基を表している。分子量が大きい抗原は、ひとつの分子の中にたくさんの抗原決定基を持っている。

抗原決定基と受容体タンパク質は、鍵と鍵穴のような厳密な

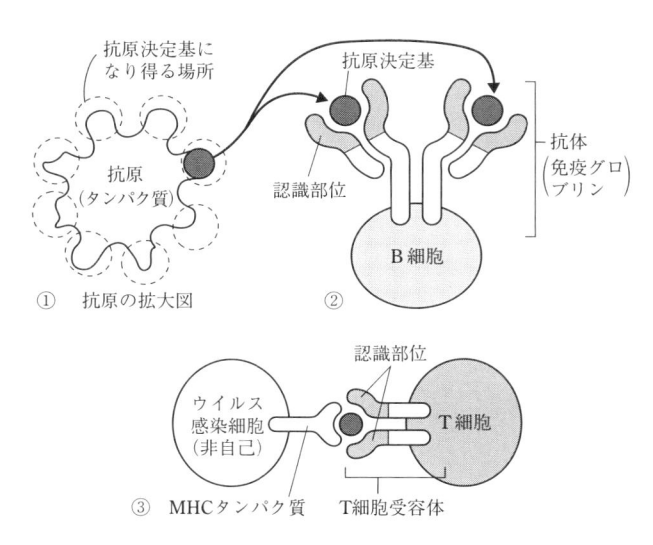

図5-1-7　認識される抗原の部位：抗原決定基

対応関係で、その形（正確には立体構造）により結合するかしないかが決まってくる。

　タンパク質はたくさんのアミノ酸がつながってできており、複雑な立体構造をしているので、ひとつのタンパク質にもたくさんの抗原決定基がある。逆に、異なるタンパク質でも部分的には同じ抗原決定基を持つことが多い。自然界には無数に物質があるとしても、その立体構造のパーツともいうべき抗原決定基の数は、せいぜい100万種類くらいではないかと見積もられている。

　免疫にかかわる細胞は何種類もあるが、特に重要な役割を果たしているのが**B細胞**（Bリンパ球ともいう）（271ページ、図5-1-4）だ。骨髄（Bone marrow）でつくられるB細胞には免疫グロブリンというアンテナのような受容体タンパク質がついている。この免疫グロブリンのことを、抗体ともいう。体内に異物（抗原）が侵入すると、B細胞のアンテナである抗体がそれをつかまえたことで、どんな抗原を持った異物が入ってきたのかを知ることができる。

　B細胞は細胞の外側にある抗原を見分けることができるが、ウイルス感染の場合のように、抗原であるウイルスが細胞の内部に入り込んでしまうと、それを発見することができない。このようにウイルスに感染された細胞やがんになった細胞を、もはや仲間ではなくなった細胞として、見つけ出して殺すのが胸腺（Thymus）でつくられる**T細胞**（Tリンパ球）である。

　T細胞にも、B細胞の免疫グロブリンのような受容体タンパク質がついている（277ページ、図5-1-7③）。T細胞の受容体タンパク質のことをT細胞受容体（TCR）という。TCRは、仲間でなくなった細胞と正常な細胞を、MHC（主要組織適合複合体）というタンパク質の上に乗せられた抗原決定基を

目印にして見分けている（MHCタンパク質については281ページで述べる）。

　免疫のしくみにおいて、100万種類をはるかに超える抗原決定基を見分けることができるということは、それに対応する数の受容体タンパク質があるということである。しかし、タンパク質をつくるヒト遺伝子数は2万個くらいしかない。また、これまで1つの遺伝子は1つのタンパク質しかつくることができないといわれてきた。いったいどうやって、限られた数の遺伝子で100万以上の受容体タンパク質をつくっているのだろう。

　長い間、多くの生物学者を悩ませてきたこの謎を解き明かしたのが、1987年度ノーベル医学・生理学賞を受賞した利根川進である。利根川は、DNAがつなぎ換えられることによって、無数の新しい「遺伝子」がつくり出され、それによって無数の抗体タンパク質がつくり出されるしくみを明らかにした。

　抗体やTCRをつくる遺伝子はいくつかの部分に分けられていて、さらにそれぞれの部分をつくる部品には、少しずつ違うものがたくさん用意されている（図5-1-8）。抗体やT細胞受容体を構成するタンパク質は、こうした遺伝子の部品を組み

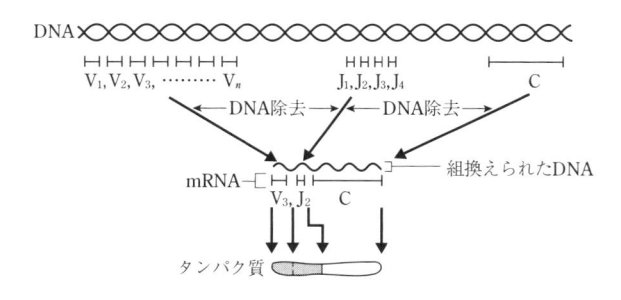

図5-1-8　遺伝子のつなぎ換えと受容体タンパク質のでき方

合わせることで膨大な数のバリエーションをつくり出している。長短２つの認識部位（タンパク質）から構成されている抗体（277ページ、図５−１−７②）では、以下に述べるような遺伝子部品の選択が行われている。

まず長いほうの認識部位は、３つの遺伝子部品でつくった"設計図"をもとに合成される。わかっているだけでも最初の部品が500種類、次の部品が15種類、３つ目の部品が４種類ある。この３つの部品遺伝子を適当に組み合わせてつなぎ換え、タンパク質（注）をつくるとすると、組み合わせによって（500＋15＋4＝）519個の遺伝子断片部品から（500×15×4＝）３万種類のタンパク質*をつくることができる。抗体成分のもう１つのタンパク質*でも２つの遺伝子部品を組み合わせてつくっているので、204個の遺伝子断片から（200×4＝）800個のタンパク質*ができる。受容体タンパク質の抗原と結合する部分は、２つのタンパク質*の間にあるため、２つのタンパク質*でつくられる受容部分では３万×800＝2400万通りの抗原を見分けることができる計算になる。つまり、たった700個くらいの遺伝子断片を使うことで、2400万通りの抗原を見分けることができるのだ。

こうした遺伝子の組み合わせをつくるＤＮＡのつなぎ換えが行われるため、リンパ球では受容体タンパク質をつくる遺伝子が細胞ごとに異なっている。からだの中では、リンパ球だけがほかの細胞と同じ遺伝子を持っていない例外的存在であると考えられている。

注．単独では働かないタンパク質なので、正確にはペプチド鎖という。＊がついているものは、すべてペプチド鎖。

6. 仲間のしるしと見分け方

　前述したように脊椎動物の細胞は、**ＭＨＣタンパク質**を細胞の表面に持っている。１つの受精卵からつくられたからだの細胞は、少数の例外を除きほとんどすべてが同じＭＨＣタンパク質を持っている。つまり、細胞の持つＭＨＣタンパク質を見て、それが同じであればその細胞は仲間（自己）であり、それを持っていなかったり異なる形をしていればよそ者（非自己）と判断することができる。Ｔリンパ球はＭＨＣタンパク質を見分けて、その細胞を攻撃するか受け入れるかを決める。つまりＭＨＣタンパク質はからだの中で仲間の細胞を見分ける「旗」の働きもしているのだ。

　臓器移植の際に問題になるヒトのＭＨＣ遺伝子は、主要なものだけでも６種類ある。移植が成功するためにはそのすべてが一致するのが理想であるが、それぞれのＭＨＣ遺伝子に数多くの種類（対立遺伝子）があるので、数万人から100万人に１人くらいしか完全に一致する組み合わせはないと考えられている。子は両親から半分ずつのＭＨＣ遺伝子を受け継ぐので、親子の間でも一致しないのが普通だが、それぞれのＭＨＣ遺伝子は連鎖の度合いが強く、まとまって１つの遺伝子のように遺伝することが多いので、兄弟姉妹の間なら４分の１の確率で同じ型の組み合わせが出現する可能性がある（ＡＢ×ＣＤ→ＡＣ，ＡＤ，ＢＣ，ＢＤ）。もちろん、一卵性双生児なら100％一致している。つまり、一卵性双生児はそれぞれのリンパ球が判断する免疫学的意味においては、たがいに「自己」どうしということになるのだ。

　リンパ球の抗原受容体遺伝子のつなぎ換えはランダムに起こるので、事実上無限といってよい種類のリンパ球がつくられる。その中には、自分自身の持つタンパク質などを非自己抗原とし

て反応してしまうリンパ球もたくさんある。しかし、普通は自分の持つ成分に対する攻撃的な免疫反応(自己免疫)は起こらない。免疫反応を起こさない性質を**免疫寛容性**という。リンパ球が自分の細胞と寄生生物を見分けることができるのは、自己に対しては寛容になり、非自己に対しては不寛容になるからである。

　自分自身の持つ抗原に対する寛容性が成立するしくみは、主に自分自身に反応する受容体を持ったリンパ球が取り除かれることによる。胸腺(上胸部の胸骨のすぐうしろにある葉状の器官)で生み出される無数のTリンパ球のうち、自分自身の抗原に反応する受容体を持った97～98％が胸腺内で死んでしまう。その結果、自分自身に反応するT細胞は除かれ寛容性が成立する。こんなに大量のリンパ球が死ぬと、十分な免疫反応ができなくなるのではと不安になるが、残った2～3％のリンパ球だけで十分非自己には強く反応する免疫のしくみができあがる。

　遺伝子のつなぎ換えをしながら一生の間に必要とされるほぼすべてのTリンパ球がつくられるのは、免疫のしくみがつくられる個体の発生期である。つまり、個体はこの時期に出会った抗原に対しては寛容になり、自己とみなすようになる。逆にもし、この時期に寄生生物が体内に侵入していたとしたら、それをも「自己」として受け入れる免疫のしくみができあがってしまうことになる。そういう意味で、母体の中で外界から隔離されて発生する哺乳類の胎児は、免疫の発生にとって理想的な環境で育てられているといえるだろう。

> **コラム**
>
> ### 免疫は両刃(もろは)の剣
>
> 免疫は順調に働いている限りは素晴らしいシステムだが、ときとして異常に過剰な反応が起こったり(アレルギー)、自己に対する寛容性が崩壊したり(自己免疫疾患)して、ヒトを病気にしてしまうことがある。前者の例として花粉症や食物アレルギーがあり、後者としては甲状腺や精巣に対する直接の攻撃のほか、リウマチやアトピー性皮膚炎の原因としても疑われている。アレルギーや自己免疫疾患は、いずれも正常に起こるべき免疫反応の調節の失敗である。しかし、外部から免疫反応そのものを調節することは非常に難しく、治療が困難である。不思議なことに、こうした特定の抗原(花粉やソバ、抗体や皮膚抗原など)に対する異常反応には、最近になって急速に増えてきたものが多く、その原因の1つに現代人のライフスタイルそのものが関係しているのではないかとも疑われている。

問いの答え 問1：①、③　問2：③
問3：④（実際には免疫抑制剤を使って①や②を行うことがある）

5-2 ヒトはどうして病気になるのか

[問1] 病気のときに出る熱と、普段の体温を維持している熱が発生するしくみは同じか、違うか？
①同じ
②普段はからだが熱をつくるが、病気のときには病原体が熱をつくる

[問2] なぜ、去年のワクチンが今年のインフルエンザには効かないことが多いのだろうか？
①ワクチンが劣化するから
②年によって流行するインフルエンザウイルスが違うから
③ウイルスがワクチンに対抗できるように強くなるから

[問3] 進化によって複雑化が進んでいると考えられるヒトは、完成された動物といえるだろうか？
①ヒトは進化の最後に出てきた動物なので最も完成されている
②進化には完成ということはないので、不完全な部分もある

1. 病気とは何か

　動物は体内に安定した環境をつくっていて、その安定が維持されている限り健康である。ただし、「5-1　からだの中の恒常性」で述べたように体内の環境は、まったく動かずに安定しているのではなく、小さな乱れを敏感に感知して、それに対し

て適切な処理を絶えず行っている。このように健康は動的に安定した状態である。では、この応答がうまくできなくなることが病気なのだろうか。

ヒトが最も頻繁にかかる病気である風邪(かぜ)を考えてみよう。風邪をひいたと感じる自覚症状は頭痛、発熱、悪寒(おかん)(さむけ)、くしゃみ、鼻水、鼻づまり、咳(せき)、喉(のど)の痛みなどである。風邪症候群と呼ばれるこれらの症状を引き起こす原因のほとんどはウイルスによる感染である。風邪のウイルスは細胞に侵入し、増殖する。そして、それがさまざまな症状を引き起こす。このうち、発熱について考えてみよう。平常時は36℃くらいに調節されているヒトの体温が、風邪をひくと数度上昇する。しかし、発熱は体温の調節機能がおかしくなったせいで起こるのではなく、体温中枢がその設定温度を自発的に高く変更し、からだが積極的に発熱した結果として起こることがわかっている(図5-2-1)。風邪の初期に悪寒を感じるのは体温が低下したからではなく、新しく設定された温度に体温が到達していないために寒く感じるのである。

体温中枢に新しい体温を設定するように働きかけたのは、ウイルスの侵入を感知したマクロファージが出したインターロイキン1というタンパク質である。マクロファージは生体防御の

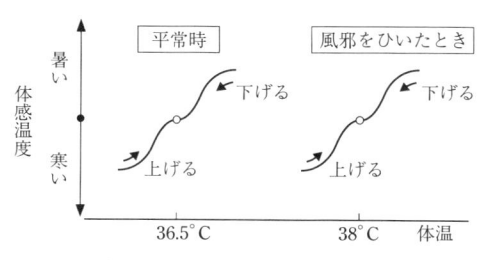

図5-2-1 風邪と設定体温の変化

初期に働く食細胞であるが、ウイルスを貪食することはできず、その代わりに警戒警報としてのインターロイキン1を体液中に放出する。インターロイキン1を受け取った体温中枢の指令で体温が上昇すると、高温に弱いウイルスの増殖が抑制されるとともに、リンパ球の活動が盛んになりウイルスが攻撃される。

ボランティアの協力を得て行った実験によると、ウイルス感染の初期に解熱剤を使って体温の上昇を抑えたグループは、使わなかったグループにくらべ、体内からウイルスがいなくなるまでの時間が長かった。つまり、風邪の発熱は明らかにウイルスに対する適切な対応であることがわかる。

熱が出て数日すると、免疫の働きでウイルスが排除される。すると、マクロファージはインターロイキン1を出すのをやめ、体温中枢の設定温度がもとに戻る。設定温度が下がっても体温はすぐには下がらないので、汗をかいて体温を積極的に下げようとする。汗が出て風邪が治ってきつつあることがわかるのは、そういうことなのだ。インフルエンザなどの特に悪性のものを除くと、ウイルスによる感染は特別な治療を受けなくとも、このような過程を経て自然に治癒する。

2. 不快は不利ではない

風邪の原因はウイルスや細菌による感染であることは間違いないが、多くの人は発熱、咳やくしゃみという不快な症状そのものを病気だと考えるのではないだろうか。病気には原因と症状があり、症状がなくなることと病気が治ることは違う。症状を消す医療法を対症療法という。

ウイルスの感染初期に対症療法として解熱剤を使うと、発熱による不快感は解消されるが、それによってウイルスに対するからだの反応が遅れるという不利益が生じる。もちろん、熱が

出ると頭痛や全身のだるさを感じたりするので、活動性は大きく低下するが、それは悪いことだろうか。動物は発熱などで体調が悪くなると、じっとして動かずあまり飲食もしなくなる。動かないことで体力の消耗を防ぎ、ものを食べないことでウイルスや細菌に冒された消化器の負担を軽くし、結果的に病気からの回復が早まると考えられている。

　病気の症状として代表的な発熱のほか、咳、痰、くしゃみ、鼻水、下痢、嘔吐などは不快なものだ。しかし、これらはいずれもからだの中に入った異物を追い出そうとする反応であり、からだに過度な負担がかかるのでない限り、むやみに症状を抑えるべきものではない。咳や痰は気管と気管支の上皮細胞がウイルスや死んだ細胞を含んだ粘液を体外へ出そうとする反応だし、下痢は腸内にある「毒物」を一刻も早くからだの外に出そうとする反応である。そういうときに、薬によって咳を止めたり下痢を止めたりすることにより、かえって状態を悪くしてしまうこともあり得る。

　痛みについても同じことがいえる。傷を負うと痛いし、筋肉を酷使すると筋肉痛になるなど、さまざまな原因で問題のある場所に痛みを感じるが、痛みはすべて脳で感じる神経の働きである。最近は、神経を麻痺させることによって痛みを解消する薬が数多く開発されている。しかし、原因を取り除くことなしに痛みを消してしまうことは危険な処置であり、鎮痛剤を使って筋肉や骨の痛みを抑えてプレーをしたスポーツ選手が、回復不能な肉体的ダメージを負う事故も起こっている。痛みは、からだからの警戒信号なのだから、痛みを感じなくする薬を使う際には、原因に対して適切な処置を行うことを前提にするように注意したい。

　このように考えると、病気に伴う不快な症状といわれている

ものの多くが、からだの防御反応であるばかりではなく、からだの中で起こっていることを知らせてくれる警戒信号であることがわかる。もちろん、それはヒトだけにあるものではなく、医者にかかることのできない動物にとっては、その信号に適切に応答できるかどうかが、生死を分ける。

　これまでの医療は、不快な症状があればそれを抑える処置をする対症療法に重点がおかれてきた。もちろん対症療法の目的である、人間としての生活の質（クオリティ・オブ・ライフ）を向上させることも重要だが、不快感というものの意義を生物学的に考え直すこともまた大切なことである。

ダーウィン医学　　コラム

　ダーウィン医学（進化医学）はランドルフ・ネシーとジョージ・ウィリアムズが1991年に書いた論文「ダーウィン医学の夜明け」とともに誕生した新しい学問分野である。医学というよりは生物学的に病気の意味を考える学問であり、さまざまな病気の症状を生物学的にとらえ直すことで、病気というものに対する新しい見方を提供してくれる。最大の特徴は、病気に伴うさまざまな不快症状を、ヒトのからだが正しく反応している証拠であると肯定的に評価したことだろう。また、からだの反応を病原体の側から見るとどうなるかという話もおもしろい。たとえば、風邪の症状である咳やくしゃみは、ヒトにとっては風邪のウイルスを体外に排出しようとする働きであるが、ウイルス側から見ると咳やくしゃみに乗って1人でも多くの人に感染しようという戦略でもあるという。

3. ウイルスとヒトの進化競争

　ウイルスはほかの生物の細胞に寄生することによってしか増えることができないので、寄生が成功しなければ滅びてしまう。一方、ウイルスの感染を受ける生物の側も、感染から逃れるために生体防御というしくみを進化させてきた。ヒトに感染する多くのウイルスは、一時的に感染することができても速やかに排除されてしまうので、ヒトの生体防御である免疫のしくみがウイルスに勝っているようにも見える。しかし、インフルエンザウイルスの例を見るとわかるように、ウイルスの遺伝子が変化するスピードは非常に速く、毎年のように姿を変えて流行するので、ヒトの免疫が常に適切に対処できるとは限らない。

　もちろん、寄生する側のウイルスにも弱点がある。それは、宿主がいなくなったら自分たちも生きていけないということだ。ウイルスには宿主特異性というものがあり、原則的にはヒトが感染するウイルスはヒトにしか寄生できないので、宿主であるヒトが滅びるとウイルスも滅びるということになる。長い進化の過程を経て、ヒトと一緒に進化してきたウイルスの多くのものは宿主であるヒトを殺すほどの病原性は示さない。

　ときとして、突発的に大量の死者を出すようなインフルエンザや新型肺炎（SARS）などが流行することもあるが、そういうものの多くはそれまではほかの動物に感染するウイルスだったものである。また、簡単に宿主を殺してしまうような病原性の高いウイルスに対しては、ヒトも必死で戦う。天然痘ウイルスは、人間の医療活動により自然界から撲滅された。

エイズ　　コラム

　HIV（ヒト免疫不全ウイルス）というウイルスに

より発症するエイズ（ＡＩＤＳ：後天性免疫不全症候群）という病気がある。このウイルスに対してはヒトの免疫が働かないので、発症は深刻な事態を意味する。なぜ、免疫が働かなくなるのだろう。ウイルスには宿主特異性だけではなく、細胞特異性もある。つまり、同じヒトに寄生するウイルスの中にも、種により上皮細胞にだけ感染したり、神経細胞にだけ感染したりするものがある。ＨＩＶは、よりによって免疫の主役であるヘルパーＴ細胞と呼ばれるリンパ球に感染し、増殖してはＴ細胞を破壊し、次々と感染を広げるため、ヘルパーＴ細胞がどんどん減ってしまう。それにより感染者の免疫能力が極端に低下してしまい、ＨＩＶを排除することができないばかりではなく、本来ならば簡単に排除できるはずのほかのウイルスや細菌・寄生虫などの寄生が簡単に成功し（日和見感染）、重い症状になってしまうのがエイズである。

4. 欠点だらけのヒトのからだ

　何億年もの時間をかけた進化の結果できあがったヒトのからだではあるが、その設計は決して完璧といえるものではなく、ヒトのからだのつくりそのものが原因で起こる病気もある。「進化によってできあがる」ということは、どんなものでも白紙から設計し直すのではなく、すでにあるものを改良してできる、ということである。たとえばヒトは、４本の足で歩く類人猿が進化して、２本の足だけで歩くようになった。そして、二足歩行をするようになったため、両手が自由に使えるようになり、複雑な道具をつくって使えるようになった。しかし、同時に不都合なこともかかえることになった。

二足歩行と直接関係する有名な病気は、腰痛(ようつう)である。従来は、前脚で支えていたからだの上半身の重さを、すべて腰にある背骨で支えなければならなくなったにもかかわらず、腰には十分筋肉が発達していないことから、多くの人が腰痛を経験する。同様に内臓が垂れ下がって起こる胃下垂や筋肉の弱いところから腸が飛び出すヘルニア、血管が圧迫されて血液循環が悪化して起こる痔(じ)などは、二足歩行と引き換えにかかえ込んだ欠陥である。また、哺乳類ではヒトがいちばん難産である理由の1つもそこにあると考えられている。

　胃下垂や腰痛は死にいたる病ではないが、ヒトはときに食べたものを喉に詰まらせて窒息死することがある。実は、これはヒトが言葉を話すようになったことと関係がある。

　ヒトは咽頭腔(いんとうこう)と呼ばれる、のどの奥の空間が広がることにより、言葉を話すことができるようになったといわれる。声帯から出す単純な音の振動に、長く広くなった咽頭腔を共鳴させたり、舌を動かすなどの変化をつけることよって、母音や音節を区切った音などを組み合わせて、複雑な音を出せるようになった。咽頭腔が狭いチンパンジーには、このような複雑な音は出せない。ヒトの赤ん坊も、チンパンジーと同じように咽頭腔が狭いため、生まれたてのころは、複雑な音はうまく発音できないのである。

　しかし、複雑な音を出せるようになったことと引き替えに、ヒトは窒息死というリスクを負うことになった。図5−2−2のように、ヒトでもチンパンジーでも空気の通り道と、口から食べた食物の通り道が喉の奥で交錯している。チンパンジーでは咽頭腔がほとんどないので、息をするために開いている気道の両脇を食物がすり抜けて食道に入っていく。しかし、ヒトでは長くて広い咽頭腔が空気と食物の通り道として共有されている

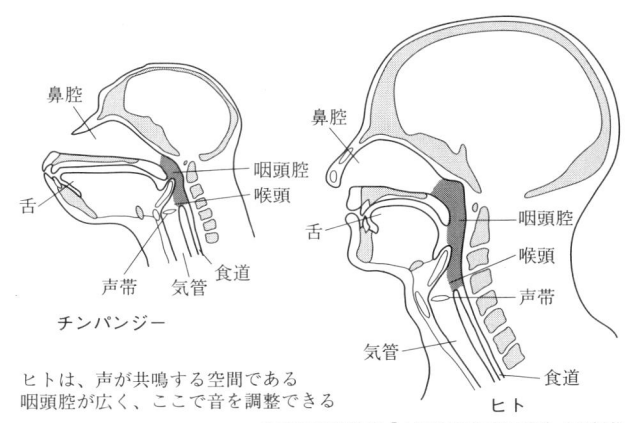

ヒトは、声が共鳴する空間である
咽頭腔が広く、ここで音を調整できる

講談社現代新書『人類進化の700万年』より転載

図5-2-2　チンパンジーの喉とヒトの喉

ため、空気と食物を同時に通すことができない。どちらか一方だけを通す交通整理が必要なのである。食物が気道に入り込むリスクを避けるために、ものを飲み込むときには喉頭蓋という気道の蓋が反射的に閉じて、気道に食物が入り込むのを防いでいる。

　ヒトの赤ん坊がミルクを飲んでいるところを見ると、鼻で呼吸もしていることがわかる。大人のように、気管にミルクが入り込んでむせ返ることはない。ヒトも赤ん坊のうちは、チンパンジーと同様に喉頭が高い位置にあり、空気を出し入れするために鼻から気管へと気道が直結されても、ミルクは気道の両脇をとおって、食道に入ることができるからだ。

　ところが生後6ヵ月くらいを過ぎ、音声を発するようになるころには、喉頭の位置が下がり始める。そうなるとミルクを飲むことと呼吸の両立はできなくなり、同時にやろうとするとミ

ルクが気道に入ってむせ返ることになる。言葉を話せないチンパンジーでは、大人になっても喉頭の位置はヒトの赤ん坊と同じで、息をしながら飲み物を飲むことができる。つまり、食物が喉に詰まる危険性は言語を得た代償ともいえる。

5. 遺伝子が病気の原因になるのか

病気の中には、遺伝子そのものに原因があるものもある。そういうものを遺伝病あるいは遺伝子疾患と呼ぶ。

かま状赤血球貧血症は、赤血球が草刈りがまのような形に変形し壊れやすくなって起こる病気である（図5-2-3）。かま状になった赤血球は、狭い毛細血管を通過する際に血管壁に引っかかり壊れて、貧血を引き起こす。この病気では、赤血球の中にあるヘモグロビンタンパク質のβ鎖をつくる遺伝子が変化して、6番目のアミノ酸がグルタミン酸からバリンに置き換わる。

ヒトは2セットの遺伝子を持つので、2つのβ鎖遺伝子があるが、両方ともかま状赤血球貧血症のもの（ホモ）だと重症で、多くは子のうちに死に至る。正常なβ鎖遺伝子を1つ持ってい

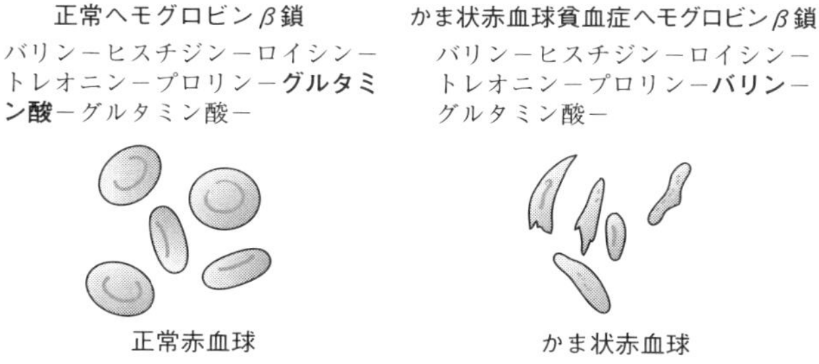

正常ヘモグロビンβ鎖
バリン－ヒスチジン－ロイシン－トレオニン－プロリン－**グルタミン酸**－グルタミン酸－

かま状赤血球貧血症ヘモグロビンβ鎖
バリン－ヒスチジン－ロイシン－トレオニン－プロリン－**バリン**－グルタミン酸－

正常赤血球　　　　　　かま状赤血球

図5-2-3　かま状赤血球貧血症

るもの(ヘテロ)では、症状は出ないかずっと軽い。アフリカ系アメリカ人を調べてみると、ホモが0.2%、ヘテロが8%と少ないのに、彼らの故郷の東アフリカでは、なんと40%がヘテロでこの遺伝子を持っている。

　その理由は、この遺伝子を持っていると、熱帯熱マラリアという赤血球に寄生する原虫によって起こされる病気にかかりにくいからである。この遺伝子をホモで持っていると、かま状赤血球貧血症で死んでしまうが、まったく持っていないとマラリアに感染して死んでしまうことが多い。そのような地域では、たとえ「病気の遺伝子」といえども生存に有利であれば、進化的に保存される。一方、マラリアの少ないアメリカではほとんど利益がないので、この遺伝子を持つ人が減ったと考えられる。

　かま状赤血球貧血症の話は特殊な遺伝病として有名であるが、病気の遺伝子という定義自体が難しい例はたくさんある。現在の日本のような豊かな食糧環境がむしろ特殊で、ヒトは、その出現以来ほとんどすべての時代で、慢性的な食糧不足だったと考えられている。そういう時代には、摂取したエネルギーをより有効に体脂肪として蓄積する働きを持った「倹約遺伝子」と呼ばれるものを持っていることが、飢餓に対する抵抗性を持ち生存に有利だった。しかし、現在では同じ遺伝子を持っていることで肥満や糖尿病になりやすくなってしまっている。有用遺伝子が病気の遺伝子になった例である。

　免疫などで細胞の情報交換に使われるケモカインと呼ばれる分子がある。この分子の受容体となるタンパク質の遺伝子の一部が欠損してしまうと、免疫能力が低下する。生存に不利な条件にもかかわらず、西欧人にはこの遺伝子を持った人がかなりいることが知られている。700年ほど前にヨーロッパでペストが大流行して人口が激減したときに、ケモカイン受容体に変異

を持っている人が多く生き残り、現在までその変異遺伝子が受け継がれてきているという説もあるが、確かめられてはいない。ペスト菌は正常なケモカイン受容体を目印に感染するため、遺伝子に変異がある人はペストにかからなかったという説である。興味深いことに、エイズの原因であるＨＩＶ（ヒト免疫不全ウイルス）はヘルパーＴ細胞に感染する前に、このケモカイン受容体を目印（注）にしてマクロファージに感染することがエイズの発症と深くかかわっているらしい。だから、このケモカイン遺伝子に変異がある人は、ＨＩＶに感染してもエイズ発症への進行がないか、たとえあってもきわめて遅いといわれている。それが事実だとすると、この場合は、変異ケモカイン遺伝子が「エイズ抵抗性遺伝子」ということになる。

注．ＨＩＶがヘルパーＴ細胞に感染する際にはケモカイン受容体ではなく、同じく細胞表面にあるＣＤ４と呼ばれるタンパク質を主要な目印にする。

　こういう例を見ると、ある遺伝子がよいとか悪いとか、生存に有利だとか不利だとかを判断することの難しさがよくわかる。遺伝子もからだのつくりや働きも、有利か不利かということは状況との相対的な関係で決まるということである。現時点における判断で遺伝子に優劣をつけたりすることは、進化の歴史のスケールで考えるとあまり意味がない。研究が進むにつれて、どんな病気も多かれ少なかれ何らかの遺伝子の特性と関係づけられてくる傾向にあるので、遺伝病という分類も将来なくなるかもしれない。

　　問いの答え　問１：①　　問２：②　　問３：②

5-3 先端医療とヒトの生き方

> [問1] ヒト以外に、病気やケガを自分で治療する動物はいるか?
> ①いる　　②いない
>
> [問2] 「脳死」と「心臓死」の違いはなんだろう? 「脳死」について正しいものを選べ。
> ①脳死になっても意識が回復することがある
> ②脳死になっても最新の機械をあらかじめ接続しておけば、心臓はすぐには止まらない
> ③脳死は脳だけが働かない状態なので、胃の中に食物を送り続けると生き続ける
> ④脳死になると24時間以内に心臓死が訪れる
>
> [問3] なぜクローン人間はつくってはいけないといわれるのか?
> ①気持ち悪いから
> ②病気がはやる可能性があるから
> ③神のやるべきことを人間がやるから

1. 身近になった先端医療

医療とは病気やケガを治す行為のことで、医療行為を専門に行う医師という存在を持つ動物はヒトだけだ。しかし、ケガをした動物がしばらくの間、食べることもやめて物陰に隠れて静養したり、ネコが草を食べて毛玉をはき出すなどということは、ある意味では医療行為といえるだろう。最近になって、チンパンジーが消化をよくする成分を含んだ植物の葉を食べることも

5-3 先端医療とヒトの生き方

発見された。

一般的な医療では、医師による診断の後、投薬や静養の指示などが行われる。虫垂炎などの外科手術は、いまでは小さな個人病院でも日常的に行われているが、最初に行われたときにはかなりの勇気を伴う先端医療だったろう。先端医療というのは、最先端の研究成果を応用した新しい医療で、安全性や結果は必ずしも保証できなくともよいという前提で選ばれる実験的側面を持つ。そのため、誰でもが自由に受けられる医療ではなかった。ところが、科学技術の急速な進歩と普及により、臓器移植や人工臓器の利用といったいわゆる「高度先端（先進）医療」が私たちの手の届くところまで近づいてくるスピードが速まっている。

高度先端医療の特徴は、工学や生物学の先端研究の成果が取り入れられていることであり、大きな病院で大きな医療チームが最先端の機械・設備と技術を駆使して行うものが多い。先端医療にはコンピュータや新素材などの工学的最新技術を利用した工学的先端医療と、最新の生物学的技術を利用した生物学的先端医療があるが、多くの場合には両者の技術がクロスオーバーして使われている。

工学的先端医療の代表的なものには、精密人工臓器である人工中耳や、顎の骨や歯根を含めた歯の再建手術といったサイボーグ医療、および核磁気共鳴（NMR）装置やレーザー装置を使った病気の診断や治療などがある。生物学的先端医療においても、測定や操作・診断に最新のテクノロジーで開発された機器を駆使しながら、臓器移植や卵細胞に対して顕微鏡を用いた操作が行われる。このうち遺伝子操作・遺伝子治療については8章で扱うことにして、ここでは一般的になりつつある臓器移植と生殖医療について考えてみよう。

2. 脳死と臓器移植

　壊れたり働かなくなった組織や器官を、正常なもので置き換えるのが**移植医療**である。ひどい火傷を負ったところに、自分のからだのほかの場所の皮膚を移植する皮膚の自家移植は、古くから行われている。血液の中にも細胞があるので、輸血も厳密な意味では移植である。骨髄移植の歴史も比較的長い。ただし、281ページ、「6. 仲間のしるしと見分け方」で述べたように、一卵性双生児どうしの場合を除くと、他人からの臓器移植は一般的には成功しないため、臓器移植は治療手段のリストからはずされていた。

　しかし免疫学の著しい進展によって事情は様変わりした。臓器の提供者(ドナー)と移植を受ける患者(レシピエント)の間で、組織適合性を支配するMHCタンパク質が同じでさえあれば他人の臓器でも移植が成功することがわかり、さらに少数のMHCタンパク質のみが違うという程度なら拒絶反応を抑えることのできる免疫抑制剤が開発されたことで、臓器移植は一挙に現実的な医療として注目されるようになったのである。

　移植医療では、移植手術の技術もさることながら、移植される臓器の確保が最も困難な問題である。移植される組織や器官は「生きて」いなければならない。一方、生きているドナーの生命をほとんど脅かすことなく移植組織を取り出せる骨髄や、2つあるうちの1つを使う腎臓、再生力があるので一部を切り取って使える肝臓などの場合を除くと、臓器を提供するドナーは「死んで」いなければならない（図5-3-1）。

　多くの国では人間の「死」の要件は法律で定められており、生きている人間から臓器や組織を摘出することは傷害罪や殺人罪になる。移植医療が現実問題になるまでは、世界中のほとんどの国において死とは心臓の停止、自発呼吸の停止、瞳孔が開

5-3 先端医療とヒトの生き方

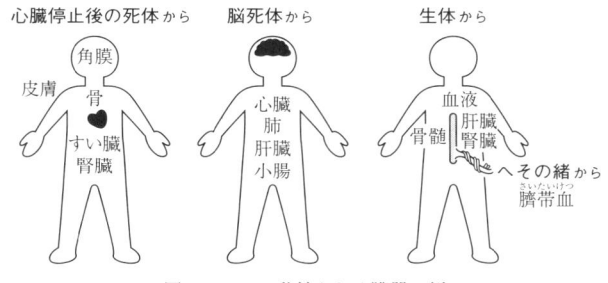

心臓停止後の死体から: 角膜、皮膚、骨、すい臓、腎臓

脳死体から: 心臓、肺、肝臓、小腸

生体から: 血液、肝臓、腎臓、骨髄、へその緒から臍帯血（さいたいけつ）

図5-3-1　移植される臓器の例

き光に反応しなくなること、という3つの兆候で確認されていた。角膜や腎臓などの場合は、これらの兆候が確認された後もしばらくは細胞が生きていることが知られており、古典的定義による死体からの移植でも十分よい結果が期待できる。ところが、心臓や肺、肝臓や小腸などは3兆候による死の判定の後では、移植に適さないほどに状態が悪化していることが問題になった。

　脳幹（のうかん）部分が働かなくなると人は速やかに心臓死に至る。この状態を**脳死**という（215ページ、コラム「脳死と植物状態（しょくぶつじょうたい）」）。昔は、脳幹機能が停止すると、心臓死への移行を食い止めることができなかったが、医療機器の発達により、脳幹の働きが停止しても心臓や肺の活動を維持できる装置が発明された。こうした装置にあらかじめ接続しておけば、脳幹が機能しなくても心臓の拍動や呼吸を維持できる。このようにして維持されたからだを臓器移植のドナーにすると、心臓や肺、肝臓などもよい状態で移植に使えるようになる。脳死状態のからだからの移植を可能にするために、先端医療を行う世界の国々では死を規定する法律を改正した。日本でも1997年に成立した臓器移植法により、臓器移植を行う場合に限り脳死が人の死と認められるよ

うになった。

　しかし、この法律ができたおかげで、多くの人が続々と救われるようになったわけではない。移植を希望する患者の数にくらべて、ドナーの数があまりにも少ないのである。日本では、移植のドナーになるには年齢が15歳以上で健康であること、あらかじめ臓器移植の意思を臓器提供意思表示カード（ドナーカード）に書いておくこと、その段階で家族が臓器提供に同意すること、脳死の判定がなされたことのすべてが満たされていなければならない。そのうえで、全国（場合によっては全世界）に登録されている移植希望患者のMHCの型や年齢など、適合条件の一致があった場合にのみ移植が実行される。さらに、救急救命医療が発達しつつあることを考えると、今後も脳死者の数は減ることはあっても増えることはないだろうと予測されている。

再生医療の可能性　コラム

　イモリの尾や四肢などは切り取られても、しばらくするとまた生えてくる。目のレンズや顎、肝臓や脳でさえも再生する。イモリは、ヒトと同じ脊椎動物である。なぜイモリは再生力が強く、ヒトの再生力は弱いのだろう。

　イモリと同じ両生類のアフリカツメガエルの再生能力に、そのヒントがあるかもしれない。アフリカツメガエルのオタマジャクシは尾や肢や目のレンズを再生できるが、変態して尾がなくなり、カエルになると、ほとんど何も再生できなくなる。

　尾のあるイモリは、尾のないカエルの祖先に近い姿と考えられている。カエルはオタマジャクシのときには、まだ

イモリの進化段階にいると考えたらどうだろう。イモリの段階では再生できるが、発生が進んでカエルになると再生できなくなるという解釈である。オタマジャクシがカエルになるときに再生力がなくなることの理由が明らかになったら、カエルだけではなくヒトでもからだの器官を再生させることができるようになるかもしれない。

3. ヒトをつくる医療

　不妊症という「病気」がある。不妊症だからといって本人の生命が脅かされるわけではないので、風邪やがん、エイズなどのいわゆる病気とはちょっと違う扱いをされることが多いが、子どもが欲しい夫婦にとっては深刻な問題である。精子や卵がつくられるところから妊娠が成立するまでの過程の、どこか1ヵ所でもうまくいかないところがあると不妊症になる。不妊症を知るためには、ヒトがどうやって生まれるかを理解する必要がある。

　脊椎動物のうち、魚類と両生類の多くは卵と精子をからだの外に放出して受精する体外受精を行うが、爬虫類、鳥類、哺乳類は雌の体内で受精する体内受精を行う。受精のために、雌のからだの中に精子を送り込む行動を**交尾**という。

　交尾後、精子は輸卵管の中を泳ぎ、輸卵管の上部で卵巣から排卵された卵と出会い受精が起こる。受精卵は輸卵管を下りながら細胞分裂を繰り返し、卵の内部に胞胚腔と呼ばれる腔所を持った胚盤胞と呼ばれる胚になる。爬虫類と鳥類ではその後、胚が輸卵管を下る間にまず卵白に包まれ、さらに卵殻に包まれて体外へと産み出される。一方、ヒトを含むほとんどの哺乳類では受精卵は子宮に到達すると胚は卵を包んでいた透明帯という袋から飛び出し、子宮の壁（内膜）の中にもぐり込む（着床）

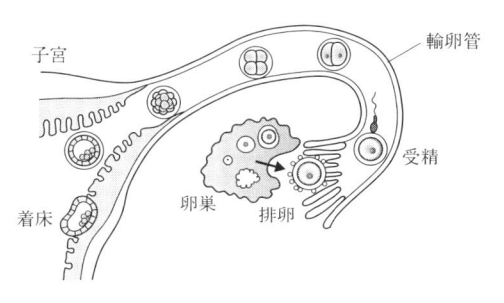

図5−3−2　哺乳類の排卵・着床

（図5−3−2）。着床が起これば、妊娠が成立したと考えることができる。

　初期の生殖医療は、何とか妊娠を成功させようという目的で行われ、排卵を促進させるためのホルモン治療や、濃縮した夫の精子や第三者の精子を子宮に注入する人工授精などが主であった。しかし、1978年に精子と卵を体外で受精させて子宮内に戻し、出産させる方法が成功してから事情が一変した。生殖工学を駆使する先端医療の領域に踏み込んだのである。

　体外で受精ができるということは、精子と卵を自由に組み合わせることができるということだ。精子も卵も凍結すると半永久的に保存できるので、ずっと昔に死んでしまったヒトの卵や精子を使って新しい個体をつくることもできる。もちろん、受精卵を体外で赤ん坊にまで育てることはできないので、子宮に着床させて育てなければならない。しかし、子宮は免疫のしくみから除外された特殊な場所であり、自分自身の卵でなくても拒絶せずに着床させることができることから、「借り腹」や「代理出産」と呼ばれる第三者による妊娠・出産が可能になってきている。

　ヒトでは実際に行われたことはないと思われるが、発生初期

の胚をいくつかに分割すると、一卵性の双子、3つ子、4つ子をつくることができる。これを受精卵分割クローンまたは胚分割クローンといい、優秀なウシを確実に増やす方法として実用化されている。ヒトの一卵性双生児は、発生初期の胚が偶然に分割されてできたクローンである。

4. クローン羊と幹細胞

　生殖工学的技術の発展にはめざましいものがあり、その究極の姿の1つとして、クローン羊の誕生がある。受精卵の核は、卵と精子の核が融合しているので母親由来と父親由来の2セットの遺伝子を持っている（「3-2　細胞分裂と生殖」参照）。生物のからだを構成する体細胞の核も遺伝子を2セット持っているので、受精卵の核と体細胞の核とを置き換えても正常に発生することが予想される。このことは、カエルを使った核移植実験によって1950年代から証明されていた。こうしてつくられる新しい個体は核を提供した個体とまったく同じ遺伝子を持っているので、一卵性双生児とほぼ同じ個体（注）が発生してくる（図5-3-3）。これを**体細胞クローン**という。

　技術的な問題でなかなかできなかった哺乳類の体細胞クローンが、ついに1996年に誕生した。クローン羊「ドリー」である。しかし、乳腺細胞の核を使ってつくられたドリーは、2003年2月に6歳7ヵ月で死んだ。これはヒツジの平均寿命の約半分だ。回復の見込みがない肺疾患となってしまい、安楽死させられたという。短命であったことが偶然によるのか、クローンであることが原因であるのかどうかははっきりしていないが、多くの体細胞核では分裂するたびにＤＮＡの端が少し短くなっていくので、それを使ったクローン動物は短命であるという可能性も指摘されている。

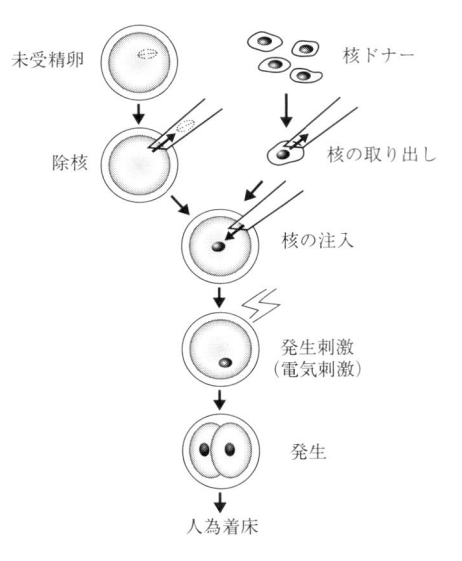

図中ラベル: 未受精卵 / 核ドナー / 除核 / 核の取り出し / 核の注入 / 発生刺激（電気刺激）/ 発生 / 人為着床

図 5-3-3　体細胞クローン

　ヒツジに続いて、マウス、ウシ、ウサギ、ネコ、ブタなどの体細胞クローンが続々とつくられている。種による違いはあるが、クローンマウスでは胎盤が異常に大きかったり、クローン牛では死産が多いなど、原因ははっきりしていないが、さまざまな異常が出やすい傾向にある。また、技術的にはヒトの体細胞クローンもつくることが可能な状況にあるが、ほとんどの国ではヒトの生命を人為的に操作するということの倫理的問題から、クローン人間の作製を法的に禁止している。

注. DNAを持つミトコンドリアが異なるので、厳密には一卵性双生児とは違う。

　生殖医療技術は日進月歩で発展している。哺乳類の初期胚か

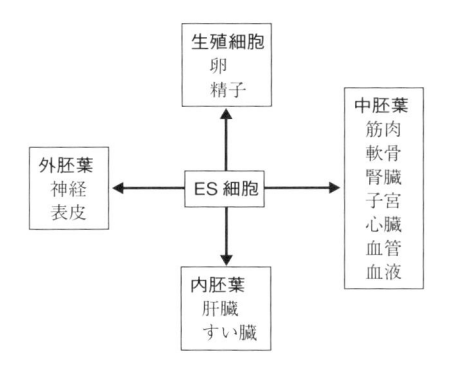

```
                 生殖細胞
                   卵
                   精子
                                    中胚葉
                                      筋肉
    外胚葉                              軟骨
     神経    ── ES細胞 ──              腎臓
     表皮                              子宮
                                      心臓
                                      血管
                                      血液
                 内胚葉
                   肝臓
                   すい臓
```

図5-3-4　ES細胞の分化

ら将来のからだのもとになる内部細胞塊と呼ばれる部分の細胞を取り出し、これを培養するとES細胞（胚性幹細胞）と呼ばれる細胞として増やすことができる。幹細胞というのは、多様な細胞に分化する能力を持った、分裂のもとになる細胞という意味である。培養液の組成を変えることで、ES細胞から神経細胞、心臓や骨格の筋肉細胞、血管や血液細胞を始め、骨や皮膚の細胞までもつくることができる。ES細胞はもともと動物のからだ全体をつくるもとになる細胞なので、この実験結果はそれほど驚くべきことではないかもしれないが、培養液の中でいくらでも増えてどんなものにでも分化できるこの細胞は、将来の医療を根本的に変えるほどの可能性を秘めている。

体細胞クローン技術とES細胞培養技術を組み合わせることで、いままでは考えられなかった医療が実現するかもしれない。患者の細胞から取り出した核によって体細胞クローンをつくり、できた初期胚からES細胞をつくり、そのES細胞から患者とMHCの一致した移植可能な臓器をつくることができるようになる可能性がある。ただし、この場合、ES細胞のもとと

なるクローン胚は子宮に戻すと人間になりうる存在であり、現行法の下ではその作製は禁止されている。

一方、成長したヒトのからだの中にはさまざまな細胞へと分化する能力を持った幹細胞が存在することもわかってきた。ＥＳ細胞ほどにはいろいろな種類の細胞になることはできないが、それでも神経や筋肉、肝臓や血液細胞のもとになる幹細胞が発見されている。ＥＳ細胞ではなくこうしたさまざまな幹細胞を患者本人からとり出して使う技術が発展してくれば、倫理的問題を巻き起こすことなく拒絶反応のない臓器がつくられる可能性もある。

問いの答え　問１：①　　問２：②
　　　　　　問３：正解なし　これから、みんなで考えていかなければならない

第6章

植物のからだと生殖

6-1 植物のからだのつくり	308
6-2 植物の生殖	322
6-3 植物も動く	342
6-4 植物も季節や時間がわかる?	356

6-1 植物のからだのつくり

[問1] 私たちが普段食べているジャガイモ、サツマイモは根、茎、葉、花のうちのどの部分だろうか。
[問2] 最新の生物学で、別の器官として扱うよりは、同一の単位として扱ったほうがよいと思われているのはどれか。
①根と葉　　②葉と茎　　③根と茎

1. 植物が持ついろいろな器官

　生物はアメーバやクロレラなどの単細胞生物から、より複雑な多細胞生物へと進化してきた。多細胞生物では、同じ形や働きを持つ細胞が集まり組織をつくり、いろいろな組織が集まり器官ができ、さらに器官が集まって個体が形づくられている。

　動物には、目、脳、心臓、肝臓、生殖巣、肺など多くの器官があるが、植物には、基本的に、根、茎、葉の3つの器官しかない。ほかに、生殖のための特別な器官＝花もあるが、後述するように、花は葉や茎が分化したものだ。動物にくらべて、植物のからだのつくりは実にシンプルである。

　しかし、根・茎・葉の定義は簡単ではない。茎は軸状の構造を持ち、その軸の横に葉や芽、花などをつける器官とされ、根はからだの支持や養分および水を吸収する器官とされてきた。難しいのが「葉」の定義だ。一般に「葉」は茎から横に生える扁平な構造の器官とされてきたが、その形や機能は多様であり、なにをもって「葉」とすべきかは昔から議論が絶えなかった。その後、葉の発生過程や生理的な機構の解明が進むにつれて、

6-1 植物のからだのつくり

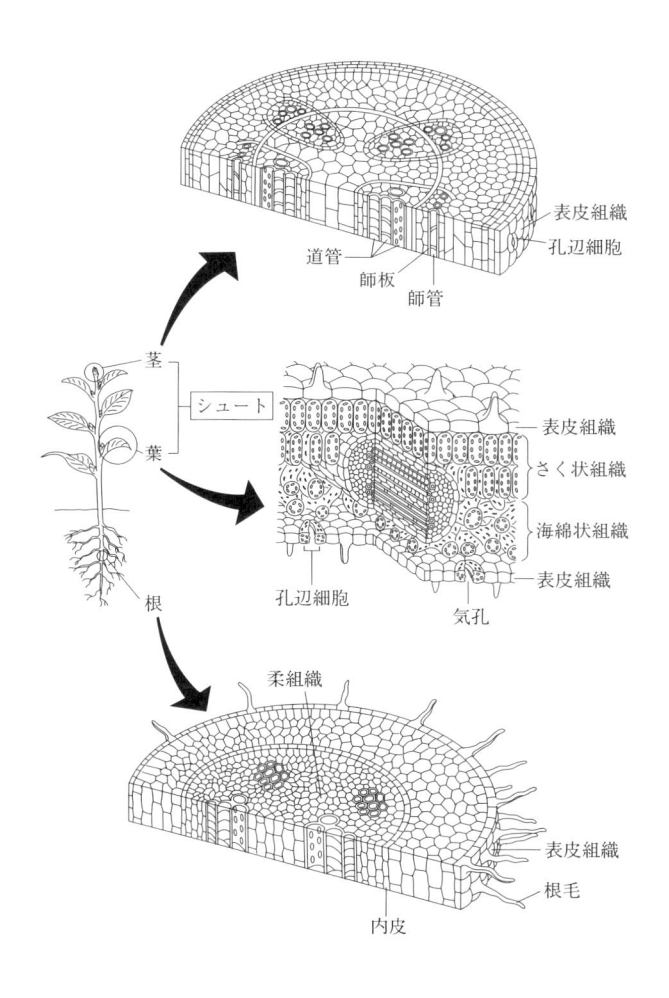

図 6-1-1　植物の器官

学問的な決着はついていないものの、葉を茎の側生器官とみる考えが主流になりつつある。

最新の生物学では、茎と葉は、別の器官として扱うよりは、**シュート**という1つの単位で扱ったほうがよいと考えられるようになっている。葉は必ず茎についており、茎の分裂組織によってつくられる。葉は、根や茎と同格の単位と考えるよりも、茎の付属物として考えたほうが、いろいろなことがうまく説明できるというのだ。この考えに従うと、植物には基本的に根(ルート)とシュートの2つの器官しかないことになる。

植物個体の構造は、動物のからだにくらべて柔軟で融通がきく。たとえば、葉の枚数が若干少なかったり、枝や根が少し長かったり短かったりするくらいなら、生きるうえでそれほど支障はない。また、シュートや根の一部が切られてもすぐには死ぬことはないし、切られたところから新たなシュートや根が生えてくることも多い。

一方、脊椎動物では、四肢(両手両足)の左右の長さが違ったり、片方の肺や腎臓がなかったりすると、著しく生存に不利になる。動物では、種によって器官の数や形は厳密に決まっている。各器官の機能も細分化、固定化されており、心臓がなくなったからといって肝臓が代わりをすることはできない。これに対して、植物はからだの構造に融通性があり、分裂する細胞はからだのあらゆる組織をつくり出すことができる。

2. 不思議な植物の器官

植物の器官は動物の器官とは違った特徴を持っている。ここでは、その中でもユニークな植物の器官についていくつか紹介しよう。

(1) ジャガイモは根か茎か？

根と茎の違いなど一目瞭然であると思われるかもしれないが、両者を区別するのは案外難しい。根とは、地上部のからだを支えたり、水や無機塩類を吸収したり、地上部に輸送するなどの役割を担っている器官である。普通、根は地中にある。

これに対して、茎は、植物体の軸をなし、葉をつける器官である。茎は、一般に棒状で地上に立ち、一定の配置で葉をつける。しかし、植物の茎には、かなり特殊な形をしたものがある。たとえば、茎の中には、地上ではなく地下に伸びる地下茎というものもある。ジャガイモのイモは、地下茎の一部である。

それでは、サツマイモはどうなのだろう。サツマイモのイモは、地下茎ではなく、根の一部である。同じイモという名前がついていて、土の中にあって養分をたっぷり蓄えるという点では似たような働きをしているが、両者はまったく別の器官なのだ。

根と茎はどのようにして見分けるのだろうか。もし、イモが根であれば、小さなひげ根がはえており、先のほうが細くなっているはずだ。確かに、サツマイモをよく見てみると、この条件を満たしている。一方、茎なら太さにほとんど差はないし、ひげ根もない。ジャガイモを見ると、その表面にはひげ根はな

図6-1-2　ジャガイモの芽の順序

く、ところどころにくぼみがある。実は、このくぼみから芽が出るのだ。この芽に先端からしるしをつけてみると規則正しく並んでいることに気がつく。イモの周囲を2周する間に5つの芽がある。これは、茎に葉がつくのと同じ間隔である（図6-1-2）。

(2) 葉のつき方には規則がある

　葉を見ただけで植物の種類がわかるほど、葉は植物の器官の中でも変化に富んでいる。葉は茎につくが、そのつき方は規則正しい。太陽光を効率よく受けるために少しずつ葉の生える位置をずらして、重ならないようになっているからだ。

　図6-1-3は、カヤツリグサとバラの葉のつき方（葉序）を示している。カヤツリグサでは最も若い葉（第一葉）は、次の若い葉（第二葉）と120°離れ、第三葉も第二葉から120°離れ

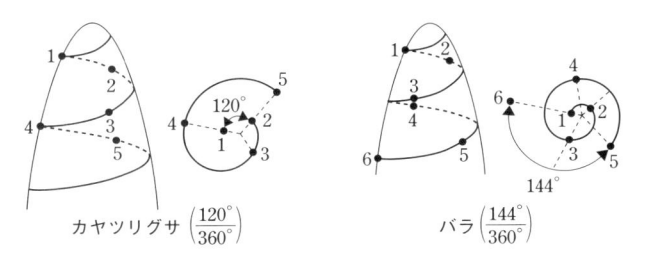

カヤツリグサ $\left(\dfrac{120°}{360°}\right)$　　バラ $\left(\dfrac{144°}{360°}\right)$

図6-1-3　カヤツリグサとバラの葉のつき方

$\dfrac{1}{2}$葉序	アヤメ、イネ	$\dfrac{3}{8}$葉序	オオバコ、アサ
$\dfrac{1}{3}$葉序	カヤツリグサ、スゲ	$\dfrac{5}{13}$葉序	ウルシ、ヤナギ
$\dfrac{2}{5}$葉序	バラ、カシ、シイ	$\dfrac{8}{21}$葉序	センネンボク

図6-1-4　いろいろな植物の葉序

ている。このとき、葉のつき方（葉序）は1／3（120°／360°）であるという。

　バラでは第一葉は、第二葉と144°離れ、第三葉と第四葉の間に位置する。葉の葉序は2／5（144°／360°）となる。このように植物の種類によって、さまざまな葉序がある（図6-1-4）。

　すべての植物の葉が、このように規則にしたがっているわけではなく、例外も数多く存在する。しかし、一見すると、でたらめに見える葉のつき方にも、一定の規則性が存在する場合が多い。

（3）サボテンのトゲとウツボカズラの捕虫葉

　葉は一般に平べったい形状をしているが、一部の植物の葉は、一見しただけではとても葉に見えない特殊な形状をしている。たとえば、サボテンのトゲは葉が変形したものだ。

　筆者は、高校生のころウチワサボテンの種子を植えたことがある。発芽して出てきたのはまるまると太った双葉であり、サボテンの葉も最初からトゲになっているわけではないことを知った。しかし、双葉から出てきた茎に生えていた葉はトゲ葉だった（図6-1-5）。サボテンのトゲには、動物に食べられに

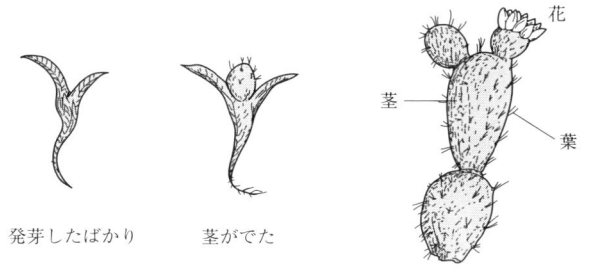

図6-1-5　サボテンの発芽

図6-1-6　ウツボカズラ　　　図6-1-7　奇想天外の葉

くいようにからだを守る働きや、動物の体毛のように密集して生えることで、砂漠の砂嵐や強い太陽の熱から身を守るカーテンのような働きがある。

やせた土地に生育する食虫植物は、虫を捕まえて養分として取り込む。葉が変形してできた捕虫葉にはさまざまな種類がある。ねばねばした葉を持つ「とりもち型」のモウセンゴケ、ムシトリスミレ、虫が入ると一瞬に葉が閉じる「わな型」のハエトリソウ（42ページ、図1-3-2）、水中のミジンコなどが入り口に触れると吸い込む「スポイト型」のタヌキモ、蜜で誘い袋の中に落としこむ「落とし穴型」のウツボカズラ（図6-1-6）やサラセニアなどが代表的なものである。オオウツボカズラの長さは30cmにもなるので、小さなネズミやカエルが入っていたりすることもあるそうだ。

6-1 植物のからだのつくり

> **コラム**
>
> ### 「奇想天外」と呼ばれる植物とは？
>
> ナミブ砂漠（アフリカ）にはウェルウィッチア（学名 *Welwitschia mirabilis* Hook.f.）と呼ばれる不思議な葉を持つ裸子植物がある。学名の "*mirabilis*" とは「驚異の」という意味である。日本では「奇想天外」（キソウテンガイ）とも呼ばれ、世界中でここにしか自生していない珍しい植物である。
>
> 　図6-1-7（上）を見ると、短い茎から葉が何枚もあるように見えるが、風などによって裂けただけで、実際には生涯に2枚しか葉ができない。写真のように葉のつけ根から花茎を伸ばし、花が咲く。果実は松ぼっくりのような形である。砂漠に生きる植物なので、根は長いもので20mに及ぶ。寿命も長く1000年以上に達するものもあるという。まさに奇想天外な植物である。

3. 植物の生殖器官

(1) 花ができるしくみ～葉が花に変わるとき

　花弁やがくは葉が変形してできたという考えは、動物解剖学や植物学の研究者でもある有名なドイツの詩人ゲーテが提唱したもので、今では学説として受け入れられている。

　「1-3　植物という生き方（植物と菌の進化）」で説明したように植物は、シダ植物→裸子植物→被子植物の順に進化していった。花は、シダ植物の葉の裏側にできたたくさんの胞子を入れた褐色の袋（胞子のう）が、裸子植物→被子植物へと進化する過程でその形状と役割を変えることによって生まれたものだ。花を咲かせる被子植物では、胞子葉（胞子のうを持つ葉）が先端に集まり、大きな胞子葉からはめしべが、小さな胞子葉

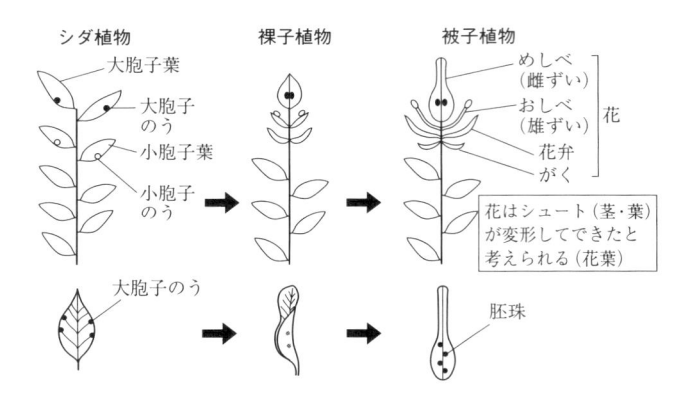

図6-1-8　葉から花へ分化する様子

からはおしべが誕生したと考えられる。花弁やがくは、胞子のうを守るために、葉が変形したものなのだ（図6-1-8）。

（2）シロイヌナズナのABCモデル

　葉が形を変えて花になると説明したが、いったいどのようなしくみで、形態変化が起きるのだろうか。1991年、マイロヴィッツら（アメリカ）は、シロイヌナズナの花の形態形成についてのモデルを提唱した。彼らは、3つの遺伝子の働きの組み合わせにより、外側よりがく・花弁・おしべ（雄ずい）・めしべ（雌ずい）の順に分化するという仮説を立てた。

　花のできる始まり（原基）の様子を上から見ると、同心円状に①〜④の4つの領域が設定され、A遺伝子は①と②の領域、B遺伝子は②と③の領域、C遺伝子は③と④の領域で働く（図6-1-9）。

　A遺伝子だけが働くとがく、AとBでは花弁、BとCではおしべ、Cだけだとめしべがそれぞれ形成される。

6-1 植物のからだのつくり

〈花の原基〉
側面図

④ → Cのみ
③ → B+C
② → A+B
① → Aのみ

〈花の原基〉
真上から見た模式図

〈ABCモデル〉

①	②	③	④
	B	B	
A	A	C	C
↓	↓	↓	↓
A	A+B	B+C	C
↓	↓	↓	↓
がく	花弁	おしべ	めしべ

めしべ（雌ずい）／子房／胚珠／おしべ（雄ずい）／やく／花弁／がく

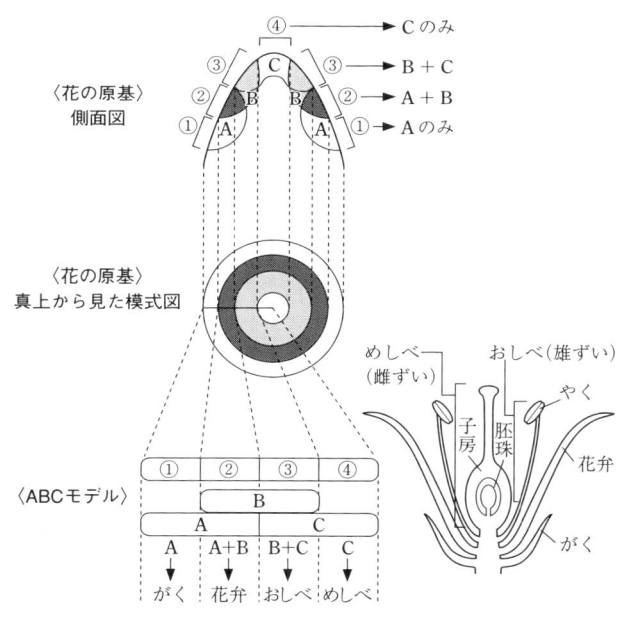

図6-1-9　花の形態形成領域（左）と花の構造（右）

(3) 花の戦略と昆虫の戦略

　地球上で最初に誕生した花は、モクレンやコブシに近いものだったと考えられている。この花は、コガネムシのような昆虫に花粉を運ばせることで、有性生殖を行っていたらしい。このように、虫の力を使って受粉する花を虫媒花という。このタイプの花は、花粉を食べにきた昆虫のからだに花粉を付着させることで花粉を運んでもらい、ほかの個体に受粉させる（虫ではない他の脊椎動物を利用して同様な方法で受粉させる花もある。月下美人というサボテンはなんとコウモリに花粉を運んでもらっている）。

317

虫媒花の中には、自らの花の形状を、虫によって受粉しやすいように進化させたものもある。ツリフネソウの花の筒はマルハナバチの胴の太さにぴったりで、このハチだけが長い口吻(こうふん)を持っていて、細長い距(きょ)（図6-1-10）という渦巻き状の構造の奥に隠された蜜にありつける。このとき花粉がハチに付着して運ばれる。ところが、マルハナバチがいない地域に生えるツリフネソウは距を持たない。無駄なエネルギーを使って蜜をつくらず、花粉を集めるミツバチに合わせて花粉を提供する花へと変化している。生き残るための戦略である。

　虫媒花は、虫が寄ってこないと受粉できないため、虫にその存在を知らせるために、目立つ色や形状をしていることが多い。これに対して、イチョウやイネのように花粉を風にのせて運ぶ風媒花は、あまり目立たないことが多い。ウミショウブやセキショウモなどのように水の流れにまかせるものは水媒花と呼ばれている。

　花粉は、昆虫をおびき寄せるエサであると同時に、植物が繁殖するために必要なものだから、すべての花粉を昆虫に食べられてしまっては困る。そこで、虫媒花の中には、花粉の代わり

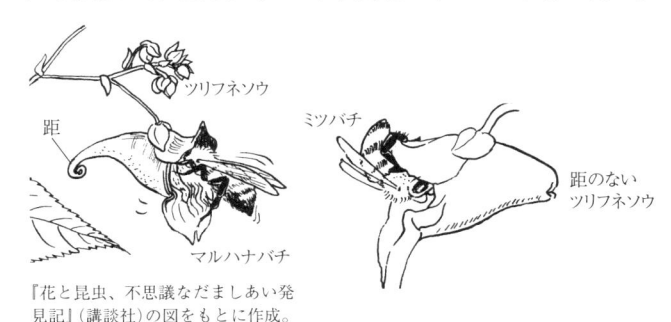

『花と昆虫、不思議なだましあい発見記』（講談社）の図をもとに作成。

図6-1-10　ツリフネソウの距

の甘い蜜で誘うツリフネソウや、蜜はないが春先の寒いころに花の温度を高くして温かさで昆虫を誘うフクジュソウ、甘い香りで誘うオオマツヨイグサなど、さまざまな戦略をとるものも多い。

奇妙な花　ラフレシア　コラム

熱帯のジャングルに咲く世界最大の花がラフレシアだ（図6-1-11）。つぼみはまるでレタスのようだが、花が咲くと直径が1mにもなる。この花には、葉も茎もない。ラフレシアは、細い菌糸のようなものをほかの植物に差し入れて栄養分を吸収する寄生植物なのである。花びらは暗赤色で白い斑点がある。腐った肉のような香りでハエを誘い受粉する。まるで大きな口をあけた壺を連想させる、密林に咲く巨大な花だ。

図6-1-11　ラフレシア

4. 植物が長寿なわけ

　動物の寿命とくらべて植物には極端に寿命が長いものがある。たとえば、屋久島には樹齢2000年以上の縄文杉、アメリカのセコイア国立公園には2000〜3000年のセコイア、カナリア諸島には6000〜7000年のリュウケツジュが現存している。

　植物の長寿の秘密は、その構造と深くかかわっている。植物は長く生きているといっても、ひとつひとつの細胞が数千年にわたって生きているわけではない。個体の寿命より、細胞の寿命が短いという点では、植物も動物と変わらない。ただし動物では、からだをつくっている細胞が寿命を終えると分解されて、新しい細胞に置き換わるが、樹木や多年草などの植物の細胞は死んでもその細胞壁がからだの一部分として残る。つまり植物では、古くなって死んでしまった細胞の上に新しい細胞が積み重なってからだを同心円状に成長させるので、いつまでも成長が続くのである。言い換えると、樹木や多年草などの植物では、ひとつのからだの中には、外側にある生きている細胞と内側にある死んでしまった細胞が共存していることになる。これに対して、動物の場合は、個体が生きている間は、毛髪や爪、表皮の角層などを除いて、ほとんどの細胞が生きている。

　また、動物では個体が歳をとるとともに細胞も老化していくが、多くの植物では個体が歳をとっても細胞は老化しないと考えられている。たとえば、ヒトは歳をとると新しくできる髪も白髪になり、生殖能力も衰える。しかし、一年生草本のように繁殖したら枯れる種は別として、縄文杉のように樹齢1000年を超える樹木でも、昔と同じように花をつけ続けるものもある。

　植物が、動物にくらべて長く生きる種が多いのも、こうした植物ならではのからだのつくりと深いかかわりがある。

> コラム

植物の病気

　ヒトが病気になるように、植物も、うどんこ病、モザイク病、天狗巣病、さび病、黒点病などいろいろな病気にかかる。

　植物の病原体には圧倒的にカビが多い。カビは細菌やウイルスと違って、植物の細胞壁という強力なバリアを破って侵入することができる。植物もこうした病原体に感染しないように、さまざまな策を講じている。たとえば、植物の香りはカビや細菌などを殺す武器にもなる。バラの香り成分には殺菌効果がある。また、針葉樹が出すフィトンチッドという香りにも、カビや細菌を殺す成分が含まれているという。

　香りが情報伝達の手段に用いられる例もある。ハダニに葉を食われた植物は特有の香りを放出する。この香りに誘われて肉食性のカブリダニが集まってくる。カブリダニはハダニを食べるので、植物はハダニの害から守られるのだ。カブリダニは「植物のガードマン」を演じることになる。

問いの答え　問1：ジャガイモ（茎）、サツマイモ（根）
　　　　　　　問2：②

6-2 植物の生殖

[問1] 被子植物の受精は、2つの受精が同時に行われるので、「重複受精」といわれる。2つの受精が行われた結果、形成されてくるのは、次のどれとどれか。
①胚　②胚乳　③種皮

[問2] サクラの「ソメイヨシノ」は、どのようにして、その数を増やしてきたか。
①人間が接ぎ木をして増やしてきた
②虫が花粉を運び、受精して種子ができて増えてきた
③人間が花粉をつけ（人工授粉）、種子をつくって増やしてきた

[問3] コケやシダは胞子によって増え、胞子を形成する個体を「胞子体」と呼ぶ。胞子が発芽、成長すると、配偶子を形成する「配偶体」となる。私たちが、普通に目にするコケやシダは、胞子体、配偶体のどちらだろうか。それぞれについて答えよ。
コケ　（　　　　　）　　シダ　（　　　　　）

1. 植物の有性生殖

多くの動物は、雄と雌が有性生殖を行って子孫をつくる。そのためには、相手が必要である。だから、動物は、相手を探し求めて、ウロウロと動きまわる。

植物も有性生殖をする。しかし、植物は、生殖の相手を求めて、動きまわらない。「多くの種子植物は、1つの花の中におしべとめしべという雄と雌の生殖器官を持つから、動く必要は

ないのだろう」と思う人もあるだろう。だが、多くの植物は、自分の花粉を自分のめしべにつけて種子をつくりはしないのだ。

では、植物はどのようにして、離れている個体の花粉を受粉したり、自分の花粉を他の個体に受粉させたりするのだろうか。また、植物の中には、シダ植物やコケ植物のように、そもそも花をつけない植物も存在する。このような植物はどのようにして生殖をしているのだろうか。植物は、動物とはまったく違った独自の生殖方法を発達させて、さまざまな問題に対処してきた。本節では、植物ならではの不思議な生殖のしくみについて考えよう。

2. 花をつけない生殖のしくみ

藻類では、緑藻類のアオミドロのように、2つの細胞が接合し、一方の内容物が他方に流れ込む形式がある。しかし、多くの陸上植物では、精子（または精細胞）と卵（卵細胞）が合体して受精するものが多い。

受精様式のうちで最も原始的な形は、卵も精子も親のからだから出て、体外で受精が起こるタイプで、緑藻類のボルボックスなどで見られる。少し進化した様式では、コケやシダ植物のように、卵が母体内にとどまり、精子が運動性をもって母体の卵に向かって泳ぐ。

(1) コケ植物の生殖

通常"コケ"と呼ばれるコケの本体は配偶体で、雄株と雌株の区別がある（図6-2-1）。雄株は、自分のからだの一部に造精器を形成し、そこで精子をつくる。雌株も、自分のからだに造卵器を形成し、そこで卵をつくる。雨などによって造精器が濡れると精子は造卵器まで泳いでいき、造卵器内の卵と合体

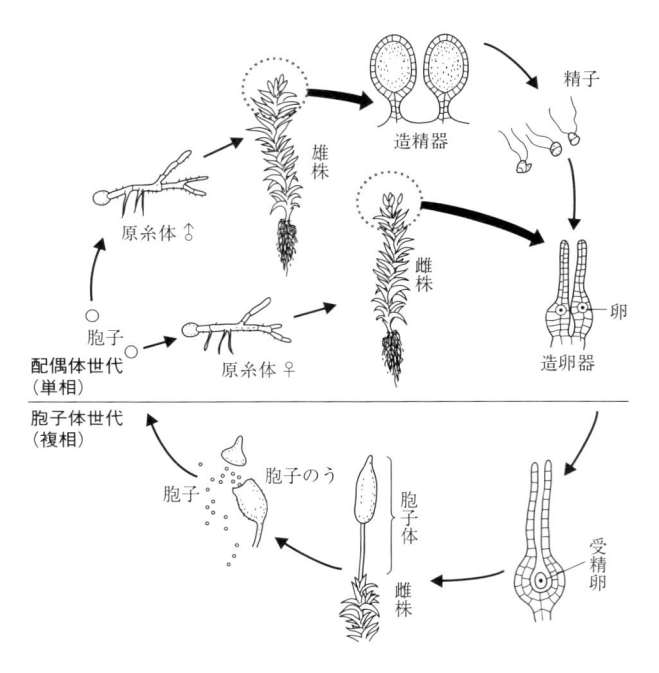

図 6-2-1　コケ植物の生活環

して、受精卵ができる。

　受精卵は、造卵器の中で成長して、胞子をつくる胞子体となる。それゆえ、コケ植物では、胞子体が配偶体の上に寄生した状態で生活する。やがて、胞子体は、胞子をつくり、放出する。胞子体から離れた胞子は、発芽、成長して、"コケ"と呼ばれる配偶体になる。

(2) シダ植物

　一方、ワラビやゼンマイなどのシダ植物の、普通に目にする

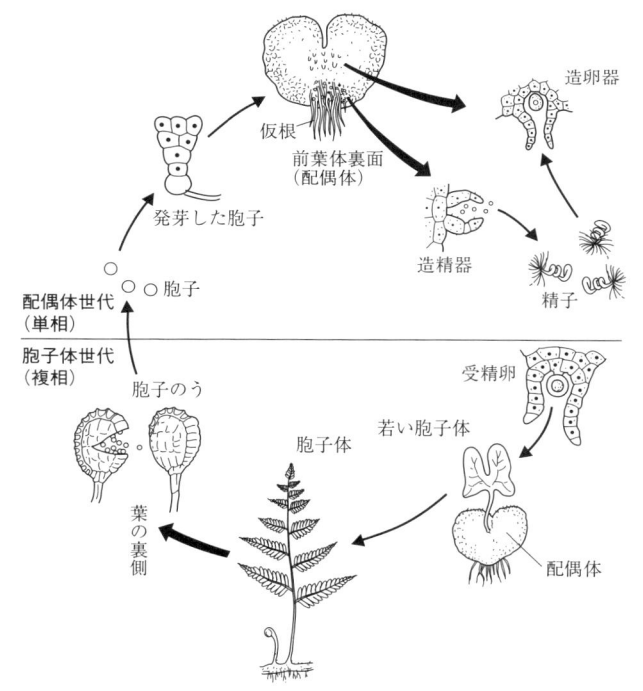

図 6−2−2 シダ植物の生活環

からだは、胞子をつくる胞子体である（図6−2−2）。葉の裏面に胞子のうという小さな袋をつけ、そこに胞子をつくる。胞子のうが乾燥してはじけると、胞子が放出される。

胞子が発芽すると、小さなハート形の前葉体となる。これが、シダ植物の配偶体であり、造卵器と造精器を形成し、雨水など十分な水分があると造精器から精子が泳ぎだし、造卵器内に到着して受精する。受精卵は発生し、茎、葉、根が分化して、シダの本体となる。

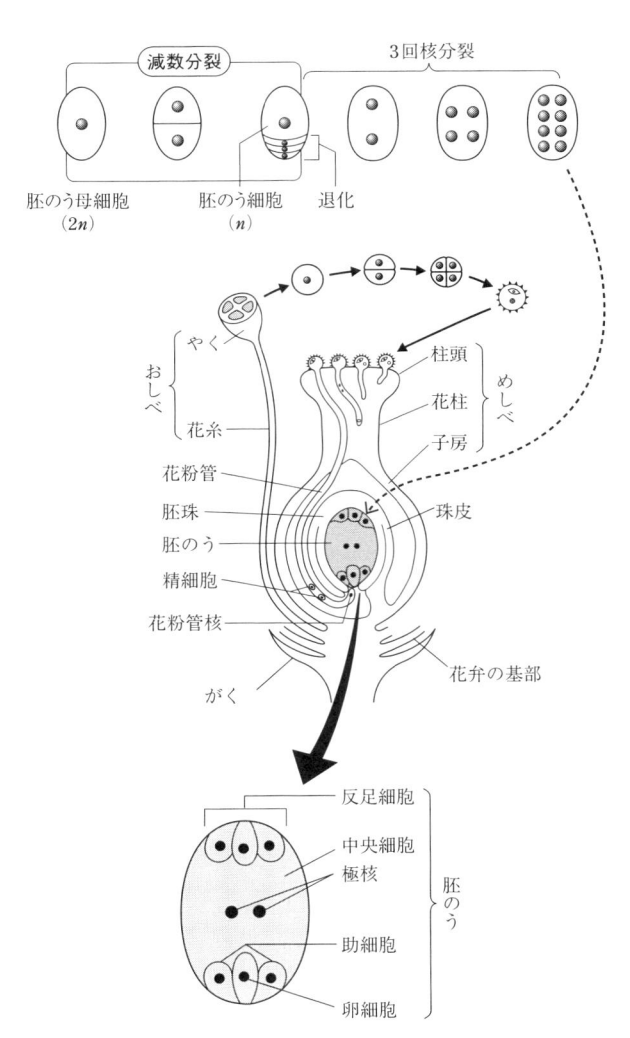

図 6-2-3　被子植物の胚のう形成、花粉形成と重複受精

3. 花をつける生殖のしくみ

　植物の生殖で最も進化した形は、被子植物が行う受精様式である。裸子植物では、子孫（種子）をつくるもとになる胚珠が裸のままで露出しているが、被子植物では、胚珠は子房に守られるように包み込まれている（47ページ、図1-3-6参照）。

(1) 被子植物の生殖細胞の形成

　被子植物の生殖器は花であり、形態や構造は植物種によりさまざまである。しかし、基本的には、**がく**（がく片）、**花弁**（花びら）、**おしべ**（雄ずい）、**めしべ**（雌ずい）からできている（図6-2-3）。

　おしべの先端には、やくがある。その中で、動物の精子にあたる雄の配偶子は形成される。やくの中にある細胞が分裂して多数の花粉母細胞となり、それぞれの細胞が減数分裂をして4個の未熟な花粉（花粉四分子）となる。未熟な花粉は、細胞分裂をして、大小の2つの細胞になる。大きな細胞は花粉管核を持ち、小さい細胞（雄原細胞）を含んだ状態で、成熟した花粉となる（図6-2-4）。

　雌の配偶子である卵細胞は、めしべにある子房に包まれた胚珠の中で形成される。胚珠の中にある胚のう母細胞が、減数分裂をして、4個の細胞となる。3個は退化して消失し、残った

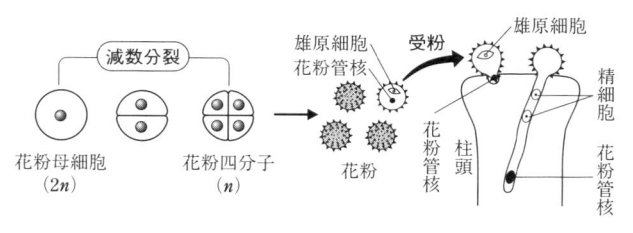

図6-2-4　花粉の形成と発芽

1個だけが、胚のう細胞となる（図6-2-3上）。

さらに、胚のう細胞は、核だけが3回分裂し、1つの細胞の中に8個の核を形成する。その後、核のまわりに細胞の仕切りができて、1個の卵細胞のほか、2個の助細胞、3個の反足細胞、および1個の中央細胞（2個の極核を含む）を持つ胚のうが完成する（326ページ、図6-2-3下）。

(2) 生殖の工夫

多くの被子植物では、1つの花の中におしべとめしべがある。これを**両性花**という。しかし、同じ花の中で自分の花粉を使って自分のめしべにある卵細胞と受精したのでは、遺伝的に多様な子孫は生まれない。そのために、多くの植物では、同じ花の中にある花粉では受精がおこらないしくみが発達している（詳しくは333ページ、「(5) 雌雄異熟と自家不和合性」参照）。つまり、これらの植物が種子をつくるためには、別の個体でつくられた花粉がめしべにつかなければならない。そのために植物は、風や虫、水や鳥などの力を利用して、花粉を遠くまで運ぶしくみを進化させた。

このように他力に頼って受精を確かなものにするためには、花粉を多くつくることが有効である。植物は、たくさんのおしべを持つことで、大量の花粉をつくりだす。1つの花の中にあるおしべの本数はめしべより多い。多くの花でめしべは1本であるが、おしべは複数ある。たとえば、ツバキのある品種では、100本以上のおしべが1つの花の中にある。

特に、風に託す場合、花粉がどこへ飛んでいくかわからない。だから、マツやスギはあたりの空気が白く曇るほど、多くの花粉をとばす。

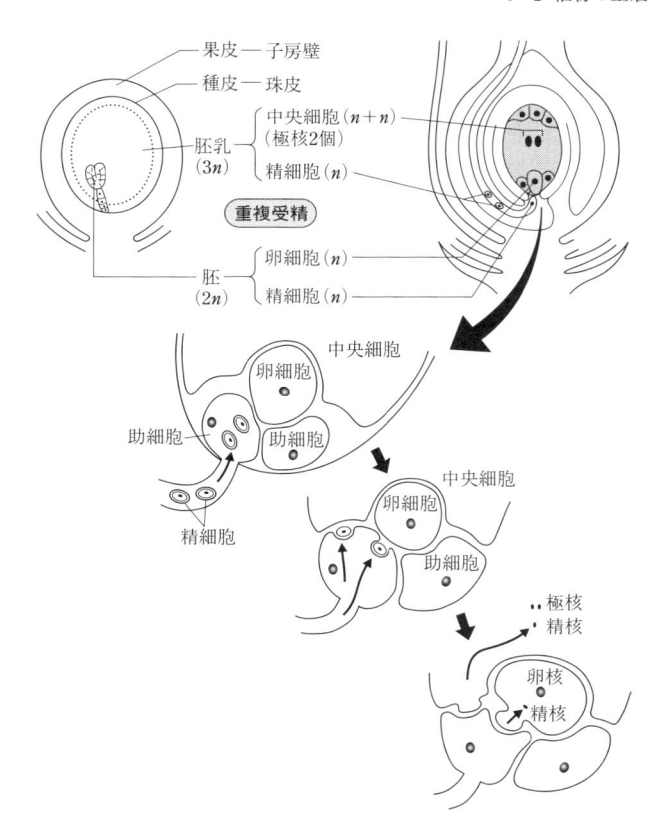

図6-2-5 胚、胚乳、種皮の形成

(3) 被子植物の受精と種子の形成

めしべの先にある柱頭は、粘液を出して花粉を受け入れやすくしている。花粉が柱頭につく（受粉）と、花粉が発芽して花粉管が伸び出し、花柱の中を胚のうに向かって伸びる。花粉管内の雄原細胞は、分裂して2個の精細胞となり、花粉管核に続

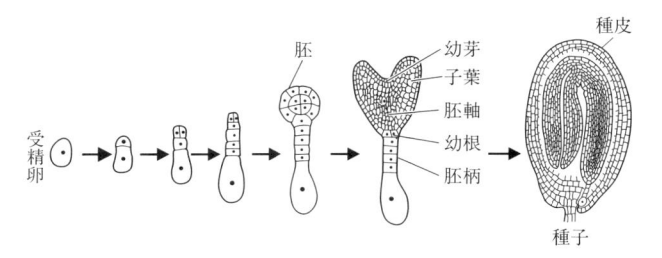

図 6-2-6　胚の形成

いて花粉管の先端に移動する（図 6-2-4、図 6-2-5）。植物の種によっては、受粉より前に精細胞が形成されるが、この場合も、花粉管核に続いて 2 個の精細胞が花粉管内を移動する。

受精に際して、動物では、精子が卵をめざして、べん毛を使って泳ぐ。しかし、植物では、精細胞は自ら動くことはできない。そのために、花粉管が受精の起こる胚のうの入り口にまで伸び、その管に導かれるように、2 個の精細胞は胚のうに運ばれる。

花粉管の先端が胚のうに達すると、一方の精細胞は卵細胞と合体して受精卵となり、他方の精細胞は中央細胞と融合する。このように、同時に 2 つの受精が行われるために、被子植物の受精は**重複受精**といわれる。

受精卵は、すぐに発生をはじめ、最初の分裂でできた 2 つの細胞の一方だけが、分裂を続けて胚となる。他方の細胞は、胚柄となるがやがて退化する。胚は、子葉、幼芽、胚軸、幼根に分化する（図 6-2-6）。

胚のう内の 2 個の極核は、精細胞の核と融合して $3n$ の核となり、分裂をくり返して、多数の核になる。その後、核を含む領域が細胞膜で仕切られて個々の細胞になり、発芽のための養分を蓄える胚乳が形成される。イネや、トウモロコシなどはこ

の胚乳を持つが、マメ科のダイズやエンドウ、アブラナ科のナズナなどでは、胚乳をつくる細胞が発達せずに、子葉に養分がたくわえられる。

　胚や胚乳ができるにつれて、胚珠の珠皮が種皮になり、種子ができあがる。種子は成熟するにともない、含水量が減少して乾燥する。

ジベレリンの「発芽パワー」　コラム

　発芽に必要な3つの条件は「適切な温度、水、空気（酸素）」である。しかし、発芽の3条件が与えられても、発芽しない種子はたくさんある。たとえば、光が当たらない場所では、多くの植物種の種子は発芽しない。これを光発芽種子という。光発芽種子は、一般に小さく、貯蔵養分が少ないので、光が当たらないところで発芽すると十分な光合成ができずに枯れてしまうのだ。

　また、秋に結実した種子は、すぐには発芽しない。発芽すれば、冬の寒さで、生きられないからである。冬の寒さを経験したあとに発芽する。

　このように、発芽する能力があるのに、発芽の3条件が与えられても発芽しない状態を休眠という。場所や季節が不適切なために休眠している種子を発芽させる不思議な物質がある。植物ホルモンの「ジベレリン」である。この物質は光が当たらないと発芽しない種子を、真っ暗な中で、発芽させる。また、寒さに出会わないと発芽しないシソ、モモ、リンゴなどの種子を、寒さに会わさず発芽させる。

　ジベレリンが発芽を促すしくみが、イネ、コムギ、オオムギなどのイネ科の植物で知られている。イネ科の種子は、

主に、3つの部分から成り立つ。芽や根が生まれる胚、デンプンをいっぱい含んだ胚乳、胚乳を取り巻くアリューロン層（糊粉層）という細胞の層である（図6-2-7）。

胚乳に含まれるデンプンは、アミラーゼという酵素によって分解されて、グルコースがつくられる。これが、芽や根が成長するエネルギーを得たり、新しい細胞壁などを合成するために使われる。つまり、種子が発芽、成長するためには、アミラーゼがつくられねばならない。このアミラーゼの合成を促すのが、ジベレリンなのだ。

ジベレリンは、胚でつくられる。そこから、アリューロン層に移動して、そこで、アミラーゼを合成するように働きかける。その結果、胚乳に貯蔵されているデンプンが分解されてグルコースができ、発芽が起こるのだ。

また、ジベレリンは、アミラーゼだけでなく、種子の発芽に必要な多くの酵素の合成を誘導する。

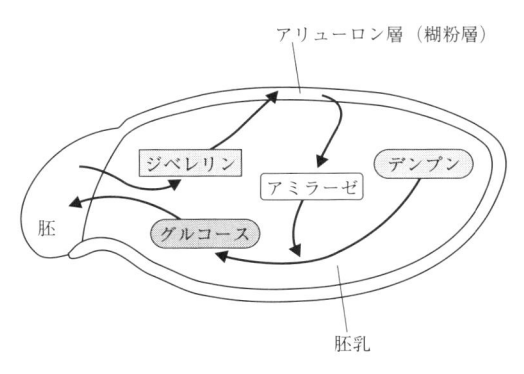

図6-2-7　オオムギの種子発芽

(4) 裸子植物の生殖

　裸子植物の胚珠は子房に包まれておらず裸のままで露出しているが、基本的に、被子植物と同じ生殖のしかたをする（326ページ、図6-2-3、327ページ、図6-2-4参照）。すなわち、雄花のやくの中で花粉母細胞が減数分裂をして花粉四分子ができ、それぞれが成熟して花粉となる。胚珠の内部では、胚のう母細胞が減数分裂をして胚のう細胞ができ、それが3回の核分裂をして、胚のうが形成される。

　花粉が胚珠に受粉すると、マツやスギなどの多くの裸子植物では、花粉が花粉管を伸ばし、被子植物と同じように、精細胞が受精する。ソテツやイチョウは、花粉管内に、精細胞ではなく運動能力のある精子をつくり、卵細胞と受精する。イチョウの精子を発見したのは平瀬作五郎（1896年）であり、ソテツの精子は、同じ年に池野成一郎によって見つけられた。これらの発見は、精子をつくるシダ植物と裸子植物が系統的に近いことを明確にした。

　裸子植物では、受粉後、受精がおこるまでの期間が長いことも特徴である。ソテツでは2〜3ヵ月、イチョウでは約5ヵ月、マツでは約1年である。また、裸子植物では、受精前に、胚のう内の核が分裂をくり返して、胚乳がつくられる。その結果、重複受精は起こらず、胚乳の細胞は単相（n）のままである。胚のう中に造卵器ができ、その中で卵細胞がつくられることも、被子植物と異なる点である。

(5) 雌雄異熟と自家不和合性

　植物には、イチョウ、サンショウ、アスパラガス、ホウレンソウのように、雄株と雌株が別々になっているものがある。スイカ、キュウリ、カボチャのように、1個体に雄花と雌花を

別々につけるものもある。これらの植物では、ほかの個体の花粉が風や虫などによって運ばれてきて、受精が成立する場合が多い。

ところが、多くの植物種は、両性花を咲かせる。この場合、自分の花粉を自分のめしべにつけ、1個体で受粉、受精ができてしまう可能性がある。しかし、先に紹介したように、これらの植物にはそれを避けるためのしくみが発達しているものが多い。

その代表的なものが、**雌雄異熟**である。すなわち、1つの花の中のおしべとめしべの成熟する時期がずれ、同じ花の中では受粉、受精が起こらないしくみである。たとえば、モクレンやオオバコのめしべは、おしべより先に成熟する。だから、おしべが成熟して花粉を出すころには、めしべは萎(しお)れている。これとは逆に、キキョウやホウセンカのおしべは、めしべより先に成熟して花粉を放出する。だから、めしべが成熟して受精可能な状態になるころには、花粉がない。そのため、1つの花の中で受精はおこらないが、同じ時期に、ほかの株には、成熟した花粉やめしべがある。それゆえ、ほかの株とならば受精することは可能である。

おしべとめしべが同じ時期に成熟する植物でも、自分の花粉が自分のめしべについたときには、受精が成立せず、種子ができないものがある。この性質を**自家不和合性**という。キク科、ナス科、マメ科やアブラナ科などの植物が、この性質を持ち、ほかの株の花粉がつけば、種子ができる。ということは、自分の花粉とほかの株の花粉を区別していることになる。「どのようなしくみによって、区別しているのか」という疑問は、近年、分子レベルで解明されようとしている。

栽培果樹であるナシやリンゴなども、自家不和合性があり、自分の花粉が自分のめしべについても、実はできない。これら

の果樹では、優良品種は主に接ぎ木で増やされる。接ぎ木とは、芽のついた茎や枝を切りとって、近縁の植物の茎や幹に接合癒着させて、1つの個体にする方法だ。土台となる植物はすでに地中に根をはっているので、接ぎ木される茎や枝にある芽は短期間で成長することができる。

　接ぎ木によって増えた同じ品種の株は、すべて1本の植物からの分身である。だから、遺伝的な性質は同じであり、花粉が同じ品種のほかの株のめしべについても、受精は成立しない。自家不和合性という性質は、植物にとっては、近親間の交配を防ぐのに都合がいい。しかし、栽培する人間にとっては都合が悪い。たとえば、果樹園内に同じ品種、ナシの「二十世紀」やリンゴの「ふじ」だけを植えると、自分の花粉がつくだけなので、実はならないのだ。

　実をつけさせるためには、わざわざほかの品種の株を近くに植えておかねばならない。あるいは、人間が虫の代わりに受粉の手伝いをする。ナシの二十世紀の果樹園なら、ほかの品種「長十郎」などが栽培されている果樹園に行き、花粉を掃除機のようなもので吸い取ってきて、自分の果樹園でそれを吹き出して受粉させる。これを、人工授粉といい、果樹園の春の風物詩である。

(6) 植物の世界では当たり前の"クローン"

　ナシの二十世紀、リンゴのふじ、ウメの「南高」のように接ぎ木で増えた栽培果樹は、すべて同じ遺伝子を持っている。このように、遺伝的にまったく同じ性質のものを、**クローン**という。

　動物では、クローン羊、クローン牛、クローン馬、クローン猫などが生まれると、たいへんなことが起こったように騒がれ

る。しかし、植物では、接ぎ木や挿し木で、クローン植物は、昔からつくられているのだ。こうしたクローン植物は同じ遺伝子を持つので、個体は違っても、色や味や姿が同じ果実ができる。

身近なクローン植物としては、サクラの品種「ソメイヨシノ」がある。日本中に何万本もあるソメイヨシノも、アメリカのワシントンのポトマック河畔にあるソメイヨシノも、すべて、1本から接ぎ木で増えてきた。ソメイヨシノは、2種のサクラ「オオシマザクラ」と「エドヒガン」の交配で生まれたことがわかっている。

「両親がわかっているのなら、接ぎ木でなく、なぜ、種子で増やさないのか」という疑問を持たれるかもしれない。しかし、2つの品種を交配して種子をつくっても、ソメイヨシノと同じ形質のサクラは生まれてこないのだ。私たちヒトでも、同じ父親と母親から生まれた子は、一卵性の双生児などを除いて、似てはいるが、性質や容貌は違う。だから、ソメイヨシノを増やそうと思えば、接ぎ木で増やすしかないのだ。

4.「種子なし」の不思議

種子植物が子孫を残すためには不可欠な種子であるが、私たちに馴染み深い栽培果樹の中には種子をつくらないものがある。こうした植物はなぜ種子もないのに絶滅することもないのだろうか。

(1) 日本でつくられた「種子なしブドウ」

初夏に出回る「デラウェア」という名のブドウがあるが、これは一般に「種子なしブドウ」と呼ばれる。このブドウには、約50年前までは、種子があった。しかし、いつのまにか、種子がなくなった。なぜ、種子がなくなったのだろうか。

「種子なし」の代表的な果物に、バナナがある。バナナにも、昔、種子があったが、栽培の歴史の中で、種子ができない突然変異体が生まれたのだ。バナナを食べると、中心に小さな黒色のつぶがある。それが種子の名残りである（注）。

しかし、デラウェアは、バナナとちがって突然変異で種子がつくれなくなったわけではない。今でも放っておけば、種子をつくる。実は、私たち人間が、無理やり種子をつくらせないようにしたのだ。このブドウがつぼみをつくったら、そのつぼみを、コラム（331～332ページ）で紹介したジベレリンの溶液につける。さらに、花開いたときに、もう一度、同じ液に浸たす。すると、デラウェアは種子をつくらなくなり、おいしい果肉だけを膨らませる。ジベレリンという物質の威力である。

このジベレリンを世界で初めて発見したのは日本人である。イネが背丈を伸ばしすぎて倒れてしまう馬鹿苗病を研究していた黒沢英一がジベレリンを発見し、その研究を引き継いだ藪田貞治郎が、ジベレリンを精製し結晶化に成功したのだ。

山梨の農試果樹分場で、ジベレリンを使うと、偶然、「種子なしブドウ」ができることを発見したのも日本人だった。なぜ、ジベレリンの溶液につけると、種子ができなくなるのかは、まだ解明されていない。

注. バナナは親株の根元から生える新しい芽を株分けして増やす。

(2) 突然変異でできた食べやすいミカン

私たち日本人が「ミカン」と言えば、普通は「温州ミカン」を指すほど、この品種は日本人に愛されてきた。温州ミカンは、果物の中でも、皮をむきやすく、種子がないので食べやすい。近年、カナダやアメリカでも、「テレビを見ながらでも食べられる」という意味で、ＴＶフルーツやＴＶオレンジと呼ばれ、

人気がある。

　温州ミカンの祖先は、昔、中国から渡来した。そのときのミカンには、種子があった。ところが、江戸時代に、鹿児島県で、突然変異体が生まれた。おしべのやくがしなびて、花粉が能力をなくす性質と、受精しないでも子房が肥大する性質を持っていた。これが、種子がない温州ミカンである。

　温州ミカンの栽培地には、このミカンの木が何千本、何万本もある。種子がないのに、どうして増えたのだろうか。実は、温州ミカンも、先に説明したクローン植物で、私たち人間が、接ぎ木で増やしたのだ。もし、ヒトが接ぎ木をしなければ、いずれ温州ミカンは絶滅してしまう運命にある。

　一方、同じクローン植物でも、ナシの「二十世紀」やリンゴの「ふじ」などの果樹の優良品種には、種子がある。その種子をまけば、新しい個体が生まれる。それでもやっぱり、接ぎ木で増やす。種子があるのに、なぜ、種子で増やさないのか。理由はもうおわかりだろう。ナシやリンゴがほかの品種と交配してできる種子をまいても、そこから生えてくる木には、「二十世紀」や「ふじ」とは微妙に色や味や姿が違う実がなる。それでは果樹の優良品種としては不都合であるから、やっぱり、接ぎ木で増やすのだ。

(3)「種子なしスイカ」をつくる種子
「種子なしスイカ」には、種子ができない。ところが、「種子なしスイカ」をつくるための種子は、あるのだ。

　ふつうの植物は、遺伝子を組み込んだ染色体を、父親と母親から１セットずつ受け取り、２セット持っている。だから、二倍体という。ふつうのスイカも二倍体である。これに、コルヒチンという薬品をかけると、細胞分裂のときに紡錘体の形成が

1年目

コルヒチン

二倍体 → 雌花 四倍体 → （二倍体の花の花粉を受粉させる）→ スイカ → 三倍体種子

雄花 二倍体 ← 二倍体

2年目

三倍体 → 雌花 三倍体 →（二倍体の花の花粉を受粉させる）

子房が肥大 → 種子なしスイカ

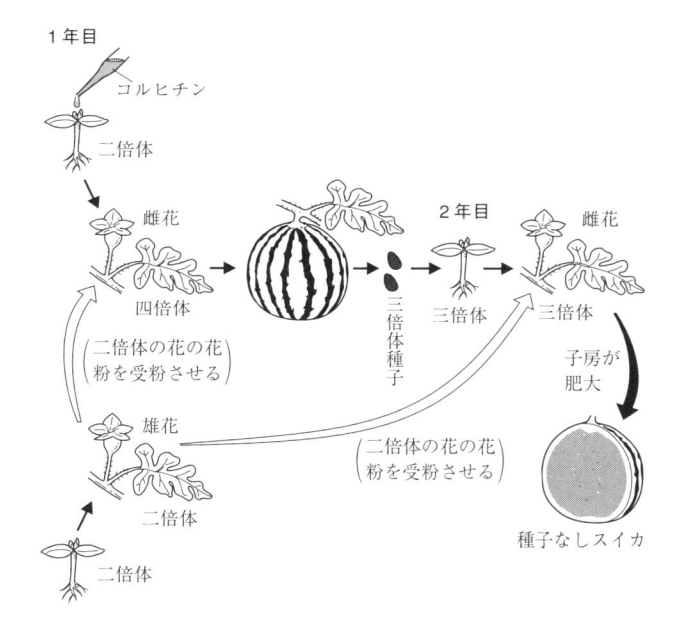

ふつうのスイカは二倍体で、22本の染色体を持ち、コルヒチン処理で生まれた四倍体は44本の染色体を持つ。四倍体のスイカに二倍体のスイカの花粉を受粉させると、33本の染色体を持つ三倍体のスイカができる。

図6-2-8　「種子なしスイカ」のつくり方

妨げられ、染色体の分離が起こらないので染色体の数が2倍になり、四倍体になる（図6-2-8）。

　この四倍体のスイカのめしべに、普通の二倍体のスイカの花粉を受粉させると、三倍体の種子ができる。これが、種子なしスイカの種子である。この種子から育った三倍体のスイカの花を咲かせるのだ。そのめしべに、ふつうの二倍体のスイカの花粉を受粉させる。すると、子房は膨らむが、種子はできず、種

子なしになる。三倍体の花では、減数分裂で染色体数をきれいに半分にできず花粉や卵細胞が正常につくられないために、種子ができないのだ。

　動物では、卵子や精子がつくれなくなると子孫を残せず、その個体の遺伝子はこの世から消えてしまう。近年、クローン化の技術は進歩しているが、まだ、容易にクローン動物をつくることはできない。しかし、多くの植物では、種子がなくとも、接ぎ木や挿し木で、容易にクローン植物がつくられ、永遠にその遺伝子を受け継いでいくことができる。その意味で、「植物は、永遠の命を持っている」といえるのかもしれない。

世界初の「種子なしビワ」　コラム

　最近、種子なしスイカや種子なしブドウをつくる技術を使って、種子なしビワがつくられた。2004年5月、千葉県農業総合センターは、「種子なしビワを開発し、品種登録に出願した」と発表した。登録されると、世界初の種子なしビワの誕生である。2008年には、千葉県の新名産として、市場に出まわる予定である。

　品種名は、「希房」である。希望の「希」と、千葉県、南房総の「房」をとって名付けた。南房総地方の発展の「希（のぞ）み」を担っての願いがこめられているのだろう。種子なしビワの本来の種子のある場所は、小さな空洞になっており、果肉の厚さは、種子のあるビワの約2倍である。「果汁が多く、肉質がやわらかく、おいしい」という。

　「希房」は、種子なしスイカと同じように三倍体である。この花に、種子なしブドウをつくるのに使うジベレリンを開花の直後に与えると、種子がないまま、子房が肥大する。

落果を防ぐために、サイトカイニンという植物ホルモンが使われている。

問いの答え 問1：①、② 問2：①
問3：コケ（配偶体） シダ（胞子体）

6-3 植物も動く

[問1] アサガオは発芽する際に、先端が折れ曲がった状態で土の上に出てくる。これにはどんなメリットがあるのか。
①水分の蒸発を防ぐことができる
②茎頂にある分裂組織に傷がつかない
③折れ曲がった部分にある分裂組織で最初に光合成ができる

[問2] 植物が光の方向に成長できるのは、なぜだろう。
①光が当たる側に細胞が分裂して伸びていくから
②光が当たる側よりも影側の細胞分裂が活発になるから
③光が当たる側よりも影側の細胞のほうがより大きく成長するから

[問3] アサガオのつぼみはどのようにして開くのだろうか。
①つぼみの細胞が分裂することによって開く
②つぼみの細胞が吸水成長することによって開く
③つぼみの細胞が分裂し、さらに吸水成長することによって開く

1. 植物も動く?

アサガオを育ててみたことがあるだろう。種子をまき、土をかけて水をやる。しばらくすると、双葉が土の中から顔を出す。ちょっと、感動する瞬間だ。まもなく、双葉が広がって、双葉

図6-3-1　アサガオ（マルバアサガオ）

の間から新しい芽が伸びてくる。アサガオの茎はぐんぐん伸びて、次々に本葉を出しながら長さを増していく。茎の先端は上へ伸びようとしているように見える。そこで、支柱を立ててやると、それに巻きついて、さらに、上へ上へと伸びていく。私たちのように歩き回ったりはしないけれど、確かにアサガオも成長しながら動いている。アサガオは、なぜ動くのだろう？

　この場合、私たちが使う「なぜ？」は、大きく2つの疑問に分けられる。1つは、「アサガオはどんなしくみで動くのだろう？」という「なぜ？」で、英語のHow?（どのように）に相当する疑問だ。これは、アサガオのからだのしくみに関する疑問なので、からだや細胞のつくりや動きを調べれば解決できるだろう。もう1つは「アサガオは何のために動くのだろう？」という疑問で、英語のWhy?に相当する。「アサガオはどんな目的があって動くのか」、「動くことによってどんな利益を得ることができるのか」という疑問に言い換えられる。

　この節では、アサガオにかかわるいろんな「なぜ？」を考えてみよう。

2. 発芽のしくみ

　アサガオが最初に動くのは、種子が発芽するときだ。発芽す

る種子の中ではどのようなことが起こっているのだろうか。

　植物の種子は、ふつう成熟すると水分を失って休眠状態に入る。アサガオの種子は硬く、カラカラに乾いていて、本当に発芽するのか心配になるほどだ。このような休眠状態にある種子では、呼吸などの生命活動はほとんど行われていない。だが、休眠しているおかげで、厳しい乾燥や冬の低温に耐えて、春まで生き続けることができるのだ。

　種子が発芽するためには、ふつう、適当な温度、水、それに空気（酸素）の3つの条件が揃うことが必要だ（331ページ、コラム「ジベレリンの『発芽パワー』」参照）。アサガオの種子は硬い種皮に覆われているので、種子の内部に水や酸素が供給されにくく、種子をそのまままいても発芽しにくい。そこで、アサガオの種子をまく前には、種皮の一部をナイフで削るなどの工夫をするとよい。

　アサガオの種子を、湿らせた濾紙の上などで発芽させて、観察してみよう。種子はまず、水をたくさん吸って膨らんでくる。吸水した種子は休眠から覚め、種子の内部でデンプンなどの貯蔵物質の分解が始まる。貯蔵物質の一部は呼吸によって分解され、物質合成などに必要なATPをつくり出すのに利用される。胚の分裂組織（分裂能力を持つ未分化の細胞からなる組織）では細胞分裂が始まり、新しい根とシュート（茎や葉）が伸びていく。分解された貯蔵物質は、新しい細胞をつくるための材料としても利用される。分裂組織で増えた細胞はいろいろな組織に分化するとともに、ひとつひとつの細胞も吸水して大きくなる。やがて、胚が種皮を破って出てくる。これが発芽だが、最初に出てくるのは「芽」ではなく「根」のほうだ。

　濾紙の上で起きていることと同様なことが、アサガオの種子を土の中にまいた場合でも起きている。ただし、土の中で発芽

したアサガオには、濾紙の上での発芽にはない大きな関門が待っている。

3. 土の間を突き抜ける

　土の中で発芽したアサガオは、やがて土の上に顔を出し、根を伸ばし、水や栄養塩類を吸収しながら成長する（図6-3-2）。アサガオにとって、水や栄養塩類をたっぷり含んだ土は、なくてはならないものであると同時に、根やシュートを伸ばすときの障害物でもある。アサガオの芽生え（種子から発芽した幼植物のことで、実生ともいう）はどのようにして、土の間を突き抜けて地上に顔を出したり、土中深くに根を伸ばしたりすることができるのだろう。

　アサガオの種子を土中に埋め、その発芽の一部始終を観察すれば、この疑問は簡単に解決できる。アサガオの芽生えのシュートは、種皮をかぶった状態で土の上に顔を出す。このとき、よく観察すると、シュートの先端が下のほうに折れ曲がった状態で土の中から顔を出すことがわかる。シュートの先端（茎頂）には分裂組織があるが、分裂組織の細胞は細胞壁が薄くて柔らかい。もし、シュートが茎頂を上にして真っ直ぐ伸びるとしたら、茎頂に直接土があたって、分裂組織の細胞が傷つくおそれ

図6-3-2　アサガオの発芽

がある。

　しかし、そうした心配は無用だ。シュートは、茎頂をまっすぐではなく、折れ曲がった状態で土を押しのけながら伸びてくる。さらに茎頂にある分裂組織は種皮に覆われたまま、土の上に顔を出す。このようにアサガオには、分裂組織を保護するしくみが用意されているのだ。地上に顔を出せば、あとはこっちのものだ。土の上に顔を出したアサガオの芽生えも、初めのうちは種皮をかぶった状態だが、やがて曲がっていたシュートは起き上がって真っ直ぐ上を向く。間もなく子葉（種子が発芽して最初に出る葉）が展開しながら、かぶっていた種皮を脱ぎ捨てて、さらに大きく成長していく。

　一方、根も土の間を突き進みながら伸びていく。根の先端付近（根端）にも分裂組織があるが、さらに先には根冠と呼ばれる組織がある。柔らかい分裂組織は、この根冠によって保護されているから、傷つくことなく成長できる。土の中を突き進む根の先端にある根冠はしょっちゅう傷つきながら、外側の細胞から死んで脱落している。しかし、分裂組織が常に新しい細胞を根冠のほうにも供給しているので、根冠がなくなってしまうことはない。

4. 双葉が出て、どんどん伸びる

　地上に顔を出したアサガオの双葉（子葉）は、種皮を脱ぎ捨てたあと、大きく広がっていく。そして、双葉は次第に緑色が濃くなって大きく展開し、盛んに光合成を行うようになる。光合成によって新たにつくられた有機物を使って、子葉の間にある分裂組織からは、新しいシュートが伸びてくる。新しいシュートにできた葉は、子葉よりもはるかに大きく成長し、盛んに光合成を行ってたくさんの有機物を生産する。それがまた新し

いシュートをつくるために使われる。そうして、アサガオのつる（茎）は、どんどん伸びていく。

　支柱を立ててやれば、シュートは支柱にからみつきながら上へ上へと伸びる。支柱を立てないでおくと、どうなるだろう。長く伸びたアサガオのつるは、やがて自分の重みに耐えかねて、地面のほうへ倒れてしまう。しかし、よく見るとシュートの先端は、いつも上（地面と反対側）を向いていて、そちらへ伸びようとしているように見える。

　なぜアサガオに限らず、多くの植物のシュートは上へ上へと伸びていくのだろうか。このWhy？　には次のような解答が用意できるだろう。まわりの植物よりも高いところに葉を広げ、より多くの光を受けたほうが、たくさん光合成ができる。これは多くの植物にとって有利な性質だ。

　では、How？　のほうはどうだろう。アサガオはどのようなしくみで、上へ上へと伸びていくのだろうか。こちらも少し考えればいくつかの仮説を思いつくはずだ。

　最初に思いつくのが、植物には重力を感じるしくみがあり、重力とは反対の方向に、シュートを伸ばしていくというものだ。この仮説を検証するための実験は、割と簡単にできる。光のない、暗黒条件下で発芽させてシュートが伸びる様子を観察すればよい。暗黒条件下で育ててみても、シュートはやはり上へ伸びていくことがわかる。そこで、暗黒条件下でシュートを水平にしてみると、シュートの先端は根の方向とは関係なく上方向へ伸びる。これらの実験結果から、光がない場合には、シュートは重力と反対方向に伸びると考えられる（注）。

注. 厳密には重力と反対方向に伸びるということを示すためには、重力がある条件と重力がない条件（無重力下）での実験結果を比較する必要がある。

　シュートが伸びる様子を詳しく観察してみると、茎頂の分裂

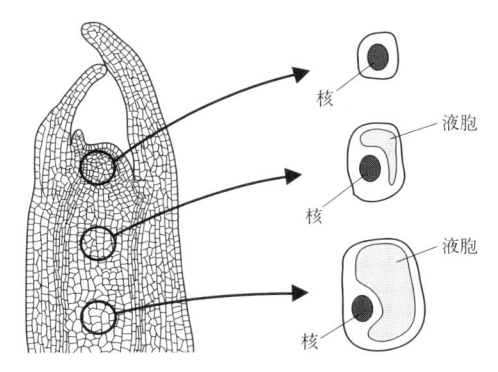

図6-3-3　シュートが伸びる様子（模式図）

組織よりも少し下の部分の細胞が成長して伸びていくことがわかる。つまり、分裂組織でつくられた細胞は茎頂から離れると分裂をやめ、細胞が液胞に水を取り込んで、大きく成長するのだ（図6-3-3）。シュートはこのようにして伸びていく。

　シュートを構成する細胞の成長は、茎頂で合成されているインドール酢酸（オーキシンという植物の成長ホルモンの一種、〈注〉）によって促進されることがわかっている。シュートを水平に置いた場合は、インドール酢酸の濃度が下側（重力の方向）で高くなるために、下側の細胞のほうがよく成長する結果、上のほうへ曲がると考えられている。このように、重力と反対方向に植物が成長運動する現象は、**負の重力屈性**（負の屈地性）と呼ばれている。

注．オーキシンは代表的な植物の成長ホルモンの一種で、インドール酢酸は天然のオーキシンである。合成オーキシンとしては 2,4-D などがある。

5. 光の方向にも伸びる

　しかし、シュートが伸びる方向は、重力だけによって決まっ

ているわけではない。暗黒条件下で育てたシュートに横方向から光を当てると、シュートは光の方向へ伸びていくからだ。光合成をする効率を考えれば、光が当たる方向に伸びるのは、理にかなっている。

　このように植物が光の方向へ向かって成長する現象を**正の光屈性**（屈光性）というが、そのしくみは主にイネ科植物の芽生えの幼葉鞘（子葉鞘）を使って、詳しく調べられてきた。

　このような研究を最初に行ったのは、自然淘汰説で有名なイギリスのチャールズ・ダーウィンと三男のフランシスだが、その後、ハンガリーのパールやオランダのボイセン・イェンセン、アメリカのウェントらがさまざまな実験を行い、正の光屈性のしくみが明らかにされていった。

　たとえば、ウェントは図6-3-4のような実験を行っている。実験結果から、ウェントは「光を当てると、成長を促進する物質（後にインドール酢酸であることがわかった）が、光側から影側に移動する。その結果、光側よりも影側の物質の濃度が高くなり、細胞の成長が進み、芽生えは光の方向へ曲がる」と考えた（ウェントの仮説）。

　その後、アメリカのピッカードら（1964年）は、放射性同位体で標識したインドール酢酸をトウモロコシの芽生えの先端部に取り込ませ、横から光を当てる実験を行って、影側には光側の2倍以上のインドール酢酸（に含まれる放射能）が検出されることを示した。

　以上のような研究の結果、「光の方向が芽生えの先端部分で感知されると、インドール酢酸が光側から影側に移動し、その後、インドール酢酸が下部へ移動するため、芽生えは光のほうへ曲がる」と考えられるようになり、高校の生物の教科書などにもこれが正しいものとして載せられてきた。

> **解説**
>
> ### ウェントの実験
>
> 実験例：マカラスムギの芽生えに片側から光を当てた後、先端部分を切り取って、図のように雲母片で仕切りをした寒天片の上に載せて、光が当たっていた側の組織と、影側の組織を分けた。これをしばらく暗黒条件下に置いた後、光側と影側の寒天片を、先端部を切り取った芽生えの片側に載せたところ、影側の寒天片を載せたほうが、より大きく曲がった。

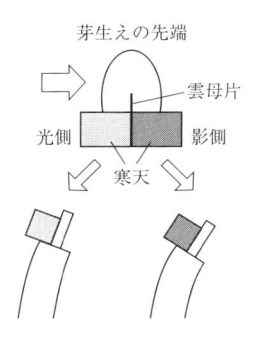

図6-3-4　ウェントの実験

6. ウェントの仮説に対する疑問

ところが、最近、ウェントの仮説に対する疑問が出てきた。

ウェントは、先端を切り取ったマカラスムギの芽生えの片側に寒天片を載せ、その屈曲角の大きさで物質の濃度を推定する方法（マカラスムギ属の学名がAvenaなので、アベナテストという）を用いて実験を行った。しかし、よく考えると、この方法では、「寒天片の中に移動してきた物質がインドール酢酸だ

け」という保証はない。そこで、日本の長谷川ら（1989年）は精密な分析機器を使って、光側と影側に含まれるインドール酢酸の濃度を直接調べてみた。

　実際に測定した結果、なんと、光側と影側でインドール酢酸の濃度にはほとんど差がないことがわかったのだ（図6-3-5）。さらに、長谷川らは「インドール酢酸の働きを阻害する物質が、影側よりも光側に多いこと」を示して、「芽生えが光の方向へ曲がるのは、インドール酢酸が光側から影側に移動するためではなく、光側でインドール酢酸の阻害物質が生成されるためである」と結論した（図6-3-6）。

　ウェントの仮説を支持するとされていたほかの実験も、最近の研究によって、異なる実験結果が得られることが明らかにな

	横から光を当てたもの		暗所（対照）	
	光側	影側	左側	右側
ウェントら（推定値）	27	57	50	50
長谷川ら（実測値）	51	49	50	50

インドール酢酸濃度の分布

図6-3-5　ウェントの実験（1928年）と長谷川らの実験（1989年）の比較

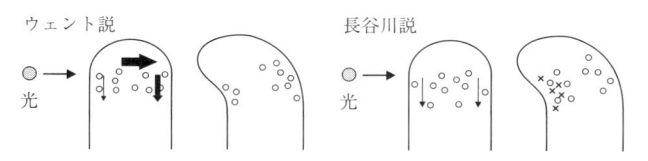

○インドール酢酸　×インドール酢酸の働きを阻害する物質
矢印はインドール酢酸の移動方向を示す

図6-3-6　ウェント説と長谷川らの説

ってきた。これらの新しい研究成果を取り入れると、植物が光の方向へ曲がる理由は次のように説明できそうだ。

「芽生えの先端から少し下の部分に光が当たると、インドール酢酸の働きを阻害する物質がつくられるため、光側よりも影側の細胞に対してインドール酢酸がより強く作用する。その結果、影側の細胞がより大きく成長するので、芽生えは光のほうへと曲がる」

ただし、現時点では、この阻害物質については不明な点も多く、すべての謎が解明されたわけではない。光屈性のしくみが完全に解明されるにはいましばらく時間がかかりそうだ。

7. 巻きつきながら、よじのぼる

アサガオのつるも重力や光の影響を受けながら、上へ上へと伸びていく。だが、アサガオのつるは真っ直ぐに伸びていくわけではない。らせんを描いて、何かに巻きつきながら伸びていく。

アサガオのつるが支柱に巻きついていく様子を、上のほうから見下ろしてみると、茎の先端は反時計回りのらせんを描きながら伸びていく（図6-3-7左）。アサガオはもちろん、アサガオと同じヒルガオ科の植物のつるはみな同じ方向に巻いていく。マメ科などでは種によって巻く方向が異なるし、ヤマノイモなどでは、同種でも個体によって巻く方向が異なるものがあるが、つるが巻く方向は遺伝的に決まっているらしい。

アサガオのつるが伸びる様子をビデオで撮影し、早送りにして再生すると、先端がらせんを描くように首振り運動をしながら伸びていくのがわかる。まるで自ら巻きつくものを探しているかのようだ。つるの一部が何かに接触すると、それに巻きつきながら伸びていく。このとき、支柱を巻き込むように曲がる

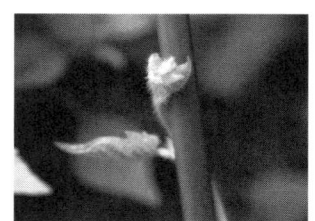

図6-3-7　アサガオのつるの巻き方、つぼみの巻き方

のだ。そのしくみについてはまだよくわかっていないが、接触を感知するしくみもあるらしい。

8. つぼみが開き、花が咲く

　成長したつるについた葉のつけ根には、やがてつぼみができて花が咲く。つぼみもシュートが変化してできたものだ。開花が近づくと、つぼみは急に大きくなって、夜明け前に開花する。

　アサガオのつぼみは、つるとは逆向きにねじれている（図6-3-7右）。開花するときは、花弁（花びら）が大きく成長して、つぼみのねじれがほどけるように、ゆっくり動きながら開いていく。このしくみはどうなっているのだろう。

　花が開く様子を観察すると、花弁が大きく成長しながら外側に反り返ってくることがわかる。細胞分裂はもう起こっていない。花弁が大きく成長するのは、細胞が吸水成長しているためだ。このとき、花弁が外側に反り返るためには、花弁の外側の細胞よりも、花弁の内側の細胞のほうが大きく成長すればよい。

　サツキツツジの、まだ開き始めていないつぼみの花弁を顕微鏡で観察すると、細胞の中にたくさんのデンプン粒があるのがわかる。時間を追って観察すると、つぼみが開くにしたがって数が少なくなっていき、花が完全に開くとデンプン粒はほとん

ど見られなくなる。

　細胞の中にあったデンプンは、酵素の働きで分解されてグルコースになる。グルコースは水に溶けるので、細胞の浸透圧が高くなると同時に吸水圧も上昇する。その結果、細胞がぐんぐん吸水成長して花が開くのだ。花弁の外側よりも内側の細胞でのデンプンの分解が活発に起これば、内側の細胞のほうがよく成長して、花弁は外側に反り返り、花が開くことになる。アサガオの花も、おそらく同じようなしくみで開いているのだろう。

[解説]

植物ホルモン

　植物ホルモンには、オーキシン、ジベレリン、サイトカイニン、アブシジン酸、エチレン、ブラシノステロイド、ジャスモン酸などがある。

　このうち、オーキシンは代表的な植物の成長ホルモンで、幼葉鞘の光屈性を起こす物質として考えられた仮想のものだ。その後、何とヒトの尿の中から発見されたインドール酢酸がオーキシンの作用を持つことがわかり、それが天然オーキシンであることもわかった。

　オーキシンには、細胞壁に作用して細胞壁を伸びやすくし、細胞を大きく成長させる働きがあるので、オーキシン濃度が高くなるとシュートはよく成長する。しかし、オーキシン濃度が高くなりすぎると、植物はエチレンという別の植物ホルモンの合成を始める。エチレンはオーキシンの作用を阻害するように働くので、オーキシン濃度が高くなり過ぎると、シュートの成長は逆に抑制されることになる。これは、一種のフィードバックで（274ページ参照）、植物にも私たちと同じような調節のしくみがあることがわか

る。

　ところで、高濃度のオーキシンには、植物を枯らしてしまう作用もあるので、人工的につくられたオーキシンの2,4-Dなどは、雑草を駆除するための除草剤としても利用されている。ベトナム戦争（1960〜75年）で、アメリカ軍は、森林を破壊し、農作物を枯らすため、枯れ葉作戦を行った。この時、枯れ葉剤として2,4-Dや2,4,5-T（いずれも合成オーキシン）などが大量に散布されたのだが、不純物として混入していた猛毒のダイオキシンも同時に大量に散布されてしまった。ベトナムの枯れ葉剤が散布された地域では、からだに異常がある子が生まれるなど、深刻な被害まで起こしてしまった。

問いの答え　問1：②　　問2：③　　問3：②

6-4 植物も季節や時間がわかる？

[問1] アサガオの花は、毎年夏から秋にかけて咲くが、何を基準にして開花の時期を決めているか。
　①日の出ている時間の長さを測っている
　②夜の長さを測っている
　③一定以上の気温になると開花する

[問2] アサガオの花の開く時間はいつごろだろうか。
　①太陽が昇ってから開花する
　②夜明け前に開花する
　③日が暮れてから一定時間後に開花する

[問3] 明暗を感知し、時計の役割を担っているのはどの器官か。
　①根　　②葉　　③茎

1. 植物のカレンダー

　アサガオは真夏に咲くものと思っている人が多いかもしれないが、実際は夏から秋にかけて咲く花だ。一方、ナノハナ（アブラナ）のように、雪解けとともに一斉に芽を出し、早春にだけ花を咲かせる植物もある。アサガオが早春に咲くことはないし、ナノハナが真夏に咲くこともない。アサガオやナノハナは、なぜ、毎年同じ季節に花を咲かせるのだろう。

　花は、植物が子孫を残すための生殖器官だ。自家受粉で種子をつくるものもあるが、ふつうは異なる個体の花粉がめしべに

つかなければ種子ができない（他家受粉）。もし、各個体が勝手に異なる時期に花を咲かせていたら、他家受粉を成功させることが難しくなってしまう。他家受粉で子孫をのこすためには、同じ時期に花を咲かせなければならないのだ。

2. 季節を知る手がかりは……

　私たちはカレンダーを見たり、テレビやラジオの放送によって、今日が何月何日かを知ることができる。それができない植物は、どのようにして季節を知ることができるのだろうか。

　すぐ思い浮かぶのは気温だ。夏は暑く、冬は寒いから、暖かい春や秋に花を咲かせる植物があっても不思議ではない。また、湿度も季節によって変動するから、湿度の変化を手がかりにしている植物があってもいいだろう。しかし、気温や湿度は一日のうちでもずいぶん変動するし、日によってもかなり違う。また、年による違いも無視することはできない。季節を知る手がかりとして気温や湿度を使うことは可能だが、それだけでは少し心もとない。

　では、昼の長さ（日長）はどうだろう。北半球の中緯度に位置する日本では、日長は夏に長く、冬は短い。しかも、この日長の季節変化は、毎年、ほとんど変わることはない。季節を知る手がかりとしては、温度や湿度よりも、日長のほうが確実なように思われる。

　実際、アサガオをいろいろな日長条件下で栽培してみると、日長がおよそ15時間よりも短いと花をつけるが、それよりも日長が長いと花をつけないことがわかる。日長がいちばん長いのは夏至（北半球では6月下旬）で、それ以降、次第に日長は短くなっていく（図6-4-1）。東京における夏至の日長はおよそ14.5時間だが、日の出、日没前後のうす暗い時間を加えると、

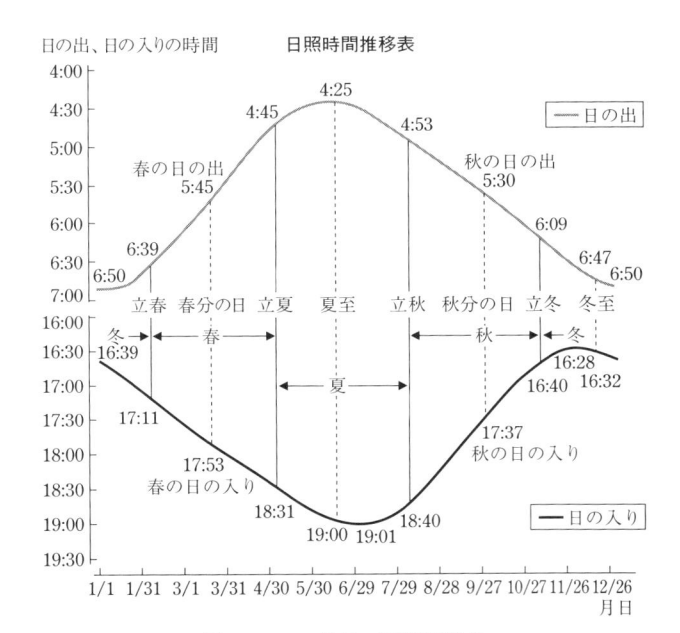

図6-4-1　東京の日照時間推移

アサガオが夏から秋に咲くことをうまく説明できそうだ。

3. 植物は夜の長さを測る？

　だが、昼の長さの変化とアサガオが開花する季節が対応しているからといって、アサガオが昼の長さを感知していると結論づけるのは早すぎる。1日の長さは24時間と決まっているから、日長が短くなると夜の長さは逆に長くなる。夜（暗期）の時間が長くなると、アサガオは花をつけるのかもしれないし、昼（明期）と夜（暗期）の長さの比（割合）に反応して花をつけるのかもしれない。

6-4 植物も季節や時間がわかる？

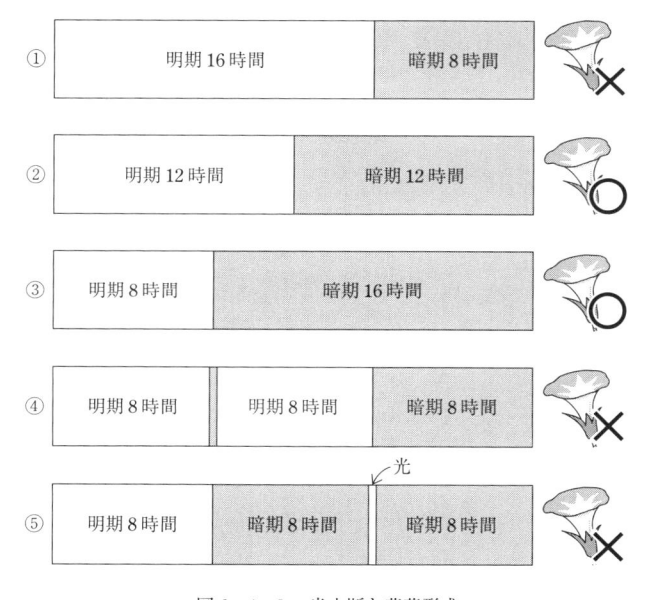

①	明期16時間	暗期8時間	✗
②	明期12時間	暗期12時間	○
③	明期8時間	暗期16時間	○
④	明期8時間 明期8時間	暗期8時間	✗
⑤	明期8時間	暗期8時間 光 暗期8時間	✗

図6-4-2　光中断と花芽形成

　この疑問を解決するには、明期の途中で短時間だけ暗くしたり、暗期の途中で短時間だけ光を照射したりする実験を行って、アサガオの花のつけ方になんらかの変化が出るかどうかを調べてみればよい。これらの実験結果を比較すれば、明期の長さ、暗期の長さ、明期と暗期の長さの比のうちの、どれに反応して花をつけるかを知ることができるはずだ。

　アサガオは、明期：暗期＝16時間：8時間（図6-4-2①）の条件では花をつけないが、明期：暗期＝12時間：12時間（②）や明期：暗期＝8時間：16時間（③）の条件では花をつける。前述したように、これだけではアサガオが何を基準にして花をつけるのかわからない。

そこで、明期：暗期＝16時間：8時間の条件（①と同じ条件）で、明期の中ごろに短時間だけ暗くして、明期を8時間ずつに分けてみても、アサガオは花をつけなかった（④）。一方、明期：暗期＝8時間：16時間の条件（③と同じ条件）で、暗期の中ごろに短時間だけ光を照射して（こうした処置を光中断という）、暗期を8時間ずつに分けてみると、③とは異なりアサガオが花をつけなくなった（⑤）。

　④と⑤の実験では、明期：暗期：暗期または明期：暗期：暗期が8時間：8時間：8時間と表すことができる。一方、明期と暗期それぞれの合計時間は①と④の実験では同じで、同じように花はつけなかった。

　しかし、明期と暗期それぞれの合計時間が同じなのに、③と⑤では逆の結果になった。そこで③と⑤をくらべてみると、どちらも連続する明期の長さは8時間で同じだが、連続する暗期の長さが異なっていることがわかる。暗期を真ん中で中断することで結果が変わったのだ。

　以上の結果から、アサガオの開花を決めているのは、連続する明期の長さでも、明期と暗期の長さの比でもなく、連続する暗期の長さだと考えられる。

　このような実験を繰り返すことで、アサガオやナノハナのような植物は、明期の長さではなく、連続する暗期の長さに反応して花をつけることが明らかになった。これらの植物は日長ではなく、夜の長さを測っているのである（注）。

注．ジャガイモやトマトなどのように明期や暗期の長さとは無関係に花をつける植物もある。

> **コラム**
>
> ### 植物のカレンダーを操作する
>
> 　秋の夜、郊外の田園地帯で車を走らせていると、電灯で照明された温室が建ち並んでいる美しい光景に出会うことがある。温室の中をのぞくと、キクなどの草花が栽培されていることが多い。いったい、何のために電灯をつけて照明しているのだろうか。
>
> 　多くのキクは秋に花をつけるので、ふつうに栽培すると、キクの花は秋にしか花屋さんで売っていないはずだ。だが、キクの花はいろいろなセレモニーで使われ、特に、お正月や成人式などがある1月ごろには、たくさんのキクの花が必要だ。そこで、適当な時期まで人工照明を行って、連続する暗期を短くし、キクが冬になってから花をつけるように操作をしているのだ。こんな工夫のおかげで、私たちは一年中いろんな花を楽しむことができるのだ。
>
> 　ところで、昔と違って日本の、特に都会の夜はずいぶん明るくなってしまい、美しい星空を見ることも難しくなってしまった。明るくなったことで、夜も安心して外出できるようになったが、その一方で、街灯の近くの花の開花が遅れたり、夜中にセミが鳴いたりと、おかしな現象も起こり始めている。私たちにとっては便利な夜の灯りが、明るさの変化をカレンダーや時計の代わりに使ってきた生物たちには、迷惑な光になっているようだ。

4. アサガオは朝に咲く？

　ところで、アサガオは漢字で朝顔と書くので、朝早く咲くと思っている人が多いだろう。確かに、学校の夏休みが始まる7月下旬〜8月初旬のアサガオは夜明けごろに花を咲かせる。と

図6-4-3　子葉が開いた直後に頂芽を切り取り、十分な長さの暗期を与えると花を咲かせることができる

ころが、アサガオが開花する時刻を詳しく調べてみると、秋に近づくほど早い時刻に咲くようになり、9〜10月のアサガオは夜中のうちに咲いてしまうことが知られている。

　実は、アサガオには日が暮れてからおよそ10時間後に花を咲かせる性質があるのだ。そのため、日長が長く日暮れが遅い7月下旬〜8月初旬には夜が明けるころに開花するが、日長が短くなり日暮れが早くなるにつれて開花する時刻が早まり、9〜10月には夜が明ける前に咲いてしまうというわけだ。

　アサガオが花をつけることには夜の長さが関係しているし、アサガオが花を咲かせる時刻には、日が暮れてからの時間が関係している。アサガオのような植物は、どのようにして夜になったことを知り、また夜の長さを測ることができるのだろうか。

5. 夜の長さを測るために必要なもの

　夜の長さを測るためには、少なくとも明暗を感じる目のような働きと、その長さを測る時計のようなしくみが必要だ。
「6-3　植物も動く」で、アサガオの芽生えや茎は、先端のほうで光を感じ、光の方向へ伸びていくことを説明した。しかし、花をつける場合には、葉に9時間以上の連続する夜（暗期）を経験させるだけで花をつけることがわかった。しかもこの処理は、たった1回だけでも有効であり、ある程度成長したアサガオなら、全体の中のたった1枚の葉にだけ行ってもよいし、子葉に処理を行って花をつけさせることさえも可能なのだ（図6-4-3）。だから、花をつけるかどうかには茎は無関係で、葉が目のような働きをしていると考えられる。

　アサガオは、連続する夜（暗期）の長さに反応して花をつけるかどうかを決めている。そのため、本来はアサガオが花をつけるような日長条件、たとえば前に挙げた実験で示したように、明期：暗期＝8時間：16時間の条件でも、暗期の中ごろに短時間の光照射をする（光中断）と花をつけなくなる。

　いろいろな波長の光を使って調べてみると、光中断には赤色光（波長660nm付近）が最も効果的であることがわかってきた。また、この赤色光照射による光中断の効果は、赤色光を照射した直後に、遠赤色光（波長730nm付近）を照射すると打ち消されるという面白い性質があることもわかっている（図6-4-4）。

　この現象には、植物に含まれるフィトクロムという色素タンパク質が関与していると考えられている。フィトクロムには、赤色光吸収型（Pr型）と遠赤色光吸収型（Pfr型）があり、Pr型は赤色光照射によってPfr型へ、Pfr型は遠赤色光照射によってPr型に速やかに変化する性質を持っている。

図中文字:
- 赤色光 660nm
- Pr型フィトクロム ⇔ Pfr型フィトクロム
- 遠赤色光 730nm
- 暗いところにおくと……

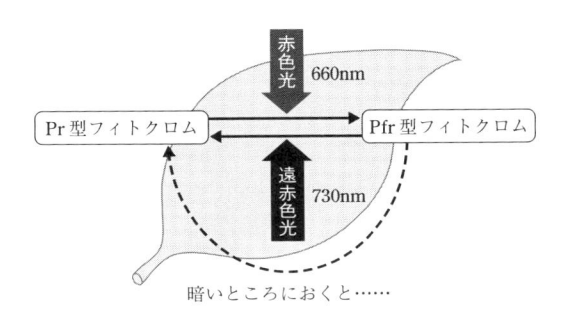

図6-4-4　赤色光と遠赤色光の照射によって、たがいの効果が打ち消される

　太陽光（白色光）には赤色光が含まれているので、明るい昼間の葉にはPfr型のフィトクロムが存在するが、暗くなるとPfr型のフィトクロムはゆっくりとPr型に変化すると考えられている。そこで、このPfr型からPr型への変化がちょうど砂時計のような働きをして、暗期の長さを測っているのではないかと考えられたこともあった。

　ところが、詳しく調べてみると、Pfr型フィトクロムは暗期に入ってから数時間（アサガオでは1～2時間）でなくなってしまうことがわかった。アサガオが花をつけるために必要な暗期の長さはおよそ9時間だから、Pfr型のフィトクロムの量の変化だけで、暗期の長さを測っているとは考えられない。時計の働きをするものは、ほかにあるはずだ。

　生物の体内にあるこのような働きをする「時計」は、約1日（24時間）周期の長さを測ることができるので、概日時計と呼ばれる（248ページ「3. 時間と方向をはかる」）。概日時計による概日リズムは、生物が持つ最も基本的な性質のひとつであるらしく、調べられた限りシアノバクテリアとすべての真核生物

が持つことがわかっている。概日時計の本体であると想定される遺伝子やそれがつくるタンパク質については、ショウジョウバエなどではいろいろなことがわかってきているが、植物の概日時計の本体についてはまだよくわかっていない。

概日時計は、正常な環境状態においては光や温度など外界にある24時間周期のリズムに同調するという性質もあるので、明るさや温度などが日周変動する環境で生活している私たちはこの時計の存在に気づきにくい。しかし、外光が一切さしこまず、室温を一定に保った部屋で暮らしても、ヒトの体温やホルモン濃度などは約１日の周期で変動を続けることから、その存在を知ることができる。

植物も、光や温度を常に一定の条件に保った恒常条件下で栽培しても、およそ24時間のリズムで周期的活動を行うので、植物にも概日時計があることは確かだ。

6. 未分化な芽まで情報を伝えるものは

葉にあるフィトクロムが目のような働きをして光を感じ、概日時計を使って夜の長さを測っているとしても、それだけでは花をつけることはできない。花をつけるためには、本来ならば茎や葉に分化する芽を、花芽に分化させなければならないのだ。そのためには、葉から未分化な芽まで情報を伝える必要もあるし、芽の分化を調節する物質も必要だ。

発芽したアサガオをずっと明るい所で栽培すると、すぐに花をつけることはない。しかし、発芽したアサガオを暗黒条件下に16時間置いておき、次に明るい場所に移して栽培するとやがて花をつける。このとき、明るい所に移す直前または移した直後に子葉を切り取ると、花をつけなくなる。しかし、明るい所に２～３時間置いた後で子葉を切り取った場合には、花をつけ

ることから、明るくなってから2〜3時間経つと、花芽を分化させるように作用する物質が子葉でつくられて、それが未分化の芽まで移動すると考えられる。

　この「花を咲かせる物質」は、その存在が明らかになる前からフロリゲン（花成ホルモン）と名付けられ、ほかの実験から葉でつくられ、師管(しかん)を移動することも証明されていたが、長年の研究にもかかわらず、その実体は謎に閉ざされていた。しかし、最近、アサガオなどで概日時計や花芽形成に関係するとみられる遺伝子が報告されるようになったので、フロリゲンの実体が明らかになるのは、時間の問題かもしれない。

アサガオを使いサツマイモの花を咲かせる　コラム

サツマイモの花を見たことはあるだろうか。サツマイモはアサガオと同じヒルガオ科の植物で、アサガオによく似た花が咲くのだが、熱帯原産のサツマイモは日本ではなかなか花をつけることがない。しかし、品種改良をするためには、サツマイモの花を咲かせ種子を取る必要がある。そこで、土中に根を伸ばしたアサガオの台木に、サツマイモの芽を接いで花を咲かせるということが行われている。つまり、台木として使ったアサガオの葉に15時間以上の連続する暗期を与えると、アサガオの葉でつくられたフロリゲンが、接ぎ木によってつながっている師管を通ってサツマイモのほうへ移動し、サツマイモの芽を花芽に分化させ、サツマイモの花が咲くというわけだ。

6-4 植物も季節や時間がわかる？

図6-4-5　サツマイモの花

問いの答え　問1：②　　問2：③　　問3：②

第7章

生態系のしくみ

7-1 いろいろな生態系 —————— 370

7-2 生物の相互作用 —————— 383

7-1 いろいろな生態系

[問1] 日本国内にある草原や裸地を放置しておくと、どのように変わるか。
　①アカマツやコナラなどの陽樹林になる
　②スダジイやタブノキなどの陰樹林になる
　③地域やその土地の個別状況によって異なる

[問2] 里山のように人の手の入った森は、種の多様性にどのような影響を与えるか。
　①生態系に回復不能なダメージが生じ、種の多様性が失われる
　②里山も自然林も棲息する動植物はほとんど同じなので、あまり影響はない
　③里山のような環境にしか生きることのできない動植物がいるため、種の多様性が保持される

[問3] 降水量の少ない土地で農業することと砂漠化にはどのような関係があるだろうか。
　①農業用水を供給する灌漑が盛んに行われることによって、地表に塩が出てくる塩害が発生し、作物に適さない荒れ地が増えることがある
　②灌漑設備が充実することによって、草原が増えて、緑地が増えていく
　③農地が増えることによって土壌が改良されて、農地以外の緑地も増える

1. 都会の「自然」

　都会は自然とは無縁の場所のように思えるが、東京の都心にだって街路樹は植えられているし、小さな緑地や花壇もある。よく見ると、そんな小さな「自然」の中にも、チョウやハチが飛んでいたり、小鳥がさえずる姿を見ることができる。都心にある明治神宮の森は、シイノキやクスノキなどの立派な大木が生い茂り、この中にいると大都会にいることを忘れてしまいそうだ。しかし、この明治神宮の森も昔からあった自然の森ではない。かつては草原と田畑だった場所に、全国各地から集められた365種、約10万本の樹木を計画的に植林し、その後も適切な管理が行われた結果、現在のような立派な森がつくられたのだ（図7-1-1）。

　都会にある「自然」は人工的につくられたもので、計画的に樹木を植えたり、定期的に下草を刈り取ったり、樹木の剪定や伐採をすることによって維持されているものなのだ。だから、もし人が手入れをしなくなると、雑草が生い茂り、樹木も無造作に成長して、その姿を変えていくはずだ。

図7-1-1　明治神宮の森

2. 自然は自然に変化する

このように、ある場所の生物群集が時間とともに自ら形を変えていく現象を**遷移**（生態遷移）と呼んでいる。生物がまったく見られないところから始まる遷移は一次遷移と呼ばれる。これに対して、都会の「自然」で起こる遷移は、多かれ少なかれ生物がいる状態から始まっているので、二次遷移と呼ばれるものだ。

生物がまったくいない土地は、私たちの住む日本にも存在する。日本は世界でも有数の火山国で、今も噴火を続けている桜島や三宅島、浅間山といった火山がいくつもある。このような火山が噴火し、それまであった森林や草原が、高温の溶岩流や火砕流によって焼き尽くされたり、火山灰によって覆われたりすると、生物がまったく見られない岩質地や裸地が出現する。しかし、このような場所にもやがて生物が侵入し、一次遷移が始まる。この様子は、火山周辺の植生と、そこを覆っている溶岩や火山灰が噴出した年代との関係を調べることによって、推

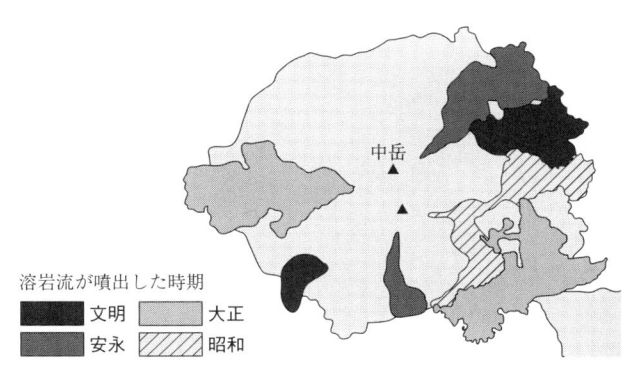

図 7-1-2　桜島の溶岩の分布（京都大学火山活動研究センターのデータをもとに作成）

定することができる。

　たとえば、鹿児島県の桜島は現在も噴火が続いている火山で、山頂部は裸地になっているが、過去に噴出した溶岩上には、すでにそれぞれ異なる植生が見られる。図7−1−2の昭和溶岩（1946年噴出）の上には、ススキやイタドリなど2年以上の寿命を持つ多年生草本（地上部が毎年枯れても、地下部は越冬し、何年も生きている草）や太陽光のもとで素早く成長する陽樹（ヤシャブシ、クロマツなど）がまばらに生えているだけだが、大正溶岩（1914年噴出）の上は多年生草本で覆われ、陽樹もかなり成長している。さらに、安永溶岩（1779年噴出）や文明溶岩（1471〜76年噴出）の上では陽樹（クロマツなど）やアラカシが大きく成長し、タブノキも育っている。

　火山性噴出物によってできた岩質地や裸地には、植物も生えていなければ、土壌もない。雨が降っても、水はすぐに流れ出してしまうし、日中には強い日差しが直接当たるため、晴れた日には地表はかなりの高温になり、乾燥している。近くに噴火口があるわけだから、有毒な火山性ガスの濃度も高いことが多いだろう。実際、火山性ガスが噴き出している噴気口のそばには、ほとんど植物が見られず、小さな砂漠のようになっていることが多い。

　だが、このような土地にも、風にのって細菌や菌類、コケなどの胞子は飛んでくるし、近くに草原や森林があれば、植物の種子も風や鳥などによって運ばれてくるだろう。ただし、そこは過酷な環境だから、乾燥に強い生物や、火山性ガスにも耐えられるような植物でなければ生きていけない。最初に育ち始めるのは主に地衣類やコケ類などだが、運がよければ乾燥に強い種子植物の仲間も生育可能だ。

　多少なりとも植物が生えると、その部分ではわずかながら水

が貯えられるようになり、日中の強い日差しも植物によって遮られ、地面の温度も少し下がる。植物は光合成を行って有機物を生産するから、それを利用して生活する微生物や昆虫などの小動物も生活できるようになる。とても生物が棲めそうになかった岩質地や裸地にも、このようにして生物が侵入し、次第にそこに生存する生物の種類が増えてくるのだ。

　草原ができてしまえば、やがて樹木が侵入して、いずれは樹林へと変わっていくが、どのような樹林になっていくかは、その場所の気候や土壌などによって違う。関東や関西の低山地のようにスダジイやタブノキの森へと変化していく場所もあれば、東北の低山地のようにブナの森へと変化していく場所もある。遷移が進むと、長期間安定した状態になることが多い。このような安定状態のことを**極相**という。気候と土壌の条件が違うと、極相となる植生も異なってくるが、日本では後述するような陰樹林が極相林となることが多い。

3. 樹林になれない土地もある

　だが、裸地や草原を自然にまかせて放置しておくと、常に樹林へと変わっていくかというと、必ずしもそうではない。

　たとえば、富士山のような火山や高山の山頂付近ではほとんど植物は見られない。岩場や砂浜が広がっている海岸にも、植物がほとんど生えない場所がある。火山では有毒なガスが噴き出していることもあるから、その近くで植物が生育するのは難しいだろうし、高山の山頂近くは冬が長く、植物の生育に不適な低温の状態が長く続くだろう。また、高山や海岸近くでは、強風が吹くから、背丈の大きな植物が生育するのは難しい。さらに、海水が吹きつける海岸近くでは、その塩分によっても植物の生育が困難になる。このような過酷な環境では、放置して

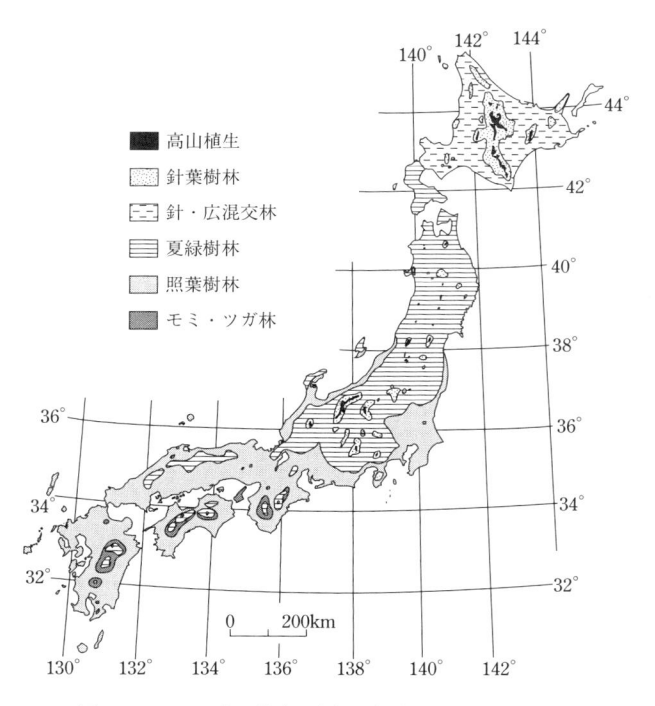

凡例:
- ■ 高山植生
- ⋯ 針葉樹林
- --- 針・広混交林
- ≡ 夏緑樹林
- ░ 照葉樹林
- ▨ モミ・ツガ林

図 7-1-3　日本の群系の生態分布（吉岡、1973年による）

おいたとしてもブナ林のような樹林ができることはないだろう。

　私たちが住む日本は、降水量も多く温暖な気候なので、植物の生育に適した場所が多い。そのため、日本の大部分の地域では、土地を放置しておけば、いずれは樹林になる（図7-1-3）。樹林になれないのは高山や海岸などの限られた地域だけだ。

　しかし、地球上には厳しい気候の地域も多い。富士山の2倍以上の高さの高山が連なるヒマラヤ山脈や、1年の大半が氷で覆われている南極や北極とその周辺地域、ほとんど雨が降るこ

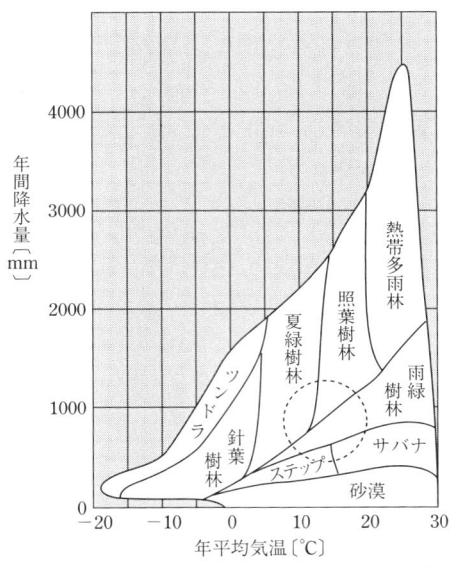

(グラフ内ラベル: 年間降水量〔mm〕、年平均気温〔℃〕、ツンドラ、針葉樹林、夏緑樹林、照葉樹林、熱帯多雨林、雨緑樹林、サバナ、ステップ、砂漠)

(中央の◯は地中海地方の硬葉樹林。照葉樹林、夏緑樹林は東アジアの場合。)

図7-1-4 気温・降水量と植生の関係

とのないサハラ砂漠などでは、生物はまったく、あるいはほとんど見られない。そこには、生物が生きるために必要な水がないからだ。

氷河で生きる生物たち　　コラム

氷河というと、一年中、氷だけの世界で、生物は棲めない場所のように思うかもしれない。しかし、氷河でも標高が低い下の部分は、気温が上がると表面の氷が溶けて

水ができる。このような場所は夏になると氷河の表面が汚れたように見えるのだが、この部分を採ってきて、顕微鏡などで観察してみると、汚れだと思っていた部分に、たくさんの細菌やシアノバクテリアが増殖しており、それを食べる原生動物や昆虫なども見つかる。

現在の日本では氷河は見られないが、北日本や日本海側などでは冬にたくさんの積雪がある。積もった雪が汚れて見えたり、場合によっては赤っぽく見えたりすることがあるが、これも細菌やシアノバクテリアの仕業であることが多い。

4. 里山の自然

最近、里山の自然が注目されている。どんな場所を里山と呼ぶかは人によって多少違うが、農業を営む人たちが生活する集落の近くにある山や森、田畑や川などを含めた全体の環境や景観を里山と呼ぶことが多い。このような里山の自然は、そこで生活する人たちの生活と密接なつながりを持ち、人々に利用されることによって維持されてきたものだ。

たとえば、関東や西日本で見られる里山の雑木林は、アカマツやコナラなどからなる林だが、このような雑木林も人が利用することによって維持されてきたものなのだ。

下草が刈られ、適度に樹木が伐採されている雑木林には、光が差し込むので比較的明るい。だが、手入れをせずに放置しておくと、ススキのような下草や低木が目立つようになる。これらの中には、冬も葉をつけている常緑広葉樹のカシやシイなどの低木も混じっており、これらが成長するにつれて、林床に光が届きにくくなり、薄暗い森へと変わっていく。アカマツやコ

ナラの幼木は生育に強い光を必要とする陽樹なので、このような薄暗い林床では育つことができない。しかし、カシやシイは薄暗い林床でも生育することができる陰樹なので、やがてアカマツやコナラと肩を並べるようになる。

さらに何十年も放置しておくと、アカマツやコナラの老木は、ほかの樹木との光などをめぐる競争に負けて枯れたり、病害虫にやられたり、台風などの強風によって倒されるなどして、次第に森から消えていく。そして最後には、カシやシイ、タブノキなどからなる常緑広葉樹の森になるはずだ。

それなのに、里山の雑木林が維持されてきたのは、下草刈りなどの手入れが行われたり、20年くらいの間隔をあけて定期的に樹木が伐採されたりしてきたからだ。雑木林の下草は家畜のエサなどとして、伐採された樹木は薪や炭といった燃料などとして利用されてきた。下草刈りは雑木林の遷移を遅らせるし、樹木の伐採によって、遷移が進んだ雑木林をもとの状態に戻すことができる。里山では長い間、このような形で手入れが行われてきたのだ（図7-1-5）。

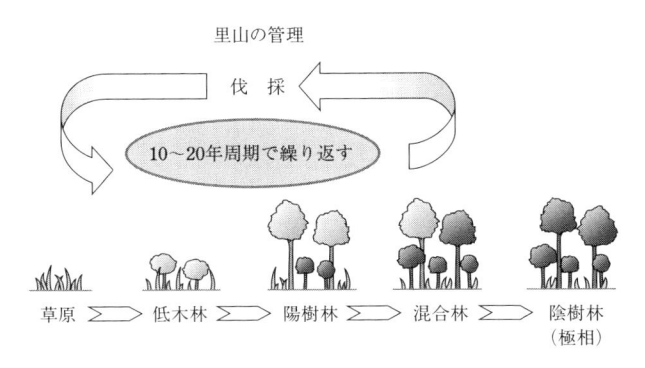

図7-1-5　里山の管理の環境

ところが、日本人のライフスタイルが変化して、炭焼きなどで里山を利用する人も減り、雑木林は伐採されることもなく放置されるようになった。そのせいか、最近の関東や関西の雑木林には常緑のカシやシイなどが目立つようになってきた。

　自然は自然にまかせ、人の手を加えないほうがよいという意見もあるが、里山の自然をそのまま放置しておいたらどうなるだろう。間違いなく遷移が進んで、里山の周囲の草原も含めて雑木林となり、雑木林はカシやシイなどの陰樹林となってしまうだろう。陰樹林になってしまうと、陽樹であるアカマツやコナラは消滅してしまうし、明るい林床に生えていた草花も姿を消してしまうだろう。昆虫の中には、特定の植物だけを食べて生きているものも多いから、エサがなくなった昆虫もいなくなる。多様な生物や自然を守るためには、手つかずの自然も大切だが、里山のような人の手が入った自然を守ることも必要なのだ。

里山のチョウとその棲息環境を守る　コラム

　大阪府能勢町と兵庫県猪名川町の境界付近にある三草山は、典型的な里山で、雑木林は薪炭林や採草地として利用されていた。ここは、オオクワガタの産地としても有名な場所だが、チョウの愛好家の間で人気のあるゼフィルスという大型の美しいシジミチョウ類が多いことでも知られていた。なかでも、ヒロオビミドリシジミというチョウは、この付近が分布の東限になっている（このチョウは日本では中国・近畿地方の一部にのみ分布する）。ところが、雑木林の手入れがされなくなり、ヒロオビミドリシジミをはじめとするゼフィルスが少なくなってきた。そこで、大

阪みどりのトラスト協会が里山林の一部を借り上げ、三草山のゼフィルスの森を復活させようという試みが、1992年から始まった。初めての試みなので、森をいくつかのブロックに分け、放置されて樹木が大きくなりすぎたり、スギの植林地となっている部分を一部伐採したり、下草刈りや間伐を行う地域と行わない地域を実験的につくって、チョウなどの棲息状況を調査しながら復活させるという試みが続けられ、成果があがっている。

　チョウの保護活動は以前から行われてきたが、それは特定の種を守る活動だった。しかし、最近はこの三草山での活動のように、チョウとその棲息環境を保全することによって、生物の多様性を保全しようという活動が行われるようになってきた。

5. ヒトの活動によって壊される自然

　私たちも自然の一員だけれど、ヒトは自然を自分たちの都合のよいように変えながら生きてきたし、それは今も続いている。今まで見てきたように、もしヒトがいなければ、私たちのまわりの自然はずいぶん違ったものになっていただろう。

　実は、世界各地で進んでいる**砂漠化**にもヒトの活動が深くかかわっている。

　砂漠化というのは、乾燥した気候条件にある地域で遷移が逆戻りして、森林は草原に、草原は砂漠へと変化し、より不毛な土地に変わっていくことを指す。文字どおり、砂漠になることだけを意味するのではない。

　前述したように、大気の流れや地形の影響で降水量が少ない地域はもともと砂漠になりやすい。砂漠には、この気候的要因

でできたもの（サハラ砂漠やゴビ砂漠など）だけでなく、ヒトの活動が主な要因となってできたと考えられているものがある。

たとえば、かつて四大文明が栄えた地域（ナイル川流域、チグリス・ユーフラテス川流域、インダス川流域、黄河流域）には、乾燥した砂漠が広がっている。四大文明が栄えた当時は、緑豊かな大地が広がっていたが、文明が栄え、人口が増えるにしたがって、農地が拡大され、周囲の森も伐採されるなどした結果、砂漠になってしまったと考えられている。

このような砂漠化は、現在もアフリカや中国など、世界のあちらこちらで進んでいる（図7-1-6）。農地や住宅地などをつくるためだけでなく、燃料などの資源として利用するためにも樹木の伐採が行われて、森林がどんどん減少しており、1980年末〜90年には、毎年、平均1540万haの熱帯林が失われたという。また、ヒツジやウシなどの放牧数が多くなりすぎると、家

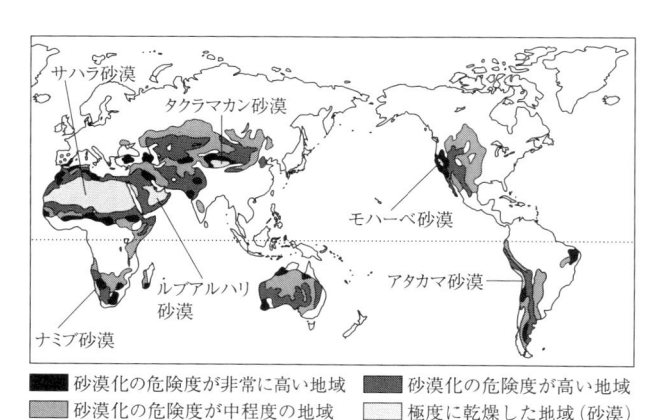

図7-1-6　地図：世界の砂漠の分布

畜が植物の葉を食い尽くし、植物が枯れてしまう。また、同じ作物を繰り返し栽培し続けると、耕地の特定の栄養塩類が不足し、作物ができなくなってしまう。

　降水量が少ない地域で作物を栽培するためには、農業用水を供給する灌漑が重要だ。ところが、このような土地で灌漑をし過ぎると、地下にある塩類が水に溶けて地表に上がってくる。水は蒸発するが、塩類は地表に残ってしまう。これが繰り返されると、今度は農地の塩類が増えすぎて、作物ができなくなってしまう。このような土地は、結局、放棄されてしまい、後には荒れた土地だけが残されることになるのだ。

　ヒトの文明は自然を壊し、改変することによって築き上げられてきた。里山の自然のように、ヒトの手を借りることによって守られてきた自然もあるが、反面、ヒトの活動によって自然が破壊され、世界のあちこちで砂漠化が進んでいる。砂漠化が進み、一度砂漠になってしまうと、もとの状態に戻すことはとても難しい。砂漠化を止めるための努力は各地で続けられているが、実効は上がっていないようだ。

問いの答え　問1：③　　問2：③　　問3：①

7-2 生物の相互作用

> [問1] ナノハナとモンシロチョウはどのような関係にあるだろうか。
> ①ナノハナが一方的に利益を享受している
> ②モンシロチョウが一方的に利益を享受している
> ③持ちつ持たれつの関係にある
>
> [問2] 生産量ピラミッドで、生産者による生産量が半分になると、一次消費者にはどのような変化が生じるだろうか。
> ①長期的には消費者の数は半分になるが、短期的にはあまり変化はない
> ②すぐに影響が生じ、消費者による生産量も半分になる
> ③すぐに影響が生じ、消費者による生産量が半分をはるかに下回る量になる
>
> [問3] 生産量ピラミッドの中でヒトはどの階層に属するか。
> ①生産者
> ②一次消費者
> ③雑食性なのではっきりとはわからないが高次の消費者である

1. ナノハナとモンシロチョウ

春の訪れとともに、草木は芽吹き、いろいろな虫たちも動き出す。菜の花畑には、モンシロチョウがたくさん飛び回ってい

図7-2-1　花にきたモンシロチョウとミツバチ

る。モンシロチョウは、ナノハナ（アブラナ）にとまっては口吻を伸ばし、盛んに蜜を吸っている。そばには、ミツバチもいて、蜜や花粉集めに忙しそうだ（図7-2-1）。

　ナノハナは春の日差しをいっぱいに受けて、盛んに光合成を行う。二酸化炭素や水から有機物を合成する**生産者**だ。一方、モンシロチョウやミツバチのような動物は、ナノハナのような植物がつくった有機物である蜜や花粉を直接または間接的に取り込んで生きている**消費者**だ。

　モンシロチョウやミツバチは、ナノハナの蜜や花粉を食べて生きているが、ナノハナのほうも、それをただ盗まれているわけではない。モンシロチョウやミツバチは、からだについた花粉を花から花へと運んでいる。こうした生物の間には、どちらかが一方的に得をするとか、損をするという関係とは異なる、持ちつ持たれつの関係がある。

　菜の花畑を飛ぶモンシロチョウを観察していると、葉にとまって腹部を曲げ、ナノハナの葉に卵を産みつけている雌が見つかることがある。卵からふ化したアオムシ（幼虫）は、ナノハ

ナの葉をバリバリと食べて大きく成長し、やがて蛹となる。そして、再びモンシロチョウが羽化して、飛び回ることになる。モンシロチョウの幼虫は、ナノハナの花粉を運ぶわけではないから、ナノハナにとっては迷惑な存在に違いない。幼虫の時期だけに限れば、モンシロチョウはナノハナから一方的に利益を得ているように見える。

2. モンシロチョウを襲うものたち

そんなモンシロチョウの幼虫にも、たくさんの試練が待ちかまえている。アオムシサムライコマユバチ（アオムシコマユバチともいう）は、小さなアオムシのからだに産卵管を差し込んで、卵を産みつける寄生バチだ（図7-2-2）。産卵されたアオムシは、何事もなかったように、葉を食べて大きくなるけれど、からだの中では寄生バチの幼虫も着実に大きくなって、いずれ丸々と太ったアオムシの皮を食い破って出てくる。寄生バチのほかに寄生バエもいるし、アシナガバチもアオムシをよく襲う。また、クモやカエルや小鳥などもアオムシを狙って襲ってくる。そんなわけだから、成虫になれるモンシロチョウは、産まれた卵のうちのわずか1％くらいにしかならない。

ナノハナのほうから考えると、葉を食べるアオムシを殺してくれる寄生バチや捕食者は、ナノハナを外敵から守ってくれる有り難い存在だ。ナノハナは彼らに「狩り場」という環境を提供する代わりに、自分の身を守ってもらっているようにも見える。さらによく見ると、寄生バチや寄生バエに寄生されたアオムシがアシナガバチやクモやカエルに襲われたりすることもあるだろうし、アオムシを食べたハチやクモがカエルや小鳥に捕まって食われたりと、菜の花畑の中ではいろいろな出来事が起きている。菜の花畑のモンシロチョウとそれにかかわる動物だ

図7-2-2　モンシロチョウの幼虫に産卵するアオムシサムライコマユバチ

けをとりあげても、食うか食われるかの複雑な関係が見えてくる。

3. モンシロチョウの糞(ふん)や死体

　ナノハナをバリバリ食べて成長するアオムシがする糞の量は相当なものだ。アオムシを捕食したクモやカエルもまた大量の糞をする。その結果、菜の花畑の地面のそこかしこに糞が散らばることになる。不幸にして死んでしまったアオムシやモンシロチョウの成虫の死体もまた、畑に落下するだろう。

　地面に落ちた糞や死体には、まだ有機物が含まれているので、その有機物を取り込んで栄養として利用する生物がいる。死体はアリのような捕食者が巣に運んでいくこともあるし、もっと小さな肉食動物の胃袋に入ることもある。

　アオムシなどの糞に含まれている有機物も土壌で生活する小動物のエサとして食われれば、消化管を通過して、再び糞となって排出される。土壌には、膨大な数の菌類や細菌類も生活しているから、モンシロチョウの死体やアオムシなどの糞は、土壌生物によって次々に利用されて、最後は二酸化炭素や水、アンモニウム塩やリン酸塩、硫酸塩といった無機物にまで分解さ

れることになる。

このように、有機物を無機物にまで分解する働きをしている土壌生物たちを**分解者**という。ただし、分解者も植物がつくった有機物を間接的に利用して生きているから、消費者の一部と考えることもできる。

菌類や細菌類のような分解者の働きによってつくられた無機塩類は、ナノハナのような植物の根から吸収され、生産者がさまざまな有機物を光合成によってつくり出すのに利用される。つまり、ナノハナの葉を食べて成長したアオムシが排出した糞や、蜜を吸って生きていたモンシロチョウの成虫の死体なども、分解者の働きによって無機塩類となり、ふたたびナノハナのからだをつくるために利用されているのだ。

4. 世界はつながっている

菜の花畑でできた無機塩類は、必ずしもそこで再利用されるとは限らない。雨が降れば、畑の地下深くにしみこみ、雨水に運ばれて近くの池や河川に流れ込む。大雨が降れば、有機物が含まれた菜の花畑の土壌もろとも、河川に流れ込むだろう。河川は湖や海へとつながっているから、菜の花畑でできた無機塩類や有機物の一部は、湖や海へと運ばれる。

河川や湖や海に流れ着いた無機塩類は、そこに棲む植物プランクトンのような生産者によって取り込まれ、光合成に利用されて、再び有機物へと変えられる。植物プランクトンの一部は動物プランクトンや小型の魚などに捕食され、さらに大型の魚やイルカや海鳥などによって捕食される。マグロのような回遊魚やイルカや海鳥などの中には、長距離の移動をするものも多いから、菜の花畑のモンシロチョウの糞に含まれていた物質の一部が、巡り巡って太平洋のはるか彼方まで運ばれている可能

炭素・酸素・窒素などの循環

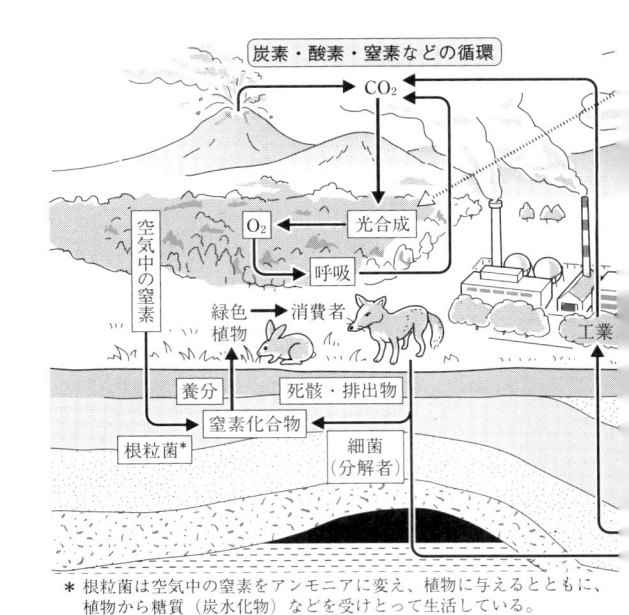

図中のラベル：CO₂、O₂、光合成、呼吸、空気中の窒素、緑色植物、消費者、養分、死骸・排出物、窒素化合物、根粒菌*、細菌（分解者）、工業

＊根粒菌は空気中の窒素をアンモニアに変え、植物に与えるとともに、植物から糖質（炭水化物）などを受けとって生活している。

図7-2-3　生態系の中の物質循環

性だってある。

　魚の中には、サケのように河川と海を行き来するものもある。サケの場合、産卵は河川の上流の砂礫地で行われるが、産卵を終えたサケはそこで力尽きて死んでしまう。ふ化したサケの稚魚は、エサを食べて成長しつつ生まれた川を下り、海へと出て行く。その後、回遊をしながら海でたくさんエサを食べて成長し、4年くらい後に生まれた川に戻ってくる。海へ出たときのサイズと、川へ戻ってきたときのサイズをくらべると、川へ戻ってきたときのサイズのほうが圧倒的に大きいから、サケは海から川へと大量の有機物を運ぶ役目をしているともいえる。

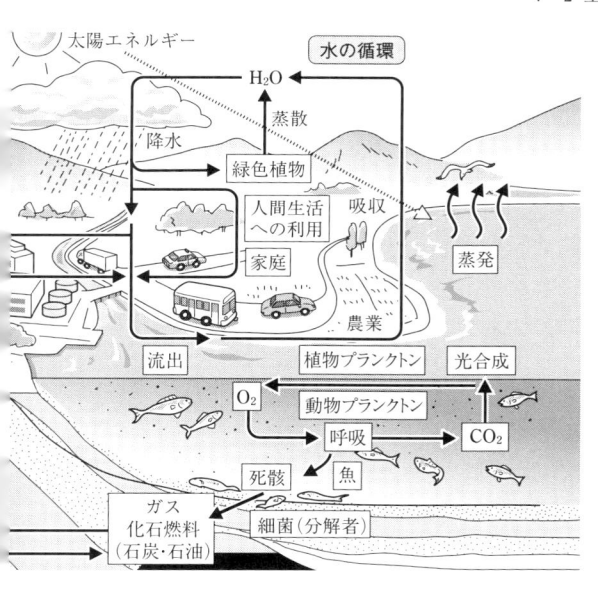

海から大量の有機物を運んできたサケの一部は、ヒグマやタカなどに食われるし、食われなかったサケも産卵すると死んでしまうので、最後は陸上や河川の分解者の働きによって無機物に戻される。サケが分解されることによってつくられた無機物の一部は、河川や雨水によって下流へと運ばれて、再び畑でナノハナに吸収され、光合成に利用されることになるかもしれない。

このように見てくると、世界中の生物たちのからだをつくっている物質は、間接的であるにせよ、たがいのからだを行き来していることがわかる。

エコロジーとエコノミー

コラム

　エコロジーは、「地球の環境を保護すること」と思っている人がいるかもしれないが、エコロジー（ecology）は生態学という意味の英語だ。同じようにエコ（eco-）から始まる英語にエコノミー（economy）という単語がある。どちらもギリシャ語で家庭や家を意味するoikosという言葉からつくられた。

　人間の社会では、お金や商品が会社や個人の間を流通している。儲かる人もいれば、損をしてしまう人もいる。このような現象を研究するのが経済学だ。一方、生物と生物の間、あるいは生物とそれを取り巻く環境の間でも、物質やエネルギーが形を変えながらやり取りされたり、流れたりしている。この過程で、生物は得もすれば損もするだろう。このような現象を研究するのが生態学だ。だから、生態学は「生物と環境をめぐる経済学」だともいえるし、「生物とそれを取り巻く環境との相互作用に関する学問」だということもできる。

　生態学の研究をするためには、生物とそれを取り巻く環境をまとめて考える必要がある。そこで、生産者・消費者・分解者からなる生物群集と、光や温度・大気・水・土壌などの無機的環境を全部まとめて生態系（ecosystem）と呼んでいる。私たちもこの生態系の一員なのだが、生態系の中で、ヒトはとりわけ大きな影響を与える存在になってしまった。そんなヒトの生き方を生態学の観点から見直しましょうというのがエコロジー・ブームの始まりだったはずだが、最近はエコロジーという言葉のイメージだけが一人歩きしているように思われる。

5. たがいにかかわりあいながら進化する生物

　ナノハナとモンシロチョウの関係に注目して生態系の説明をしてきたが、両者のかかわりあいは今に始まったことではなく、両者はたがいに影響しあいながら進化を続けてきたと考えられている。

　たとえば、ナノハナは春にしか咲かない。モンシロチョウは春から秋にかけて年数回成虫になるけれど、冬越ししてきたモンシロチョウの蛹から成虫が羽化する時期と、ナノハナが咲く時期がうまく一致しているのは不思議だ。モンシロチョウのほうがナノハナの開花に合わせて羽化するように進化したのか、ナノハナのほうがモンシロチョウの羽化やミツバチの活動時期に合わせて花を咲かせるようになったのか。

　これは簡単に答えられる問題ではないが、モンシロチョウの幼虫は、ナノハナだけではなく、ほかにもいろいろなアブラナ科の植物を食べるので、モンシロチョウはナノハナを含むいくつかのアブラナ科植物とともに進化してきた可能性が高い。

　野生のアブラナ科の植物は春に花を咲かせるものが多いので、モンシロチョウの立場から考えると、アブラナ科が花を咲かせる時期に成虫になっていないと、成虫は蜜にありつくことはできないし、幼虫のエサの確保も難しくなる。

　一方、アブラナ科植物の側から考えると、花粉を運んでくれるモンシロチョウが羽化をする時期に合わせて花を咲かせたほうが有利になる。そう考えると、ナノハナのようなアブラナ科植物とモンシロチョウはたがいに生存や繁殖に影響を及ぼし合いながら進化してきたように思われる。このようなかたちで起こる進化のことを**共進化**という。

　ここでは、モンシロチョウとアブラナ科植物の関係に注目したが、共進化はいつも1対1の関係で起こるわけではない。ア

ブラナ科植物をめぐり、モンシロチョウだけでなく、ミツバチや寄生バチなどほかの生物も相互作用をしながら、共進化してきたと考えられている。

6. 生産量ピラミッドが教えてくれること

　生態系の中での役割によって、生物は無機物から有機物を生産する**生産者**、生産者がつくった有機物を直接または間接的に利用して生活している**消費者**、有機物を無機物に分解する**分解者**の3つに大別することができる。

　光合成を行う緑色植物が主要な生産者として働いているが、消費者の中には生産者がつくった有機物を直接食べる植食動物もいれば、植食動物を食べる肉食動物もいる。そこで、生態系の中の食物連鎖（食う食われるの関係）によって、生産者を直接食べる一次消費者、一次消費者を食べる二次消費者、二次消費者を食べる三次消費者というように、消費者をいくつかの栄養段階に分けることができる。

　各栄養段階に属する生物の生産量の関係を、生産者の生産量が一番下になるようにして図示したものを、**生産量ピラミッド**という。安定した生態系の生産量ピラミッドは、図7-2-4の

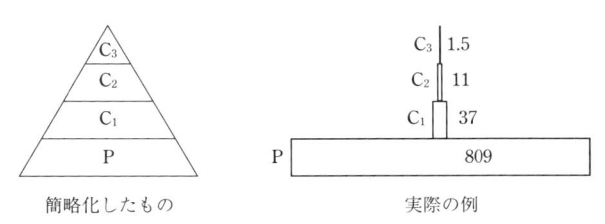

簡略化したもの　　　　　　　　　実際の例

数字は生産量（相対値）を示す
P：生産者　　C_1：一次消費者　　C_2：二次消費者　　C_3：三次消費者

図7-2-4　生産量ピラミッドの概形と実際の例

ような△型になる。

　生産量には、総生産量と純生産量があり、生産者（植物）の場合、総生産量は真の光合成量に、純生産量は見かけの光合成量に対応する（122ページ、「3. 光合成の反応速度」）。総生産とか純生産という言葉は、もともと経済用語だ。人の経済では、所得（手元に残るお金）＝総収入－必要経費（収入を得るために使ったお金）という関係があるが、生態学では、純生産量が所得に、総生産量が総収入に、呼吸量が生物が生きていくための必要経費に相当し、純生産量＝総生産量－呼吸量となると思えばよい。

　生産量ピラミッドが△型になるのは、前の栄養段階の生産量の一部しか次の栄養段階の動物に食われず、しかも食われた有機物の一部しかからだに取り込まれないからだ。その割合はふつう10～15％くらいなので、実際のピラミッドはきれいな△型ではなく、いびつな階段状になっている（図7－2－4右）。高次の栄養段階になるほど、生産量が少なくなっていくので、自然の生態系では、栄養段階は最高でも五次消費者までしか存在

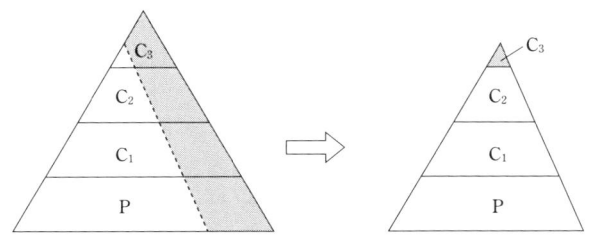

P：生産者　C$_1$：一次消費者　C$_2$：二次消費者　C$_3$：三次消費者
生産者が減少すると、高次の消費者はいなくなってしまう。

図7－2－5　生産者の減少が与える生態系への影響

できない。

　生産量ピラミッドの形から、すべての動物の生活は、ピラミッドの一番下にある生産者の物質生産に依存していることがわかる。では、この生産者による生産量が急に半分になったらどうなるだろうか。一次消費者の生産量も半分になり、二次消費者の生産量も半分になって、高次の消費者の生産量はたちまちゼロに近づく（図7－2－5）。ゼロということは、一個体も生存できないことを意味する。

　たとえば、森林の大規模な伐採を行うと、伐採された植物はその場所から消滅する。植物は生産者だから、それを食べて生活している一次消費者がまず影響を受けて減少するだろう。一次消費者の減少により、二次消費者も減少し、その生態系での最上位の消費者は絶滅してしまうかもしれない。トラやチーターなどの大型肉食動物の多くが絶滅の危機に瀕している理由の一つは、このように説明することができる。

　ところで、ヒトは何次消費者なのだろう？　ヒトは肉も植物も食べる雑食性なので、簡単に答えることはできないが、少なくとも肉を食べているヒトは、高い栄養段階にいると言ってよい。森林の大規模な伐採をしても、すぐに私たちの生活に影響が出ることはないかもしれないし、ヒトは農耕によって生産者を増やすことすらする。しかし、地球規模で見るならばヒトの活動によって、生産者が減少し続けていることは間違いない。生態系の影響はすでに人類にも影響を与えており、アフリカやアジアの一部の国では飢餓という形で現れている。「先進国」に住む私たちヒトの生活も、いずれ脅かされることになるだろう。

　私たちヒトも、いろいろな生物とかかわり合いながら生きている。そのようなかかわり合いの歴史を経て、今の私たちがいるのだ。これからのヒトは、どんな生物とどんな関係を持ち、

どのように変化していくのだろう。いや、どう変わっていくべきだろうか。自分たちのことだけを考えていては、ヒトは進むべき道を誤ってしまうかもしれない。

> **コラム**
>
> ### 絶滅した日本のオオカミ
>
> 日本にもかつてオオカミがいたのを知っているだろうか。北海道にいたエゾオオカミと本州・四国・九州にいたニホンオオカミだ（どちらも、ユーラシア大陸と北米に分布するハイイロオオカミの亜種とされることが多い）。
>
> 北海道がアイヌ民族の土地だったころは、相当数のオオカミが棲息していたと考えられている。ところが、本州以南からたくさんの日本人が北海道に移り住むと、彼らは次々に森や原野を切り開いて、農場や牧場に変えていった。その結果、オオカミが食べていたシカなどが減り、飢えたオオカミたちはウシやウマなどの家畜を襲うようになった。オオカミの被害に困った人たちは、オオカミを次々に殺していった。1887〜88年には賞金も出され、記録に残っているものだけで1500頭以上ものオオカミが殺されたという。さらに、1879年の冬、北海道は大雪に見舞われ、大量のシカが死んだ。エサを失ったオオカミも大量死してしまい、1896年ごろを最後に、オオカミは北海道から姿を消した。
>
> 本州以南にいたオオカミは、1732年ごろ、狂犬病がオオカミの間に流行したことがきっかけで減少していったと考えられている。狂犬病の流行により、オオカミの数も減ったが、狂犬病になったオオカミやイヌに人間がかまれると、かまれた人間も狂犬病になって死んでしまうかもしれ

ない。そこで、オオカミを駆除するようになったというのだ。明治時代に入ると、オオカミが生活していた森や原野の開発が進み、オオカミの棲息する土地が狭められていった。その後は北海道のオオカミと同じような運命をたどり、1905年に奈良県で捕獲された個体を最後に、日本のオオカミは姿を消したと考えられている。

　北海道や本州の一部では、最近、シカの数が増えすぎて、樹木や農作物への食害が大きな問題となっている。また、もともと減少していた希少野生植物の中には、シカの食害によって絶滅してしまうのではないかと心配されているものもある。この問題を解決するためには、計画的なシカの駆除を行ってシカの個体数をコントロールする必要がある。シカが増えすぎた理由はほかにもあるが、オオカミのような捕食者がいなくなったこともそのひとつだ。そこで「オオカミを放せばよいのではないか」という人もいる。皮肉な話だが、果たしてそれで問題は解決するだろうか。

問いの答え　問1：③　　問2：②　　問3：③

第8章

生物学と地球の未来

8-1 遺伝子操作とヒトの未来 ———— 398

8-2 環境保全と地球の未来 ———— 410

8-1 遺伝子操作とヒトの未来

[問1]「遺伝子組換え作物」は安全といえるのか。
　①もとの作物と同じく絶対に安全である
　②安全性は長い期間かけて確かめられたものではないので、まったく危険性がないとはいえない
　③危険なので食べるべきではない

[問2]「遺伝子組換え動物」の開発はどの程度進んでいるのか。
　①現在研究中であり、まだ実現していない
　②移植臓器を取り出すことを目的に、ヒトの遺伝子を組み込んだ家畜がすでに開発されている
　③食肉用の家畜の大半が、ヒトの遺伝子を組み込んでいる

[問3]「遺伝子治療」はどの程度進んでいるのか。
　①マウスを対象にした基礎実験段階で、ヒトに対しては行われていない
　②20世紀中に約3000人が治療を受けた
　③20世紀中に約3万人が治療を受けた

1. 遺伝物質の共通性

　現在の地球上には、命名されているだけでも200万種に迫る種類の生物がいる。しかし、実際に生活している数は、それよりもはるかに多く、生物学者の推計では、数千万〜1億種以上の生物が存在するといわれる。これらの生物の形や性質を決め

る遺伝子は共通の物質からできており、しかもこれらの遺伝子が同じルールで働いている。この発見は生物学に携わる人々のみならず、世界中の人々に大きな衝撃を与えた（「３-１　遺伝子と生命現象」）。

　すべての遺伝子は、ＤＮＡかＲＮＡでできている。そして遺伝子をもとに、必要なあらゆるタンパク質がつくりあげられていく。それゆえ遺伝子の塩基配列を解読し、その配列を切り取ったりつなぎ合わせたりすることによって、原理的には生物を自在に操作できるということになる。

　生物は、自然環境の変化に適応しなければ生き残ることができない。生物は、きわめて長い時間をかけて進化し、環境に適応できたものだけが現在生き残っている（149ページ、解説「生物の進化のしくみ」）。しかし、ヒトは道具を使うことで、自らのからだの遺伝子を変えることなく、短時間に自然環境に適応できるようになった。ヒトは自然環境に合わせるのではなく、自然を自身の都合のよい形に改変することによって、自然を征服してきたといってよいだろう。科学技術の進歩によって私たちは、夜も明るく冬でも春のような暖かい室内で生活できるようになった。遺伝子工学などを使って自然界の生物たちを自在に操って自分たちに必要なもの、都合のよいものをつくりあげていくことも、もはや夢ではないのである。

　たとえば遺伝子操作によって、害虫に食い荒らされることのないイネができたとしよう。害虫に食い荒らされることがなければ、有害な農薬（殺虫剤）を使う必要もなくなる。あるいは雨量の少ない荒れ果てた土地で育つ、コムギやトウモロコシができたとしよう。そうなれば、荒れた土地で飢えに苦しんでいる多くの人々の命を救うことができるだろう。しかし、こうした遺伝子操作は、「安全性」という大きな問題をはらんでいる。

> **コラム**
>
> ### 健康機能イネと組換え食品表示義務
>
> 農水省農業生物資源研究所（茨城県つくば市）では、「健康機能イネ」と呼ばれる新品種が育っている。ダイズには私たちヒトの血液中のコレステロール値を下げるタンパク質「グリシニン」が含まれている。このタンパク質の遺伝子をダイズから取り出してイネの遺伝子に組み込んだのが「健康機能イネ」と呼ばれるイネである。1日に食べる茶わん2杯から3杯の量の米でコレステロール値を下げようとすれば、米に含まれるタンパク質のグリシニン含有量を今の10％から15％まで高める必要があり、研究が進められている。

2. 遺伝子組換え作物

 安全性について議論が絶えない遺伝子組換え作物だが、すでに日本の食卓には遺伝子組換え作物を原材料にした加工食品が入り込んでいる。

「納豆」を買おうとスーパーへ行く。豆腐の隣に、目当ての納豆を見つける。すると、納豆の容器にはこんな表示がなされている。「この製品には、遺伝子組換え大豆は使われておりません」。よく見れば隣の豆腐の容器にも同様の表示があるではないか。これを見た人はどう思うだろう。「遺伝子組換え大豆というのは、危険なダイズに違いない。だから、わざわざ使っていないことをアピールしているのだ」と思うだろうか。それとも「遺伝子組換え大豆のほうがおいしいから、遺伝子組換え大豆を使った納豆を探そう」と思うだろうか。

 遺伝子組換え作物が日本で流通する食品にも使用されるようになったのは1997年からだが、表示義務が課されたのは、4年

後の2001年4月になってからだった。輸入解禁当初、表示が義務づけられなかったのは、厚生省（現・厚生労働省）によって安全性が確認された遺伝子組換え作物に、わざわざ表示を強制するのはかえって誤解を招くと判断されたからだ。

　しかし、輸入解禁後、消費者団体などから「どの製品に遺伝子組換え作物を用いているのか、知りたい」という要望が数多く寄せられたため、ＪＡＳ（日本農林規格）法が改正され、遺伝子組換え作物の表示義務が課せられるようになったのだ。

　表示が義務づけられているのは、検査によって遺伝子組換え作物を使っているかどうかを確認することが可能な食品に限られている。これは、検査をしても確認できないものに表示義務を課しても、それが正しいかどうか確認するすべがないため、うその表示をされかねないからだ。現在、納豆、味噌、きなこなどの加工食品は、遺伝子組換え作物の表示義務があるのに対して、醬油にはこうした表示義務がない（注）。

注. 1998年12月16日、日本醬油協会はホームページ上に次のような趣旨のコメントを発表している。「米企業が開発した薬剤耐性を持つ遺伝子組換え大豆は、日本向け輸入大豆に混入している可能性が高い。しかし、ダイズに導入されたＤＮＡがつくり出すタンパク質は、醬油製造の過程でアミノ酸やペプチドに分解されてしまうので、醬油の品質に問題は生じない」。

　アミノ酸や脂肪酸などの栄養素の組成は、ふつうの作物も、遺伝子組換え作物（市場に流通しているもの）も、基本的に同じと考えてよい。両者の間で異なるのは、遺伝子操作によって組み込まれたＤＮＡと、そのＤＮＡの情報をもとにつくられる新しいタンパク質を含んでいるか否かだ。私たちが食べる部分に、こうしたタンパク質が含まれていなければ、人体に悪影響を及ぼす可能性はほとんどない。しかし、食用にする部分にこうした新しいタンパク質が含まれていると、人によってはアレルギー（過敏症）を起こすケースもあるとされている。

私たちのからだには細菌やウイルス、あるいはさまざまな異物の影響が及ばないようにする防御システムが備わっている。私たちのからだに侵入してくる異物は**抗原**と呼ばれ、それに対抗する物質は**抗体**と呼ばれている。抗体は抗原を迎え撃って無毒化したり、抗原と結合して抗原が破壊されるのを促進する（「5－1　からだの中の恒常性」）。こうした反応は、私たちが生きていくのに必要で有益な反応である。しかし、この免疫反応が過剰になると強烈な痒みや発疹、あるいは鼻炎やぜんそくといった症状が生じるようになる。このように私たちのからだに不利益になる過剰反応を、**アレルギー**と呼ぶ。アレルギーを引き起こす抗原は、タンパク質や多糖類であることが多い。

　私たちがものを食べると、タンパク質などの食物中の高分子物質は消化管の中で消化されていく。腸管は高分子物質を吸収しないようにすることで、アレルギーが生じるのを防いでいるのだが、このような防御機構をくぐり抜けて高分子物質が血液中に入ってしまうことがある。このようなときにアレルギー反応が起こる。つまり、遺伝子組換え食品の中に含まれているタンパク質もアレルギーの原因物質となる可能性があるのだ。

　日本に輸入されている遺伝子組換え大豆には土壌細菌（*Agrobacterium* sp. CP4株）の遺伝子が組み込まれており、この遺伝子は「除草剤ラウンドアップ耐性遺伝子」と呼ばれている。「ラウンドアップ」というのは米国のモンサント社が製造している有機リン系の除草剤（グリフォサート）の商品名で、多くの植物を枯らしてしまう、かなり強力な薬剤である。普通の植物はグリフォサートを散布されると、成長に必要なアミノ酸をつくる酵素の働きを妨げられて枯れてしまう。しかしグリフォサート耐性遺伝子を組み込まれたダイズなら、グリフォサートを撒かれても、枯れることはない。それは、組み込まれた

土壌細菌の遺伝子からつくり出される酵素がグリフォサートに対して耐性を持つからである。

この遺伝子組換え大豆には、除草剤グリフォサートに対する耐性遺伝子とその遺伝子から生産される酵素タンパク質、そして同時に組み込まれたいくつかの遺伝子(この場合は遺伝子が入ったことを確認するための抗生物質耐性遺伝子など)が組み込まれている。遺伝子組換え大豆は、組換えた遺伝子から生産されるタンパク質を持っている点を除けば、普通のダイズとほぼ同じだ。だから、組み込まれた遺伝子やそこからつくられるタンパク質に毒性やアレルギー誘発性がなければ安全ということになる。

除草剤ラウンドアップや除草剤耐性大豆などの遺伝子組換え作物の開発と販売を行っているモンサント社は、遺伝子組換え作物の食品・飼料としての安全性は確認されていると主張する。
「グリフォサート(商品名ラウンドアップ)は、土に落ちると分解されて、二酸化炭素と水になるので環境に与える影響が少ない。また、ふつうの除草剤は特定の雑草にしか効果がないのに対して、グリフォサートはどのような雑草にも効果がある。一般に、作物を栽培する場合、数種類の除草剤を何回かに分けて散布しなければならない。これに対し、グリフォサートのような除草剤と、これに耐性がある作物を組み合わせて栽培すれば、作物以外の雑草を効率よく枯らすことができるので、結果として、除草剤の散布を減らすことができ、環境にやさしい農業を行うことができる」

しかし、1種類の除草剤(グリフォサート)を大量に使い続けると、この除草剤に対する耐性を持つ雑草が生じる可能性など、いくつかの問題も指摘されている。

さらに、遺伝子組換え植物の花粉が野生化したダイズや近縁のマメ科植物のめしべにつき、そこから生まれた除草剤耐性雑草が増える危険性も指摘されている。私たちは、遺伝子組換え大豆の持つ遺伝子が生態系に広がることによる影響についても考えておかなければならないだろう。遺伝子組換え植物がほかの化学物質などと異なるのは、遺伝子組換えされた植物が一度自然環境中に出てしまうと自己増殖するということである。そのため、もし何か問題が見つかっても、完全に回収することは不可能であるに違いない。

　1999年5月に、害虫を殺す遺伝子（殺虫遺伝子）を組み込んだトウモロコシの花粉を食べさせたオオカバマダラ（チョウの一種）の幼虫が死んだという報告が、イギリス科学雑誌『Nature』に掲載された。オオカバマダラはトウモロコシの害虫ではないが、実験的にこの花粉をかけた食草をオオカバマダラの幼虫に与えたところ、死んでしまったのだ。この報告は、殺虫遺伝子を組み込んだトウモロコシの花粉が、風によって運ばれて（トウモロコシは風媒花である）、野生の植物に付着し、目的とする害虫以外の昆虫をも殺してしまう可能性があることを示唆している。その後実際に飛散する花粉の量は少ないので問題なしという報告も出ているが、この研究は、遺伝子組換え植物に対する消費者の不安を増幅することとなった。

　しかし、すでに私たちは、醬油や大豆油を毎日のように口に入れている。つまり毎日、遺伝子組換え食品を体内に取り込んでいる可能性があるのだ。「遺伝子組換え食品」という表示のある食品を避けたところで、摂取をまぬがれない。だから、誰もがこの問題について考える必要がある。

3. 遺伝子組換え動物

　1980年代初頭、ヒトのインスリンをつくり出すブタや、ヒトの成長ホルモンをつくり出すヒツジが誕生した。ブタやヒツジの受精卵に、ヒトのインスリンや成長ホルモンをつくり出す遺伝子を組み込んでつくられた動物たちである。これらの動物の血液中にはヒトのインスリンや成長ホルモンが確認されたが、確認されたホルモンは微量であり、取り出すのに困難が伴う。

　そこで次に考え出されたのが、組み込んだ遺伝子を乳腺細胞で働くようにした**遺伝子組換え動物**である。乳腺細胞で必要な成分がつくられれば、その成分は乳とともに、動物の乳腺から分泌されることになる。この方法なら遺伝子組換え動物を傷つけることなく、必要な成分を取り出すことができる。1987年にマウスを使った実験で、初めて、乳腺細胞からヒトのタンパク質を分泌させることに成功した。以来、ヒツジやウシのような大型で乳量の多い動物を使って医薬品の製造が試みられてきた。しかし、必要なタンパク質を乳汁から分離、精製するためのコストや安全性の問題など克服しなければならない課題も多く、現状では大腸菌などに遺伝子を導入して、インスリンを製造している。

　1993年3月、英国のケンブリッジ大学で、移植用の臓器を得ることを目的に、「ヒトの一部の遺伝子を持つブタ」がつくられた。ブタの臓器の大きさはヒトに近く、ヒトと共通の遺伝子を持っている臓器であれば、移植後に拒絶反応が起きにくいというわけである。

　細胞には自分のからだの細胞と他人のからだの細胞とを区別するしくみが備わっている。たとえば、肝機能が低下し、肝臓移植が必要になったと考えてみよう。そのとき友人が「私の肝臓を使ってほしい」と言っても、簡単に移植することはできな

い。なぜなら、あなたと友人のＭＨＣタンパク質（281ページ参照）が、完全に一致している可能性は極めて低いからだ。

　移植された友人の肝臓は、一時は切除した肝臓に代わって機能するかもしれないが、いずれ免疫のしくみにより非自己と認識され、異物排除システムが作動することで拒絶反応が起きてしまう可能性が高い。免疫抑制剤によって拒絶反応を抑えることも可能だが、その場合でも、臓器提供者（ドナー）と移植を受ける人（レシピエント）のＭＨＣのタイプをできるだけ一致させたほうがよい。

　ところが移植されたブタの肝臓の細胞に、移植を受ける人と同一のＭＨＣタンパク質（ヒトの場合は、ＨＬＡ〈ヒト白血球抗原〉と呼ぶことも多い）をつくる遺伝子が組み込まれていれば、生体は、ブタの肝臓は自己の細胞であると認識するから、排除システムも作動しないことになる。

　ほかの動物のからだを人間の都合でつくり変えることに対して、反発を感じる読者も多いことだろう。また、ブタにはヒトに感染するおそれのある未知のウイルスが潜んでいる可能性も心配されている。

　しかし、こうした危険性が指摘されているにもかかわらず、「動物臓器工場」の研究は着々と進んでいる。すでに、日本国内の大学でもヒトの遺伝子を組み込んだブタが誕生している。米国では、肝機能が低下した患者に対して、肝移植までの時間を確保するために、ブタの肝臓を一時的に移植したケースも報告されている。

4. 遺伝子治療

　農作物や家畜にとどまらず、ヒトそのものの遺伝子を改変する試みも現実のものになろうとしている。

ヒトの病気の中には、必要な遺伝子がもともとなかったり、遺伝子の変異が引き金になって起こるものがある。こうした変異遺伝子が原因で起きる疾患を治療するために、正常な遺伝子を補ったりして病気を治そうという試みが、**遺伝子治療**である。

1990年9月、米国立衛生研究所（ＮＩＨ）で、先天性の免疫不全症の一種であるＡＤＡ（アデノシンデアミナーゼ）欠損症の少女に対して、世界で初めての遺伝子治療が実施された。この病気はＡＤＡという酵素をつくる遺伝子の欠陥のためＡＤＡを体内でつくれず、からだを外敵から守る免疫機構が機能しない難病だ。

この遺伝子治療は次のようにして行われた。まず、患者の血液からリンパ球を取り出し、これに正常なＡＤＡ遺伝子を組み込んだ特殊なウイルスを感染させる。このウイルスには自らの遺伝子をリンパ球に組み込む働きがある。そのため、あらかじめウイルスを無害化しておけば、患者に害を与えることなく、リンパ球に正常なＡＤＡ遺伝子を組み込むことができる。このようにしてつくったリンパ球を患者の体内に戻せば、正常なＡＤＡをつくることができるようになるはずだ。

日本でも1995年の8月に北海道大学がこの方法でＡＤＡ欠損症の男児（当時4歳）の治療を試みた。ただし、この遺伝子治療には大きな欠点があった。この治療では、遺伝子をリンパ球にしか導入できない。リンパ球にはずっと分裂を続ける能力がないため、繰り返し採血をして、遺伝子を導入しなければならないのだ。

現在の技術では、遺伝子をＤＮＡの特定の位置に正確に組み込むことは難しい。場合によっては導入した遺伝子が、もともとある遺伝子を壊して入り込むことも起こるという。このため日本では、遺伝子治療は研究段階の技術と位置付けられ、ほか

に治療法がないケースのみを対象に実施されている（注）。実施には施設内の倫理委員会のほか文部科学、厚生労働両省の承認が必要で、安全性や副作用の確認、患者へのインフォームド・コンセント（十分な説明に基づく同意）などに重点を置いた審査が行われている。

現在、遺伝子治療は、エイズやがんにも適用されるようになり、1999年9月までに世界で3000人以上が治療を受けたといわれている。しかし、確実に治療効果があったケースはほとんどなかった。

数少ない成功例としては、フランスで実施されたX連鎖重度複合免疫不全症（X-SCID）に対する遺伝子治療が挙げられる。X-SCIDは約15万人に1人の割合で男児にだけ発症する免疫系遺伝子の先天的欠損が原因で起きる遺伝病である。この病気では、リンパ球が十分につくれないため、感染症を避けて病院の無菌ルームで過ごすしかない。有効な治療としては、骨髄移植があるが、適合する骨髄が見つからないために命を落とすケースも少なくない。

フランスで行われた遺伝子治療では、ウイルスを使って、リンパ球をつくり出す造血幹細胞へ正常な遺伝子が組み込まれた。その結果、治療を受けた11人のうち9人が免疫機能を回復し、普通の生活が送れるようになった。ただし、治療を受けた幼児の中から、白血病患者が発生してしまったのである。これは、組み込まれた遺伝子ががんを引き起こす遺伝子の近くに入り、この遺伝子を活性化した結果、白血球が異常に増えたとみられる。そのため、この遺伝子治療は中止されて、問題を克服するための努力が続けられている。この例のように遺伝子治療は難病を根本的に治療できる可能性もあるが、解決しなければならない課題も少なくない。

8-1 遺伝子操作とヒトの未来

　遺伝子治療の研究は、まだ始まったばかりである。

注. 1994年に「遺伝子治療臨床研究に関する指針」(平成6年厚生省告示第23号) および「大学等における遺伝子治療臨床研究に関するガイドライン」(平成6年文部省告示第79号) が施行され、これらの旧指針に則ってこれまで大学病院などで遺伝子治療の臨床研究が行われてきたが、2002年3月27日に、「ヒトゲノム・遺伝子解析研究に関する倫理指針」にならい、新たに「遺伝子治療臨床研究に関する指針」が公布され、同年4月1日より施行された。大学、そのほかの研究所において、該当する研究についてはこの指針に沿って倫理審査委員会で審査・承認を受けた後、さらに厚生労働大臣に意見を求めて了承された研究のみ実施できるようになった。

　問いの答え　問1：②　問2：②　問3：②

8-2 環境保全と地球の未来

> [問1] 酸性雨の主な原因物質はどれか。
> ①窒素酸化物　②二酸化炭素　③水銀
> ④フッ素
> [問2] 過去1000年間のCO_2濃度は、次のうちどれで調べるか。
> ①1000年前から続いている大気のサンプリング調査
> ②南極の氷の中に閉じ込められた空気
> ③植物の化石

1. 環境とは

　私たち人類は、環境をめぐるさまざまな問題に直面している。工場や車の増加による大気汚染、人口急増に伴う食糧不足、酸性雨、森林破壊、地球温暖化……。早急に対処しなければならない地球規模の問題は数限りない。しかし、環境問題は、それにかかわる対象が幅広く、相互に深く関係しているために、短期間で解決することは難しい（図8-2-1）。

　これまでは、人類が抱えるさまざまな難問について科学技術が解決の道を与えてきたように思えたが、これらの新たな問題は、文明を担ってきた科学技術自体が原因の1つになっている。本節では、私たちが直面しているさまざまな環境問題とそれに対する取り組みを紹介していく。

8-2 環境保全と地球の未来

環境マップ

図8-2-1 さまざまな環境問題

2. さまざまな環境問題

(1) 大気汚染や酸性雨の原因物質〜NO_x、SO_x

自動車・工場からの排気ガスや大量のゴミ焼却による空気の汚れは、酸性雨や光化学スモッグを生じ、ぜんそく、肺がんなどの健康障害をもたらす原因ともなる。その主な原因物質は化石燃料を燃やしたときに生じる窒素酸化物（NO_x）や硫黄酸化物（SO_x）である。

SO_xは硫黄（S）を取り除く脱硫装置などの公害防止技術の発達によって減少しているが、NO_xは横ばいの状態である。というのも、SO_xの主な発生源が工場であるのに対し、NO_xの発生源は、工場、自動車の排気ガス、ゴミ焼却場など多岐にわたっているためだ。工場のSO_x対策は比較的進んでいるのに対し、NO_xの主な発生源であるディーゼル自動車の排ガス規制については、ようやく始まったばかりだ。

NO_xはきわめて発生しやすく、私たちが台所や湯沸かし器な

どで火を使うだけで、空気中の窒素（N_2）と酸素（O_2）が反応してできてしまう。また、こうして発生したNOxを減らすことはきわめて難しい。

やっかいなことに、NOxの毒性はSOxよりもはるかに高く、数ある大気汚染物質の中でも環境に与える影響も大きい。このNOxが地球規模の環境問題を引き起こしている。

（2）酸性雨

雨は、海や河川などの水が太陽で温められて蒸発し、上空で冷やされて降ってくる。その際、空気中のいろいろな物質を溶かして一緒に落ちてくる。この働きによって雨は、汚れた大気をきれいにしてくれる一方で、地球上の各地で環境破壊をもたらしている。酸性雨という、酸性に大きく傾いた雨が降るようになったからだ（一般的に平均値pH5.6以下の雨を酸性雨という）。アメリカではレモン汁以上に強い酸性の雨（pH1.6）が降ったという報告もある。

酸性雨の原因物質となっているのが、ほかならぬNOx、SOx

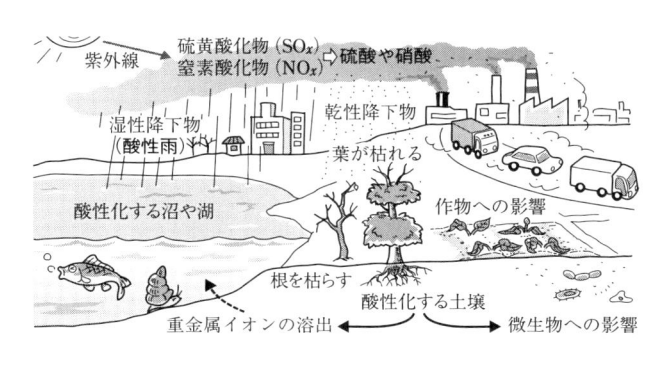

図8-2-2　酸性雨による被害

などの酸化物質だ。化石燃料を燃やして生じたNOx、SOxなどが、太陽の紫外線などの働きによって硝酸、硫酸に変化し、こうした強酸性の物質を含んだ雨が降っているのだ。つまり、酸性雨被害は、私たちがつくり出した酸化物質がめぐりめぐって地上に戻ってきた結果起きた、人災といってよい。

　酸性雨は、森林を枯らしたり、湖や沼の酸性化をもたらす。スウェーデン南部では、酸性雨が地中にしみこんで井戸水を酸性化した結果、井戸の銅管が腐食し、銅イオンが溶け出し、その井戸水で髪を洗った人の髪が緑色に染まってしまったということさえあった。

　前述したように、NOxの削減は容易ではないが、解決策がないわけではない。NOxは複雑な化学反応を経て硝酸（HNO$_3$）となるが、植物にはこの硝酸を吸収してくれる、願ってもない働きがある。硝酸は硝酸イオン（NO$_3^-$）となり、植物の根から吸収され、葉の中の糖と結びついてアミノ酸に変わる。この特性を活かして、窒素酸化物が発生する地域に、街路樹を増やし、肥料として硝酸を吸収してもらえば、NOxを減少させることができる。

　ただし、酸性雨を引き起こすNOx、SOxは、気流などによって運ばれるため、発生源から、500〜1000km以上も離れたところで、酸性雨が観測されることもある。つまり、酸性雨を防止するには、1つの国だけがNOx、SOxの排出を減らすのでは不十分で、世界レベルでの取り組みが必要になる。

(3) 地球温暖化

　酸性雨と同様、世界規模の環境問題になっているのが地球温暖化である。この100年の間に地球の年平均気温が約0.6℃上昇した。「気候変動に関する政府間パネル（ＩＰＣＣ）」という国

際的な調査活動の第三次報告書(2001年)によると、地球の平均気温は2100年には1.4〜5.8℃上昇すると考えられている。気温が上昇すると南極や北極の氷が解けて、海面が上昇し、2100年には1990年とくらべて9〜88cmも上昇すると予測され、太平洋の小さな島々は水没してしまう可能性もある

地球温暖化の原因といわれているのが炭酸ガス(CO_2)である。CO_2が温暖化を引き起こすメカニズムは次のようなものだ。地球は太陽のエネルギーを吸収して温まり、温まった地表は赤外線の形で宇宙空間へ熱を放出する。この際、上空に雲があると、赤外線が雲に吸収され、熱が宇宙空間へ出ていきにくくなる。逆に、晴れた夜は、赤外線を遮るものがないため、曇った夜よりもよく冷えるのだ(放射冷却)。

大気中のCO_2もこの雲と同じような働きをする。大気中にあるCO_2が地表からの赤外線を吸収して熱を蓄え、今度は逆に地表に向かって赤外線を放射するので地球が温まるのだ(図8-2-3)。これを**温室効果**という。この温室効果のおかげで地球上には多様な生物が棲息することができる。もし、温室効果がなかったら地球は約-18℃の氷の星になってしまうといわれる。しかし、CO_2が増えすぎると、温暖化が進み過ぎ、生態系にさまざまな影響を及ぼす。

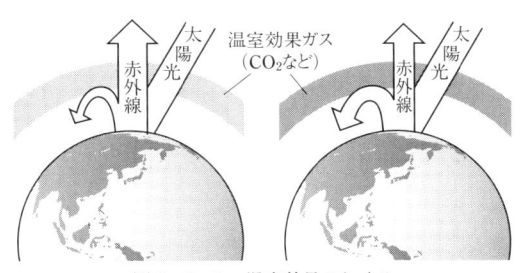

図8-2-3 温室効果のしくみ

注．温室効果を持つガスを「温室効果ガス」と呼ぶ。実は水蒸気は最も強力な温室効果ガスなのだが、その量がほとんど変動しないので地球温暖化の問題で議論になることはほとんどない。

(4) 氷床コアに記録されたCO_2濃度

　地球温暖化をもたらすとして、世界規模での削減が叫ばれているCO_2だが、常に濃度が一定だったわけではなく、地球の誕生以来、その濃度は常に変動してきた。地球誕生当時の大気は、窒素（N_2）、水蒸気（H_2O）とCO_2で主に構成されていた。光合成を行う生物の誕生により、大気中にあったCO_2は、さまざまな有機物に姿を変えていき、その濃度はいったん減少し、次第に安定していったといわれる。ところが、ヒトが化石燃料を燃焼させることで、再びCO_2が大気中に戻されていったのである。

　地上のCO_2濃度の近年の変化は、南極にある氷床を調べることで正確に測定できる。南極は陸地の大部分が氷のかたまり（氷床）で覆われており、最も厚いところで4000m以上にもなる。この氷床は雪が降って固まったもので、中には雪が降った当時の空気が一緒に閉じ込められている。当然のことだが、深いところにある氷ほど古い時代の空気が閉じ込められている。ボーリング（試錐（しすい）、試し掘り）によって採掘した氷床コア（円柱状の氷のかたまり）を薄く切ってみると、閉じ込められた空気のつぶを見ることができる。このようにして、閉じ込められた空気の成分を分析することで過去1000年間の大気中のCO_2濃度が測定された（図8-2-4）。

　調査によると、18世紀の産業革命の時代に280ppm（100万分の1の濃度を示す単位）だった大気中のCO_2濃度は、その後、増加の一途をたどり、2000年には約360ppmになった。このペースでCO_2濃度が上昇すると、2030年には560ppmになると予想されている。こうした事態に、ようやく世界的規模でCO_2な

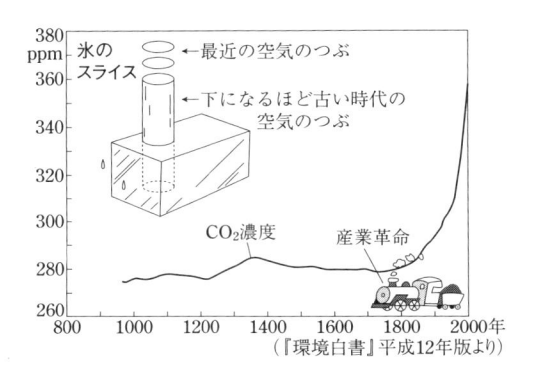

図8-2-4　氷床コアによる過去1000年間のCO_2濃度の推移

どの温室効果ガスを削減しようという取り組みが本格化してきた。1997年には、京都で地球温暖化防止会議（ＣＯＰ３）が開かれて、温室効果ガスの削減を定めた京都議定書が締結され、2005年２月に同議定書が発効した。現在、2013年以降の温暖化対策の国際的枠組みづくりの作業が続いているが、CO_2を世界で最も排出しているアメリカ合衆国が削減に消極的なため、協議は難航している。

コラム　宮沢賢治も知っていた温室効果

宮沢賢治は『グスコーブドリの伝記』（1932年）で、冷害に苦しめられている農民を救うために火山を爆発させ、CO_2を大気中に放出させて温度を上昇させようとした話を書いている（注）。

ある晩ブドリは、クーボー大博士のうちを訪ねました。「先生、気層のなかに炭酸瓦斯(ガス)が殖えて来れば暖かくなる

のですか。」「それはなるだろう。地球ができてからいままでの気温は、大抵空気中の炭酸瓦斯の量できまっていたと言われる位だからね。」「カルボナード火山島が、いま爆発したら、この気候を変える位の炭酸瓦斯を噴くでしょうか。」「それは僕も計算した。あれがいま爆発すれば、瓦斯はすぐ大循環の上層の風にまじって地球ぜんたいを包むだろう。そして下層の空気や地表からの熱の放散を防ぎ、地球全体を平均で五度位温かくするだろうと思う。」(『銀河鉄道の夜』新潮文庫)

注. 実際には、火山の爆発によって噴き出される粉塵によって太陽光が妨げられ、全体としては温度が下がると考えられる。

3. なぜ野生生物を守るのか?

　地球温暖化とも密接に関連しているのが、生物の絶滅をめぐる問題だ。地球温暖化により生態系(環境)が変わると、そこに棲む生物種にも多大な影響が出る。特に、その生態系にしか棲息できない生物種の中には、環境の変化に適応できずに絶滅するものもある。また、ヒトの手による環境破壊という直接的な原因によって、棲息地を追われて、絶滅する生物も多い。

(1) 生物の絶滅

　絶滅のおそれのある生物をリストアップして、その分布や現状を報告したレポートを「レッドデータブック」という。国際自然保護連合(IUCN)が1960年代から作成しており、絶滅種、絶滅危惧種、準絶滅危惧種などの段階を設けている。日本では、1989年に日本自然保護協会により植物編が、1997年に環境庁により動物編が発行されたのが最初である。レッドデータブック

(2003年)によれば、日本の哺乳類の24％、鳥類の13％、爬虫類の19％、両生類の22％、植物では維管束植物の24％、コケ類の10％、地衣類の4.5％が絶滅のおそれがあるといわれている。

　なぜ、これほど急激に生物種が減っているのだろうか。残念なことに、これには私たちヒトの活動が密接にかかわっている。原因の第一は土地開発だ。森林を伐採し、農地を切り開き、宅地、ゴルフ場、スキー場などを造成したり、道路工事などを行った結果、野生生物が自生地を失ったり、すみかを追われたりしている。

　2つ目は、ヒトによる乱獲だ。たとえば、16世紀に北アメリカ大陸に50億羽のリョコウバトが棲息していた。ところが、この鳥の肉が美味であったので、食用として乱獲され、1914年に絶滅してしまった。食用以外にも野生生物はペットとして捕獲されたり、毛皮の洋服・ワニ革などのハンドバッグ、象牙などの工芸品の材料を確保するため、殺されている。

　3つ目は人間が運び込んだ「移入生物」種による在来の野生生物の絶滅だ。たとえば、インド洋のマスカーリン諸島に棲息していたドードーは、飛べない鳥で地上に卵を産むが、この卵を、人間が持ち込んだブタが食べ尽くしたために1680年から1800年にかけて次々に絶滅した。また、オーストラリア大陸にいるカンガルーなどの有袋類が、開拓民の移住に伴い移入されたイヌやネコなどの動物によって数を減らしている。同じことは日本の対馬や沖縄の動物にも見られる。さらにブラックバスのようにスポーツ・フィッシングのために外国から持ち込まれた外来種が帰化し、もともといた魚類や甲殻類、水生昆虫などの水生生物を捕食して大きな影響が出ている。

　種の絶滅の原因としては、これ以外にも、前述した地球温暖化など、ヒトの活動が間接的にかかわっている生態系の変化も

あげられる。

(2) 動物園の役割と野生生物の保護

遅まきながら、私たちも種の多様性の保護に乗り出している。動物園は珍しい動物を展示して見せるだけではなく、野生生物の保護や希少生物の繁殖・野外復帰などの取り組みを始めている。かつて動物園や水族館は、娯楽や情操教育に力点を置いてきたが、近年は、種や遺伝子の多様性の保存、環境教育の重要性を強く訴えるようになった。

野生生物を保護するのは、私たち人類の利益のためでもある。生態学の視点で見ると、多様な生物は相互に影響しあっていて、まったくの無関係ということはあり得ない。1つの種だけが突出している生態系は好ましくないのだ。

また、自然界は私たち人類が利用できる資源や未知の遺伝子の宝庫である。野生生物は、医薬品の開発、農作物の改良など人間生活に役立つ資源であり、経済的な価値も高い。また、経済的な面だけでなく野生生物を見ることで、心のやすらぎを得るなどの精神的効用もあると考えられる。

4. ヒトは地球の救世主か？

19世紀のフランスの作家、シャトーブリアンは「文明の前に森林があり、文明の後に砂漠が残る」といっている。

私たちは、自然を壊すことで豊かな生活を手に入れてきたのかもしれない。それでも、ヒトの数が少ないうちは、自然は壊れたところを自己修復して「自然に」もとに戻ることができた。ところが、いま、ヒトの数があまりに多くなり、自然の回復力が働かないほど大きなダメージが生じている。

地球は46億年前に誕生した。生命の誕生は約40億年前、恐竜

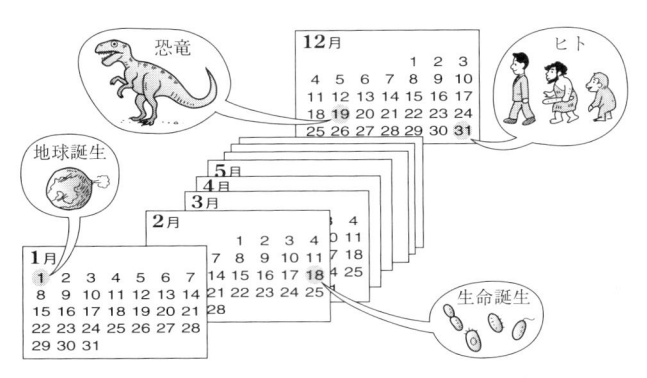

図8-2-5 地球46億年をカレンダーにしてみると

の全盛時代は1.5億年前、現生人類は5万年前に現れた。46億年を1年に換算して1年の始まりの1月1日に地球が誕生したとすると、最初の生命は2月18日、恐竜全盛時代は12月19日、現生人類の誕生は12月31日午後11時54分となる。このスケールで見ると、現生人類の歴史はわずか6分間にすぎない（図8-2-5）。

地球の歴史において新参者であるヒトは、地球が2億年をかけてつくりあげた化石燃料（石炭・石油など）をわずか200年で消費しようとしている。このような生物はかつて地球には存在しなかった。

米国の動物生理学者、シュミット・ニールセンによると、多くの生物の体重とエネルギー消費量はほぼ比例しているという。ところが、ヒトの体重はヒツジとそれほど変わらないが、ヒトはゾウと同じくらいのエネルギーを消費している。このように、からだに不相応なエネルギーを浪費しているヒトが、地球上に生存できる適正な数はたった1億8000万人にしかならないという。国連の予測では、地球上の人口は、21世紀の半ばに

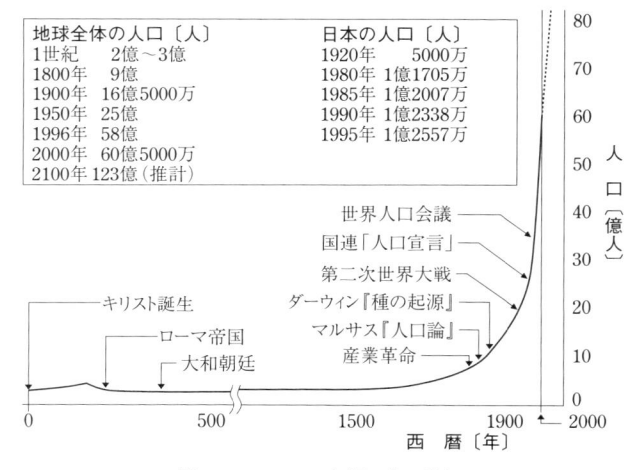

```
地球全体の人口〔人〕         日本の人口〔人〕
1世紀    2億〜3億         1920年    5000万
1800年   9億              1980年    1億1705万
1900年   16億5000万       1985年    1億2007万
1950年   25億             1990年    1億2338万
1996年   58億             1995年    1億2557万
2000年   60億5000万
2100年   123億(推計)
```

図8-2-6　2000年間の人口増加

100億人となり（図8-2-6）、食糧や資源問題は危機的状況に陥ると考えられる。

20世紀の終わりごろから、私たちは、生活のレベルをあまり下げずに、自然への負荷量を小さくする方法を模索してきた。たとえば、電気製品を省エネに設計したり、バイオテクノロジーによって、農産物を効率よく生産する技術を開発する試みだ。また、資源のリサイクルにも注意を払っている。

しかし、今のところ、これは、地球環境を破壊するスピードをほんの少し遅くしているにすぎない。宇宙船「地球号」の未来はどこへ行くのか。そのためのコンパス（羅針盤）が何であるのか。地球は私たち人類だけのものではなく、すべての生き物のものであり、また未来からの借り物であることも忘れてはならない。

未来への警告　　コラム

　一部の科学者たちは、地球規模で起きている環境問題の深刻さにいちはやく気づき、かなり早い段階から警鐘を鳴らしていた。以下に紹介する2冊は、こうした科学者が書いた「警告の書」である。

○『沈黙の春』SILENT SPRING（新潮文庫）

　ＤＤＴは、1938年にスイス人化学者、ミューラーによって発見された有機塩素系の殺虫剤で、第二次世界大戦中に軍隊で広く用いられた。戦後は各国でカやハエやシラミなどの衛生害虫の駆除に用いられ、伝染病の蔓延を防ぎ、多くの人命を救ってきた。またＤＤＴには、農作物の害虫防除効果があり、農作物の収量を増やすために広く用いられた。ところがＤＤＴは、化学的に安定なため、微生物に分解されにくいことに加えて、脂に溶けやすく脂肪組織に蓄積しやすい。さらに、食物連鎖によって、ヒトや肉食動物で毒性が濃縮されるという、重大な欠点を持っていた。

　このＤＤＴの危険性を指摘したのが、米国の科学者レイチェル・カーソンだった。彼女は、その主著『沈黙の春』の中で、ＤＤＴを「死の霊薬」と呼び、「ＤＤＴは虫を殺し、鳥を殺し、最後にはヒトに襲いかかる」と警告した。彼女は、遺作となった『センス・オブ・ワンダー』の中に次のようなメッセージを残している。

「小さなころから自然の中で遊び、自然を見つめることができていれば、大人になったとき何をしなければならないかがわかるはずです。〈中略〉もし、小さな子どもたちに話しかける妖精がたった1つ私のお願いを聞いてくれるな

ら、世界中の子どもたちが自然の神秘と不思議に目をみはる感性（センス・オブ・ワンダー）が生涯消えることがないようにとお願いします」

○『奪われし未来』OUR STOLEN FUTURE（翔泳社）
　シーア・コルボーンは、共著『奪われし未来』の中で、ＰＣＢ、ダイオキシン、ＤＤＴなど残留性のある合成化学物質が食物連鎖で濃縮された結果、ヒトを含めた動物の内分泌系作用をかく乱している様子を克明に描写し、世界に衝撃を与えた。

　生殖しないハクトウワシ、セグロカモメの雛(ひな)の奇形、アザラシの大量死など、同書では、コルボーンが実際に見た自然界の異常が克明に描写されている。彼女は同書の最終章の中で次のように述べている。
「我々が直面しているジレンマは、簡単にいえば"地球には将来の青写真もなければ、使用説明書もついていない"ということだ。オゾンホールや環境ホルモンの経験が教訓になるとすれば、それはこんなふうに言い表せるだろう。"人類は未来に向けて猛スピードで飛んでいるが、それは無視界飛行にすぎないのだ"」

　環境ホルモンと呼ばれる内分泌かく乱物質については、科学的には未解明な部分も多いが、だからといって見過ごすわけにはいかない。動物の生殖活動や種の存続にも深くかかわるだけに、知らなかった、わからなかったでは済まされない問題なのだ。

問いの答え　問1：①　　問2：②

編者（以下、カッコ内は執筆時点）
栃内新（北海道大学大学院助教授）
左巻健男（同志社女子大学現代社会学部現代こども学科教授）
編集協力
藤井恒（京都学園大学非常勤講師、代々木ゼミナール・理数研セミナー講師）
難波美帆（北海道大学　科学技術コミュニケーター養成ユニット特任助教授、サイエンスライター）
執筆者一覧（五十音順）
日外政男（京都市立日吉ヶ丘高等学校常勤講師）
　　　　　　　　　　　　　　　　　　　　3-1、3-3
浅賀宏昭（明治大学助教授）　　　　　　　 2-1、2-2
阿部哲也（埼玉県立上尾南高等学校教諭）　 1-1、1-2
石川香（筑波大学大学院生命環境科学研究科情報生物科学専攻）
　　　　　　　　　　　　　　　　　　　　2-3、2-4
石田育子（梅花中学校・高等学校教諭）　　 4-4、4-5
左巻恵美子（千葉県立清水高等学校教諭）　 1-4、8-1
左巻健男　　　　　　　　　　　　　　　　2-4
髙橋靖（帝京ロンドン学園高等部教諭）　　 4-1、4-2、
　　　　　　　　　　　　　　　　　　　　4-3
田中修（甲南大学理工学部教授）　　　　　 6-2
玉野真路（名城大学非常勤講師、予備校講師）3-1、3-2
栃内新　　　　　　　　　　　　　　　　　5-1、5-2、5-3
中西敏昭（兵庫県立尼崎小田高等学校教頭）　1-3、6-1、
　　　　　　　　　　　　　　　　　　　　8-2
平岩真一（埼玉県川口市立県陽高等学校定時制教諭）
　　　　　　　　　　　　　　　　　　　　4-1、4-3
藤井恒　　　　　　　　6-3、6-4、7-1、7-2

参考文献

参考文献（五十音順）

『週刊朝日百科 動物たちの地球』（朝日新聞社）
『新しい発生生物学』（木下圭／浅島誠著、講談社ブルーバックス）
『岩波生物学辞典』（山田常雄他監修、山田常雄著、岩波書店）
『動く植物—その謎解き』（山村庄亮・長谷川宏司編著、大学教育出版）
『大むかしの生物』（小学館の学習百科図鑑）
『おもしろい生き物の見かた』（室井綽著、鳩の森書房）
『貝に卵を産む魚』（長田芳和監修、福原修一著、トンボ出版）
『科学の名著10 パストゥール』（長野敬責任編集、朝日出版社）
『考える細胞ニューロン——脳と心をつくる柔らかい回路網』（櫻井芳雄著、講談社選書メチエ）
『環境・ぼくたち・未来』（中西敏昭／阪口正行著、保育社）
『記憶力を強くする』（池谷裕二著、講談社ブルーバックス）
『基礎生物学講座4 動物の行動』（太田次郎他編集、朝倉書店）
『筋肉はなぜ動く』（丸山工作著、岩波ジュニア新書）
『筋肉はふしぎ』（杉晴夫著、講談社ブルーバックス）
『行動生態学』〈原書第2版〉（J.R.クレブス／N.B.デイビス著、山岸哲／巌佐庸訳、蒼樹書房）
『行動生物学』（小原嘉明著、培風館）
『心と脳の科学』（芋阪直行著、岩波ジュニア新書）
『細胞の共生進化 第2版』（リン・マーギュリス著、学会出版センター）
『時間の分子生物学』（粂和彦著、講談社現代新書）
『植物の進化』（浅間一男／木村達明著、講談社ブルーバックス）
『植物はなぜ5000年も生きるのか』（鈴木英治著、講談社ブルーバックス）
『シリーズ進化学3 化学進化・細胞進化』（石川統他著、岩波書店）
『進化の隣人チンパンジー』（松沢哲郎著、日本放送出版協会）
『人類進化の700万年 書き換えられる「ヒトの起源」』（三井誠著、講談社現代新書）
『生態学概論』（岩城英夫編著、放送大学教育振興会）
『生態系と地球環境のしくみ』（大石正道著、日本実業出版社）
『生物科学入門コース6 脳・神経と行動』（佐藤真彦著、岩波書店）
『生物学史展望』（井上清恒著、内田老鶴圃新社）
『生物学で楽しむ』（吉野孝一著、講談社ブルーバックス）
『生物学の歴史』（チャールズ・シンガー著、時空出版）
『生物の進化と多様性』（森脇和郎・岩槻邦男編著、放送大学教育振興会）
『生命科学史』（筑波常治著、放送大学教育振興会）
『生命の誕生』（秋山雅彦著、共立出版）
『地球大紀行2 残されていた原始の海』（NHK取材班著、日本放送出版協会）
『脳と心をあやつる物質』（生田哲著、講談社ブルーバックス）
『パストゥール』（ジェラルド・L・ギーソン著、青土社）
『花——生殖と遺伝』（清水芳孝／加藤俊一著、評論社）
『花と昆虫、不思議なだましあい発見記』（田中肇著、講談社）
『ふしぎの植物学』（田中修著、中公新書）
『ミトコンドリア・ミステリー』（林純一著、講談社ブルーバックス）
『役に立つ植物の話』（石井龍一著、岩波ジュニア新書）
『陸上植物の起源と進化』（西田誠著、岩波書店）
『利己的な遺伝子』（リチャード・ドーキンス著、日高敏隆・岸由二・羽田節子・垂水雄二訳、紀伊國屋書店）

『Biology 8th ed.』(Sylvia S. Mader、McGraw-Hill)
　なお、紙面上の都合で、検定教科書については書名を割愛した

参考WEB
アサガオ画像データベース
http://www.genetics.or.jp/Asagao/index/contents.html
アサガオの生理学
http://www.sc.niigata-u.ac.jp/biologyindex/wada/index2.html
植物形態学
http://www.fukuoka-edu.ac.jp/~fukuhara/keitai/index.html

写真提供
図1-1-8　シロウリガイ(左)とハオリムシ(右)……独立行政法人海洋研究開発機構
図1-3-1　オジギソウ……七條千津子(神戸大学)
図6-1-11　ラフレシア……松香宏隆
図6-3-1　アサガオ……松香宏隆
図6-4-5　サツマイモの花……青木繁伸(群馬県前橋市)
　　　　　http://aoki2.si.gunma-u.ac.jp/index.html
図7-1-1　明治神宮の森……松香宏隆
図7-2-1　花にきたモンシロチョウとミツバチ……海野和男
図7-2-2　モンシロチョウの幼虫に産卵するアオムシサムライコマユバチ……佐藤芳文

さくいん

〈アルファベット〉

ADP	92
ATP	79, 97
B細胞	278
C₄植物	126
CoA	102
DNA	30, 74, 133
ES細胞	305
mRNA	142
PCB	423
RNA	75, 140
rRNA	143
T₂ファージ	136
tRNA	144
Tリンパ球	278, 282

〈ア行〉

アイレス遺伝子	181
アクチン	156, 230
アデノシン三リン酸	79, 98
アデノシン二リン酸	92
アミノ酸配列	90
アミラーゼ	332
アレロパシー	43
暗順応	187
異化	97
維管束	46, 48
一卵性双生児	281, 303
遺伝子	25, 75, 132, 245, 399
遺伝子組換え作物	400
遺伝子組換え食品	404
遺伝子組換え動物	405
遺伝子操作	399
遺伝子治療	407
遺伝的浮動	149
インスリン	274, 405
インターロイキン	285
ウェルニッケ野	218
ウェントの仮説	349
運動性言語野	218
運動ニューロン	193
運搬RNA	143
エイズ	290, 295
液胞	348
エコロジー	390
エディアカラ化石生物群	58
塩基配列	399
延髄反射	212
エンドサイトーシス	40
横紋筋	228
オーガナイザー	173, 177
オルガネラ	77

〈カ行〉

外骨格	60
介在ニューロン	195
概日リズム	248, 364
解糖系	99
海馬	204, 222
外分泌腺	237
化学合成細菌	26, 32
化学進化	26, 32
化学走性	252
鍵刺激	241
核	73
がく	47, 316, 327
核酸	83
核分裂	156
核膜	30
飾り羽	243, 247
加水分解反応	94
花成ホルモン	366
割球	171
活性中心	89
活動電位	197, 202
果糖二リン酸	100
花粉管	47
花粉管核	327, 329
花粉母細胞	327
カリウムチャネル	200
顆粒球	270
カルシウムチャネル	234
カルビン回路	115, 119
感覚性言語野	218
感覚ニューロン	193
環境ホルモン	423
幹細胞	305
桿体細胞	186
間脳	212
記憶の移し替え	222
気孔	48, 124
基質特異性	89
寄生生物	275
キチン	52
休眠	331, 344
距	318
橋	212
強縮	228
共進化	391
共生	36, 263
共生説	39
胸腺	278, 282
極核	328
極相	374
極体	164
拒絶反応	298
菌界	52
筋原繊維	230
筋収縮	234
筋繊維	229
クエン酸回路	99, 101
クチクラ	61
屈筋	227
屈筋反射	214
組換え	165
グリア細胞	195
グルコース	55, 120, 272, 354
クロロフィル	37, 114, 118
クローン羊	303
形質転換	134
形成体	173, 177
茎頂	345
血液脳関門	195
血縁度	244
血漿	269

427

血小板	270	細胞質	76	雌雄異熟	334
血糖値	274	細胞小器官	38, 77, 113, 143	収縮胞	56
ゲノム	145	細胞体	193	従属栄養生物	31, 42
原核生物	30, 39, 87, 152	細胞特異性	290	雌雄配偶子	157
嫌気性細菌	35	細胞分裂	25, 171	種間競争	261
原基分布図	174	細胞膜	36, 40, 71, 86	宿主	37, 262
原形質流動	235	さえずり	247, 259	宿主特異性	289
減数分裂	157	サーカディアンリズム	248	種子植物	47
原生生物	55	殺虫遺伝子	404	樹状突起	193
原腸胚	173	作動記憶	224	シュート	310, 344
原尿	273	作動体	213, 237	受動輸送	199
原皮質	209	里山	377	珠皮	331
コアセルベート	23	サルコメア	229	種皮	331
光化学反応	115, 124	酸性雨	412	主要組織適合複合体	278
交感神経	195, 206	三点交雑法	133	シュワン細胞	195
好気呼吸	35, 99, 108	三倍体	339	順位	258
抗原	276, 402	三半規管	190	子葉	330, 346, 365
抗原決定基	277	残留型	259	条件反射	254
光合成	31, 44, 113, 346	シアノバクテリア	31, 37, 377	娘細胞	162
光合成細菌	32	自家移植	298	子葉鞘	349
光合成色素	115	視覚野	211	常染色体	159
光合成の限定要因	122	自家受粉	356	小脳	212
交叉	132, 162	自家不和合性	334	小配偶子	157
虹彩	188	師管	366	消費者	384, 392
恒常性	274	色素タンパク質	363	小胞体	77
酵素	77, 80, 89	軸索	193	漿膜	65
抗体	278, 402	視交叉上核	249	常緑広葉樹	377
後天性免疫不全症候群	290	自己免疫疾患	283	食細胞	286
後頭葉	211	視細胞	186	触手	55
興奮性シナプス	204	脂質	86	触媒	22, 77
興奮性伝達物質	220	視床下部	272	植物極	171
酵母菌	51, 108	耳小骨	190	植物プランクトン	387
5 界説	55	雌ずい	316, 327	植物ホルモン	331, 340, 354
呼吸鎖	106	耳石	190	食胞	40, 56
骨格筋	227	自然選択	149	食物連鎖	392, 423
コドン	144, 148	自然発生説	14	自律神経系	205
古（旧）皮質	209	しつがい腱反射	215	進化	22, 31, 149
コラーゲン	91	失語症	218	真核生物	30, 37, 55, 74, 152
ゴルジ体	77, 80, 156	シナプス	193	伸筋	227
コルヒチン	338	シナプス間隙	202	神経回路	204
根冠	346	シナプス電位	203	神経管	173
		ジベレリン	331, 337	神経繊維	209
〈サ行〉		子房	47, 327	神経伝達物質	203, 219
細胞群体	29	ジャイアント・インパクト説			

神経板	173	
信号刺激	241	
人工授精	302	
人工授粉	335	
浸透圧	273, 354	
新皮質	209	
随意運動中枢	219	
髄質	209	
錐体細胞	186	
水媒花	318	
ストロマトライト	33	
すべり説	232	
棲み分け	261	
刷り込み	253	
生産者	384, 392	
生産量ピラミッド	392	
静止電位	197, 200	
生殖細胞	154, 274	
生殖母細胞	163	
性染色体	159	
生態学	390	
生態的地位	256	
生体防御	275, 289	
性転換	259	
性フェロモン	252	
生物大爆発	58	
生物時計	248	
精母細胞	164	
『生命の起源』	23	
脊索	173	
脊髄反射	193	
接合	157, 323	
セルロース	52, 125	
遷移	372	
全か無かの法則	199	
染色体	132, 154	
染色体地図	133	
前庭	190	
前頭葉	211	
繊毛	56	
前葉体	325	
造血幹細胞	270	
桑実胚	171	
造精器	323	

相同遺伝子	181	
相同染色体	159, 162, 243	
総排泄腔	66	
造卵器	323	
相利共生	263	
側頭葉	211	

〈タ行〉

体温中枢	285	
対合	162	
体細胞クローン	303	
体細胞分裂	154	
体性感覚野	211	
大脳新皮質	225	
大脳皮質	209	
大配偶子	157	
太陽コンパス	249	
対立遺伝子	281	
唾液アミラーゼ	81	
他家受粉	357	
他感作用	43	
托卵	242, 262	
多細胞生物	29, 55, 70, 152, 308	
種子なしスイカ	338	
多年生草本	373	
短期記憶	222	
単歯	270	
単細胞生物	28, 55, 152, 308	
炭酸同化	113	
タンパク質	83, 87, 139	
地下茎	311	
中心溝	211	
中枢神経	180	
柱頭	48, 329	
中脳	212	
虫媒花	317	
聴覚野	211	
長期記憶	222	
聴細胞	192	
重複受精	330	
跳躍伝導	198	
チン小帯	188	
デオキシリボ核酸	30, 134	

電子伝達系	99, 104	
転写	140	
転写制御因子	147	
伝令RNA	76, 142	
同化	97, 112	
動原体	156	
頭頂葉	211	
動物極	171	
動物プランクトン	387	
独立栄養生物	31, 42	
土壌生物	386	
突然変異	148	

〈ナ行〉

内耳	189	
内臓筋	228	
内分泌腺	237	
ナトリウムチャネル	200	
ナトリウムポンプ	200	
縄張り	241, 257	
2界説	54	
二価染色体	162	
二重らせんモデル	138	
二足歩行	290	
ニッチ	256, 261	
二倍体	243, 338	
乳糖	146	
ニューロン	193, 195	
ヌクレオチド	138	
脳幹	212	
脳磁図計測法	217	
脳死判定	215	
能動輸送	199	
濃度勾配	199	
脳の可塑性	204	
乗換え	162, 165	

〈ハ行〉

バイオリアクター	80	
配偶子	157	
配偶体	323	
胚軸	330	
胚珠	47, 327, 331	
胚性幹細胞	305	

胚乳	330, 333
胚のう	47, 330
胚のう母細胞	327
胚柄	330
胚葉	173
馬鹿苗病	337
バクテリオファージ	135
発芽	329, 331, 343
羽づくろい	243
発酵	110
発光器官	237
発電器官	237
半規管	189
反射弓	214
半数体生物	166
反応特異性	89
微化石	22, 31
尾芽胚	174
光屈性	354
光-光合成曲線	122
光走性	252
光発芽種子	331
光飽和点	124
光補償点	123
光リン酸化	117
非自己抗原	281
被子植物	47, 325, 328
微小管	156, 236
ヒストン	39, 154
ヒト白血球抗原	406
ヒト免疫不全ウイルス	
	289, 295
ファージ	136
フィードバック	274
フィラメント	232
風媒花	318
フェロモン	244, 252
副交感神経	206
複合ض	89
ブドウ糖	99
腐敗	110
負の重力屈性	348
ブローカ野	218
分化	29

分解酵素	134
分解者	387, 392
分裂組織	344
平滑筋	228
平衡石	190
ベイツ型擬態	261
ペプチド結合	88
ペプチド鎖	144, 280
ヘモグロビン	270
ヘルパーT細胞	290, 295
変異遺伝子	295
変異原	147
扁桃体	225
胞子体	324
胞子のう	324
胞子葉	315
紡錘糸	156
胞胚	171
補酵素A	102
ホメオスタシス	274
ホメオティック遺伝子	182
翻訳	140
〈マ行〉	
マイコプラズマ	87
マウンティング	258
マーキング	259
膜動輸送	276
マクロファージ	285, 295
マトリクス	102, 106
マルトース	81
ミオシン	230, 232
実生	345
ミトコンドリア	36, 79,
	101, 111
ミュラー型擬態	261
無機塩類	125, 387
無髄神経繊維	195
無性生殖	152, 157, 166
群れ	247, 256
明順応	187
メッセンジャーRNA	142
免疫	270, 276
免疫寛容性	282

免疫グロブリン	278
盲斑	187
毛様体	188
モータータンパク質	236
モネラ界	55
〈ヤ行〉	
やく	327
雄ずい	316, 327
有髄神経繊維	195
有性生殖	158, 166
葉序	312
幼生	174
羊膜	65
幼葉鞘	349, 354
葉緑体	37, 44, 113, 125
抑制性シナプス	204
予定胚域図	174
四倍体	339
〈ラ行〉	
ラクトース	146
裸子植物	47, 315, 327, 333
卵割	171
ランビエ絞輪	195, 198
利己的遺伝子	248
リソソーム	79
リプレッサー	147
リボ核酸	75, 140
リボース	97
リボソーム	30, 76, 90, 139
リボソームRNA	143
両性花	328, 334
リリーサー	241
リン脂質	25, 72, 86
リンパ管	269
リンパ球	270, 276
連合野	211
〈ワ行〉	
ワーキングメモリ	222
渡り	249

N.D.C.460　　430p　　18cm

ブルーバックス　B-1507

新しい高校生物の教科書
現代人のための高校理科

2006年 1 月20日　第 1 刷発行
2023年 7 月10日　第27刷発行

編著者	栃内　新（とちない しん） 左巻健男（さまき たけお）
発行者	鈴木章一
発行所	株式会社講談社 〒112-8001　東京都文京区音羽2-12-21
電話	出版　03-5395-3524 販売　03-5395-4415 業務　03-5395-3615
印刷所	（本文印刷）株式会社KPSプロダクツ （カバー表紙印刷）信毎書籍印刷株式会社
本文データ制作	講談社デジタル製作
製本所	株式会社国宝社

定価はカバーに表示してあります。
©栃内新、左巻健男　2006, Printed in Japan
落丁本・乱丁本は購入書店名を明記のうえ、小社業務宛にお送りください。送料小社負担にてお取替えします。なお、この本についてのお問い合わせは、ブルーバックス宛にお願いいたします。
本書のコピー、スキャン、デジタル化等の無断複製は著作権法上での例外を除き禁じられています。本書を代行業者等の第三者に依頼してスキャンやデジタル化することはたとえ個人や家庭内の利用でも著作権法違反です。
R〈日本複製権センター委託出版物〉複写を希望される場合は、日本複製権センター（電話03-6809-1281）にご連絡ください。

ISBN4-06-257507-8

発刊のことば

科学をあなたのポケットに

二十世紀最大の特色は、それが科学時代であるということです。科学は日に日に進歩を続け、止まるところを知りません。ひと昔前の夢物語もどんどん現実化しており、今やわれわれの生活のすべてが、科学によってゆり動かされているといっても過言ではないでしょう。

そのような背景を考えれば、学者や学生はもちろん、産業人も、セールスマンも、ジャーナリストも、家庭の主婦も、みんなが科学を知らなければ、時代の流れに逆らうことになるでしょう。

ブルーバックス発刊の意義と必然性はそこにあります。このシリーズは、読む人に科学的に物を考える習慣と、科学的に物を見る目を養っていただくことを最大の目標にしています。そのためには、単に原理や法則の解説に終始するのではなくて、政治や経済など、社会科学や人文科学にも関連させて、広い視野から問題を追究していきます。科学はむずかしいという先入観を改める表現と構成、それも類書にないブルーバックスの特色であると信じます。

一九六三年九月

野間省一